全国高职高专机电及机器人专业工学结合“十四五”规划教材
全国高职高专机电及机器人专业工学结合“十三五”规划教材

电机与电气控制技术

（第二版）

主　编　李大明　夏继军　杨彦伟
副主编　熊小艳　张艳霞　熊　浩
　　　　文海明　唐　亮　余良军
主　审　章小印

华中科技大学出版社
中国·武汉

内容简介

本书以项目驱动的方式编写，项目内容包括：常见低压电器的结构与原理、直流电机的结构与运行、变压器的结构与原理、交流异步电动机的结构与运行、常见控制电动机的分类与特点、电气控制电路的基本环节、三相交流异步电动机的常用控制电路分析、典型机床电气控制电路的分析与故障检修等。其中以三相交流异步电动机为重点，以电气控制基本环节为主线，各项目内容以实际应用为基础，注重理论联系实际，并通过项目实施的方式来验证理论的正确性，强化对学生职业技能的培养与训练，锻炼和培养学生分析、解决生产实践过程中的电动机及其电气问题的能力。

本书可作为高等职业院校、成人高校以及其他形式职业技术教育相关专业的教学用书，也可以作为相关人员的业务参考书和培训用书。

图书在版编目(CIP)数据

电机与电气控制技术/李大明，夏继军，杨彦伟主编. —2版. —武汉：华中科技大学出版社，2020.8
(2024.7重印)
ISBN 978-7-5680-6529-0

Ⅰ.①电… Ⅱ.①李… ②夏… ③杨… Ⅲ.①电机学 ②电气控制 Ⅳ.①TM3 ②TM921.5

中国版本图书馆CIP数据核字(2020)第151145号

电机与电气控制技术(第二版)
Dianji yu Dianqi Kongzhi Jishu (Di-er Ban)

李大明　夏继军　杨彦伟　主编

策划编辑：余伯仲
责任编辑：戢凤平
封面设计：原色设计
责任监印：周治超
出版发行：华中科技大学出版社(中国·武汉)　电话：(027)81321913
武汉市东湖新技术开发区华工科技园　邮编：430223
录　排：武汉楚海文化传播有限公司
印　刷：武汉市洪林印务有限公司
开　本：787mm×1092mm　1/16
印　张：14.25
字　数：371千字
版　次：2024年7月第2版第2次印刷
定　价：39.80元

华中出版

本书若有印装质量问题，请向出版社营销中心调换
全国免费服务热线：400-6679-118　竭诚为您服务

全国高职高专机电及机器人专业工学结合“十三五”规划教材编审委员会

前　言

本书是依据高职高专教学改革的需求，本着“理论够用，突出实践，综合应用，发展创新”的原则而编写的，可作为电气自动化、机电一体化、电子技术等专业的专业基础课教材使用，也可作为电气工程技术人员的参考书。本书遵循学习知识、掌握技能的认知规律，以项目导向的方式，将电动机与低压电气控制技术的基础知识、技能和典型实际案例结合起来进行整体编排，在理论知识的讲解中穿插典型实训项目，形象生动，突出应用，便于学生理解与老师教学，有利于培养学生的实际操作能力。

本书采用任务驱动、项目导向的方式进行编排，每个项目中穿插若干个任务，对课堂讲授、技能训练、应用案例、知识与技能拓展等方面进行组合和优化，方便对学生进行启发引导，激发学生学习的积极性。

本书分为八个项目。项目 1 为常见低压电器的结构与原理，主要讲述常见低压电器的种类、原理及常规应用，并在电动机点动、长动两个任务中进行实践；项目 2 为直流电机的结构与运行，主要以直流电动机为例讲述其种类、结构、原理及控制线路的安装调试，分别在两个任务中进行并励和串励直流电动机工作过程的实践；项目 3 为变压器的结构与维护，主要讲述单相变压器和三相变压器的结构及原理，通过两个典型任务对单相变压器和三相变压器运行过程进行强化；项目 4 为交流异步电动机的结构与运行，主要讲述三相异步电动机的结构、起动、调速及制动，通过三相异步电动机负载运行特性、三相异步电动机起动两个任务强化学生对三相异步电动机的认识；项目 5 为控制电动机的分类与特点，主要讲述常见的控制电动机的作用及结构、特点，通过两个任务的实践深化学生对步进电动机和伺服电动机的认识；项目 6 为电气控制电路的基本环节，主要讲述电气图的绘制要求及各种典型电气控制线路单元，通过互锁、顺序控制两个任务加强学生对低压电气控制电路的认识；项目 7 为三相交流异步电动机的常用控制，主要讲解三相异步电动机常见的起动、调速及制动电气控制电路，通过 Y-△起动、双速电动机控制电路、三相异步电动机制动控制电路三个任务的强化练习，让学生能熟练利用常见控制电路进行电动机控制；项目 8 为典型机床电气控制电路的分析与故障检修，主要讲解 C650 型卧式车床、X62W 型卧式万能铣床等的典型电气控制线路的原理及常见故障检修，通过车床、铣床电气控制过程的两个任务加强学生对常见机床电气控制电路的理解。每个项目中的任务都有任务考核标准及习题，方便教师教学和指导学生实践。

本书由武汉软件工程职业学院李大明，黄冈职业技术学院夏继军，咸宁职业技术学院杨彦伟担任主编，由熊小艳、张艳霞、文海明、唐亮、熊浩、余良军担任副主编。江西工业工程职业技术学院章小印担任主审。项目 1、项目 6 由杨彦伟编写,项目 2 由张艳霞编写,项目 3 由文海明、唐亮编写,项目 4 由熊小艳编写,项目 5、项目 8 由李大明编写,项目 7 由夏继军编写,熊浩、余良军参与了其中部分内容的编写。

由于水平有限,疏漏之处在所难免,欢迎各位读者批评指正。

编　者

2020 年 5 月

目　录

项目1　常见低压电器的结构与原理

随着科学技术的快速发展，自动化程度的不断提高，电器的应用范围日益扩大，品种不断增加。尤其是随着电子技术在电器中的广泛应用，近年来出现了很多新型电器。本项目主要介绍机械设备电气控制系统中常用低压电器的结构、工作原理、动作特点以及它们的电气符号和文字符号。

【项目教学目标】

知识目标	技能目标
熟悉常用低压电器的结构、工作原理及其在控制电路中的作用； 掌握常用低压电器的型号规格、符号、使用方法； 掌握电动机基本控制电路的工作原理及安装接线方法； 掌握电气控制电路国家统一的绘图原则和标准。	能根据控制要求，选配合适型号的低压电器； 能利用国标的文字和图形符号绘制电气原理图； 掌握简单控制电路的调试及维修方法； 能熟练运用所学知识读懂电气图。

任务1.1　三相异步电动机点动控制电路的安装与调试

【任务目标】

- 掌握低压电器的定义与分类；
- 理解并熟悉低压电器的工作原理图；
- 能识读并分析三相异步电动机点动控制电路；
- 能进行接线图的识读和绘制；
- 能根据工艺要求进行布线的操作；
- 能使用万用表对元器件进行检测；
- 能使用万用表对电路进行通电前的检查；
- 能正确安装并调试电路。

【任务描述】

一台电动葫芦（见图1-1）由电动机、传动机构和卷筒或链轮组成，其起重量为0.1～10 t，起升高度为3～6 m。请对它进行点动控制、安装与调试。要求采用按钮控制的形式实现点动控制运行过程。

图1-1　电动葫芦

【相关知识】

1. 低压电器的定义与分类

我国规定,低压电器是指在交流电压1000 V、直流电压1500 V及以下的电路中起通断、保护、控制或调节作用的电器产品。低压电器的品种、规格繁多,构造及工作原理各异,可以根据不同的类型将其分类。

1)按用途和控制对象分类

(1)低压配电电器。低压配电电器包括刀开关、转换开关、空气断路器和熔断器等。对配电电器的主要技术要求是断流能力强,限流效果在系统发生故障时保护动作准确,工作可靠,有足够的热稳定性和动稳定性。

(2)低压控制电器。低压控制电器包括接触器、起动器和各种控制继电器等。对控制电器的主要技术要求是操作频率高,使用寿命长,有相应的转换能力。

2)按操作方式分类

(1)自动电器。通过依靠本身参数变化或外来信号自动完成接通、分断、起动、反向和停止等动作的电器称为自动电器。常用的自动电器有接触器、继电器等。

(2)手动电器。通过外力(人力)直接完成接通、分断、起动、反向和停止等动作的电器称为手动电器。常用的手动电器有刀开关、转换开关和主令电器等。

3)按执行机构分类

(1)有触点电器。这类电器利用触点的接触和分离来实现电路的通断。

(2)无触点电器。这类电器没有触点,主要利用晶体管的开关效应,即它的导通或截止来实现电路的通断。

另外,低压电器按工作条件还可划分为一般工业电器、船用电器、化工电器、矿用电器、牵引电器及航空电器等几类。不同类型低压电器,对其防护形式、耐潮湿、耐腐蚀、抗冲击等性能的要求不同。

2. 按钮

按钮是一种短时接通或断开小电流电路的电器,它不直接控制主电路的通断,而是在控制电路中发出手动“指令”去控制接触器、继电器等电器,再由它们去控制主电路,故称“主令电器”。

按钮由按钮帽、复位弹簧、桥式触点、外壳等组成。它通常制成具有动合触点和动断触点的复合式结构,其外形与结构如图1-2所示。

常见按钮有LA系列和LAY1系列。LA系列按钮的额定电压为交流500 V、直流440 V,额定电流为5 A;LAY1系列按钮的额定电压为交流380 V、直流220 V,额定电流为5 A。按钮帽有红、绿、黄、白等颜色,一般情况下,红色用作停止按钮,绿色用作起动按钮。

按钮开关的图形符号和文字符号如图1-3所示。起动按钮的触点形式为常开触点(动合触点),停止按钮的触点形式为常闭触点(动断触点),复合按钮既含有常开触点,又含有常闭触点。

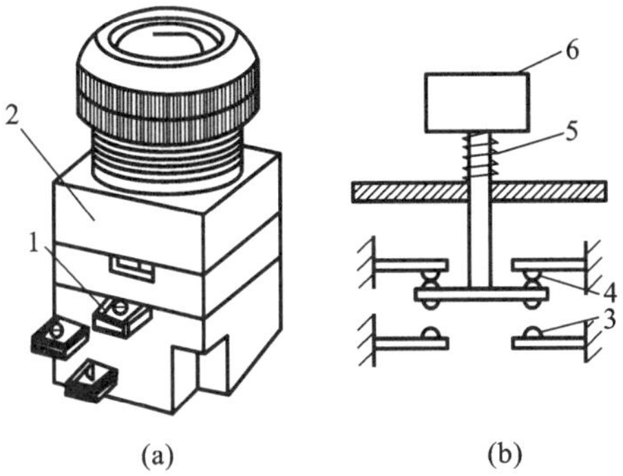

图 1-2　按钮开关的外形和结构

(a)外形；(b)结构

1—接线柱；2—外壳；3—常开触点；4—常闭触点；

5—复位弹簧；6—按钮帽

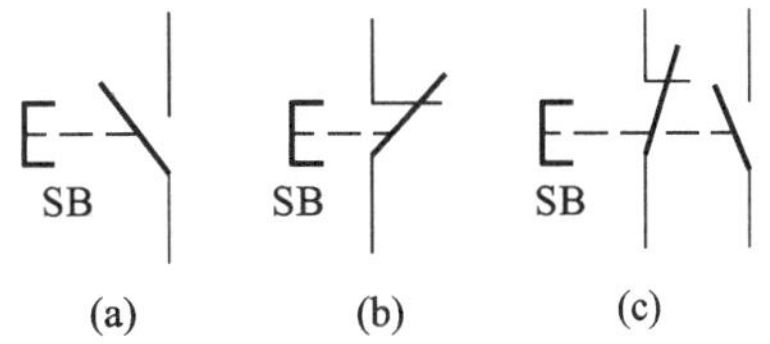

图 1-3　按钮开关的图形符号和文字符号

(a)起动按钮；(b)停止按钮；(c)复合按钮

按钮开关型号的含义如图 1-4 所示。

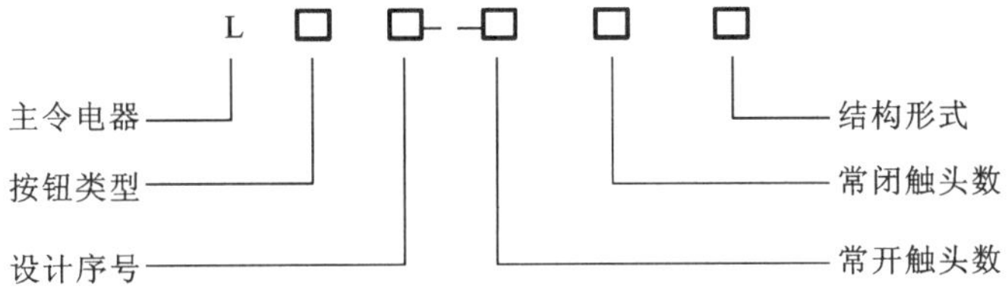

图 1-4　按钮开关型号的含义

不同结构形式的按钮，分别用不同的字母表示，例如：A—按钮，K—开启式，S—防水式，H—保护式，F—防腐式，J—紧急式，X—旋钮式，Y—钥匙式，D—带指示灯式，DJ—带指示灯紧急式。

选用按钮应根据使用场合、被控电路所需触点的数目及按钮的颜色等综合考虑。使用前，应检查按钮动作是否自如，弹性是否正常，触点接触是否良好、可靠。由于按钮触点之间距离较小，所以应注意保持触点及导电部分的清洁，防止触点间短路或漏电。

3. 刀开关及组合开关

刀开关是一种手动配电电器，主要用来隔离电源，手动接通或断开交流电路或直流电路，也可用于低频次接通与分断额定电流以下的负载，如小型电动机、电炉等。常用的刀开关主要有胶盖刀开关和铁壳开关等。

1）刀开关的结构与型号

胶盖刀开关又称为开启式负荷开关，广泛用作照明电路和小容量（5.5 kW 以下）动力电路不频繁起动的控制开关，图 1-5 所示为胶盖刀开关的结构。它主要包括与操作手柄相连的动触刀、静触座、进线及出线接线座，这些导电部分都固定在绝缘底板上，且用胶盖盖着，所以当闸刀合上时，操作人员不会触及带电部分。胶盖还具有下列保护作用：①将各极隔开，防止因极间飞弧导致电源短路；②防止电弧飞出盖外，灼伤操作人员；③防止金属零件掉落在闸刀上形成极间短路。图 1-6 所示为熔断器式刀开关，它具有短路保护功能。

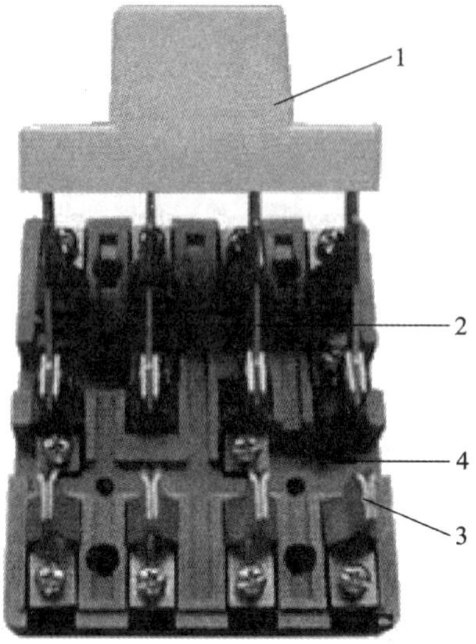

图 1-5　胶盖刀开关的结构

1—手柄;2—动触刀;3—静触座;4—绝缘底板

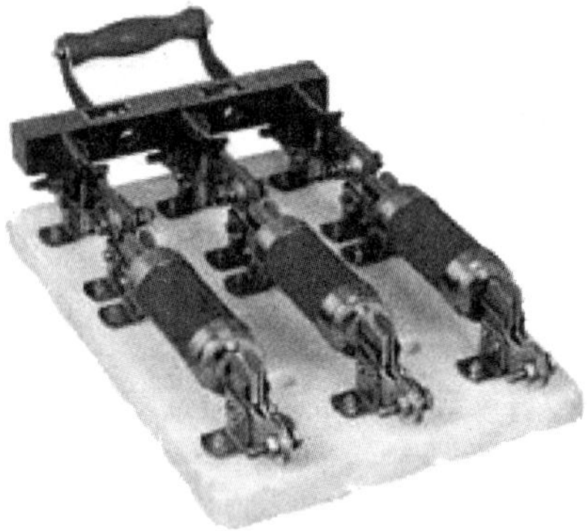

图 1-6　熔断器式刀开关的结构

刀开关型号的含义和电气符号如图 1-7 所示。

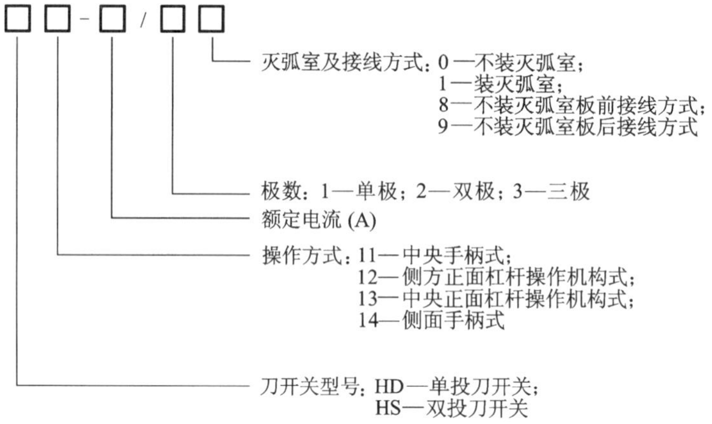

(a)

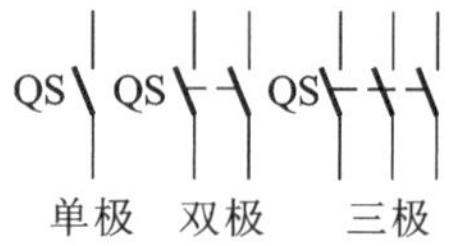

(b)

图 1-7　刀开关型号的含义和电气符号

(a)型号的含义;(b)电气符号

铁壳开关又称为封闭式负荷开关,可不频繁地接通和分断负荷电路,也可以用作 15 kW 以下电动机不频繁起动的控制开关,其基本结构如图 1-8 所示。它的铸铁壳内装有由刀片和夹座组成的触点系统、熔断器和速断弹簧,30 A 以上的还装有灭弧罩。

常用的铁壳开关为 HH 系列,其型号的含义如图 1-9 所示。

铁壳开关具有操作方便、使用安全、通断性能好的优点。选用时可参照胶盖刀开关的选用原则进行。操作时,不得面对它拉闸或合闸,一般用左手掌握手柄。若更换熔断体,必须在分闸时进行。

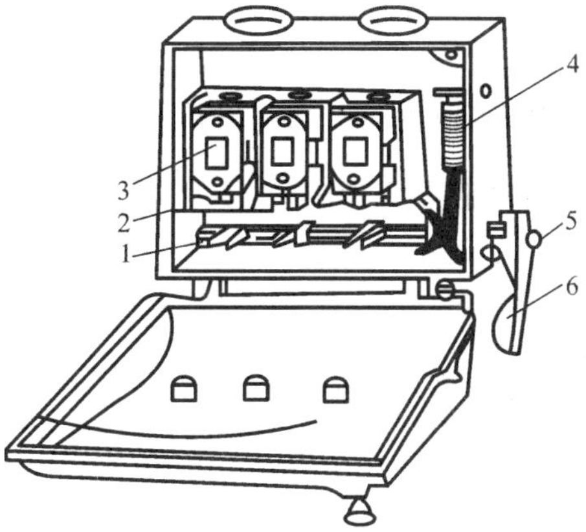

图 1-8　铁壳开关内部结构

1—触刀；2—夹座；3—熔断器；4—速断弹簧；5—转轴；6—手柄

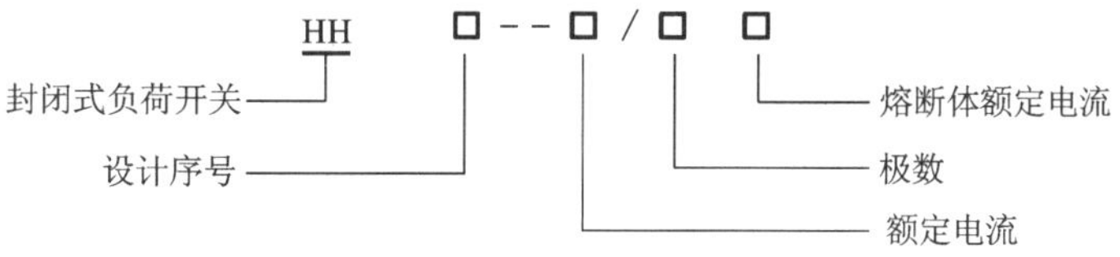

图 1-9　HH 系列铁壳开关型号的含义

2）刀开关主要技术参数

刀开关种类很多，有两极（额定电压 250 V）和三极（额定电压 380 V）的刀开关，额定电流由 10 A 到 100 A 不等，其中 60 A 及 60 A 以下的才用来控制电动机。正常情况下，刀开关一般能接通和分断其额定电流，因此，对于普通负载可根据负载的额定电流来选择刀开关的额定电流。

（1）用于照明电路时可选用额定电压 220 V 或 250 V、额定电流等于或大于电路最大工作电流的两极开关。

（2）用于电动机的直接起动，可选用额定电压为 380 V 或 500 V、额定电流等于或大于电动机额定电流 3 倍的三极开关。

3）刀开关安装要求

（1）胶盖刀开关必须垂直安装在控制屏或开关板上，不能倒装，即接通状态时手柄朝上，否则有可能在分断状态时闸刀开关松动落下，造成误接通。

（2）操作胶盖刀开关时，不能带重负载，因为 HK1 系列瓷底胶盖刀开关不设专门的灭弧装置，它仅利用胶盖的遮护防止电弧灼伤。

（3）如果要带一般性负载操作，动作应迅速，使电弧较快熄灭，一方面不易灼伤人手，另一方面也减少电弧对动触刀和静触座的损坏。

（4）胶盖刀开关具有结构简单、价格低廉，以及安装、使用、维修方便的优点，主要根据电源种类、电压等级、所需极数、断流容量等进行选用。

4）组合开关

组合开关由多节触点组合而成，是一种手动控制电器。它可用作电源引入开关，也可用作功率 5.5 kW 以下电动机的直接起动、停止、反转和调速控制开关，主要用于机床控制电路中。

组合开关的外形及结构如图 1-10 所示。它的内部有三对静触片，分别用三层绝缘板相隔,各自附有连接线路的接线柱。三个动触片相互绝缘,与各自的静触片相对应,套在共同的绝缘杆上。绝缘杆的一端装有操作手柄,转动手柄即可完成三组触片之间的开合或切换。开关内装有速断弹簧,以提高触点的分断速度。组合开关的图形和文字符号如图 1-11 所示。

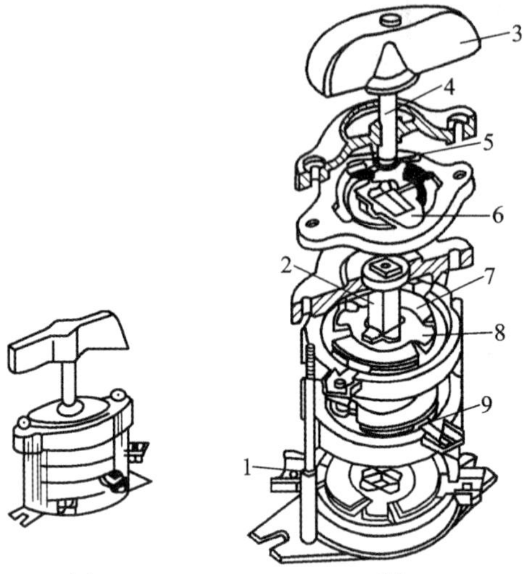

(a) (b)

图 1-10　组合开关的外形及结构

(a)外形;(b)结构

1—接线柱;2—绝缘杆;3—手柄;4—转轴;

5—速断弹簧;6—凸轮;7—绝缘垫板;

8—动触片;9—静触片

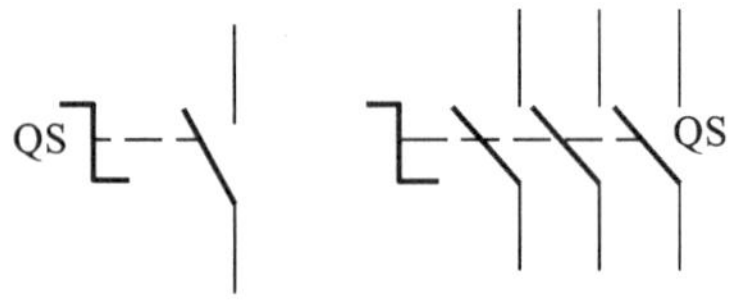

(a) (b)

图 1-11　组合开关的图形和文字符号

(a)单极;(b)三极

常用的组合开关有 HZ 系列,其型号的含义如图 1-12 所示。

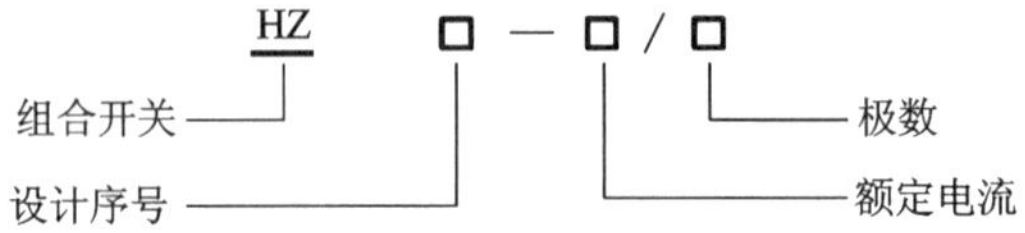

图 1-12　HZ 系列组合开关型号的含义

组合开关具有体积小、使用寿命长、结构简单、操作方便、灭弧性能较好等优点,应根据电源开关的种类、电压等级、所需触点数目及电动机的容量进行选用。

4. 熔断器

熔断器是低压电路和电动机控制电路中最常用的短路保护电器。当电路中电流超过规定值一定时间后,熔断器以它本身产生的热量使熔断体熔化而分断电路,也可以说它是一种利用热效应原理工作的电流保护电器。熔断器串接于被保护电路中,能在电路发生短路或严重过电流时快速自动熔断,从而切断电路电源,起到保护作用。

1) 熔断器的结构与分类

熔断器由熔断管(或座)、熔断体(常称熔丝或熔体)、填料、导电部件等组成,如图 1-13 所示。

(1) 熔断管。熔断管是由硬质纤维或瓷质绝缘材料制成的封闭或半封闭式管状外壳,熔断体装于其内,有利于熔断体熔断时熄灭电弧。

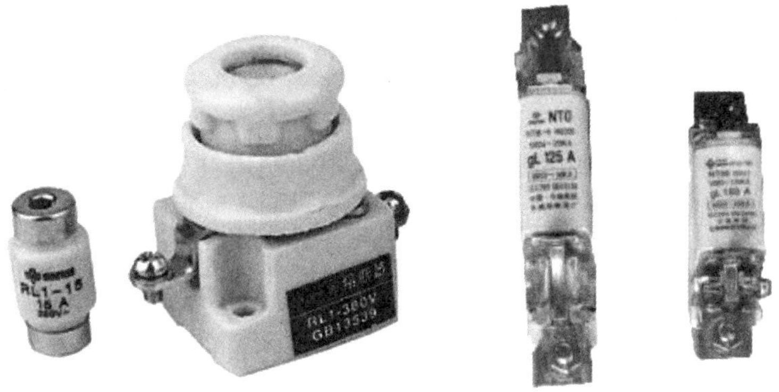

(a)　　　　　　　　　　(b)

图 1-13　熔断器

(a)螺旋式熔断器;(b)NT 系列刀形触头熔断器

(2) 熔断体。熔断体有丝状、带状、片状或笼状等不同的形状,由金属材料制成。

(3) 填料。广泛应用的填料是石英砂,它主要有两个作用,即作为灭弧介质和帮助熔断体散热,从而有助于提高熔断器的限流能力和分断能力。

熔断器按结构形式可分为瓷插式、螺旋式、无填料封闭管式、有填料封闭管式等类别。熔断器的型号含义和电气符号如图 1-14 所示。

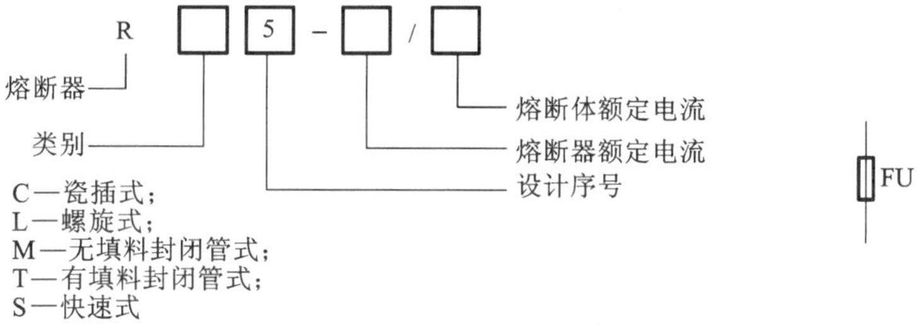

(a)　　　　　　　　　　(b)

图 1-14　熔断器型号的含义和电气符号

(a)型号含义;(b)电气符号

2) 熔断器的主要技术参数

(1) 熔断器额定电流,指保证熔断器能长期安全工作的额定电流。

(2) 熔断体额定电流,指在正常工作时熔断体不熔断的工作电流。

3) 熔断器的选择

熔断器的额定电压要大于或等于电路的额定电压,熔断器的额定电流要依据负载情况而选择。

(1) 为防止发生越级熔断,上、下级(供电干线、支线)熔断器之间应有良好的协调配合,上一级(供电干线)熔断器比下一级熔断器(供电支线)的熔断体的额定电流应大 1 个或 2 个级差。

(2) 电阻性负载或照明电路。这类负载起动过程很短,运行电流较平稳,一般按负载额定电流的 1～1.1 倍选择熔断体的额定电流,进而选定熔断器的额定电流。

(3) 电动机控制电路。这类负载的起动电流为额定电流的 4～7 倍。对于单台电动机,一般选择熔断体的额定电流为电动机额定电流的 1.5～2.5 倍;对于多台电动机,熔断体的额定电流应大于或等于其中最大容量电动机的额定电流的1.5～2.5倍加上其余电动机的额定电流之和。

5. 主令电器

主令电器是自动控制系统中发出指令的操作电器,利用它可以控制接触器、继电器或其他电器,通过电路接通和分断来实现对生产机械的自动控制。常用的主令电器有按钮开关、行程开关、万能转换开关、凸轮控制器、主令控制器等。

行程开关又称为限位开关或位置开关,其作用与按钮开关相同,只是其触点的动作不是靠手动操作,而是利用生产机械运动部件的碰撞来发出指令,也就是将机械信号转换为电信号,通过控制其他电器来控制运动部件的行程大小、运动方向或进行限位保护,通过接通或分断电路来限制机械运动的行程、位置或改变其运动状态,达到自动控制的目的。

为了适应生产机械对行程开关的碰撞,行程开关有多种构造形式,常用的有直动式(按钮式)和滚轮式(旋转式)。其中,滚轮式又有单滚轮式和双滚轮式两种。直动式行程开关如图1-15所示,其图形符号和文字符号如图1-16所示。

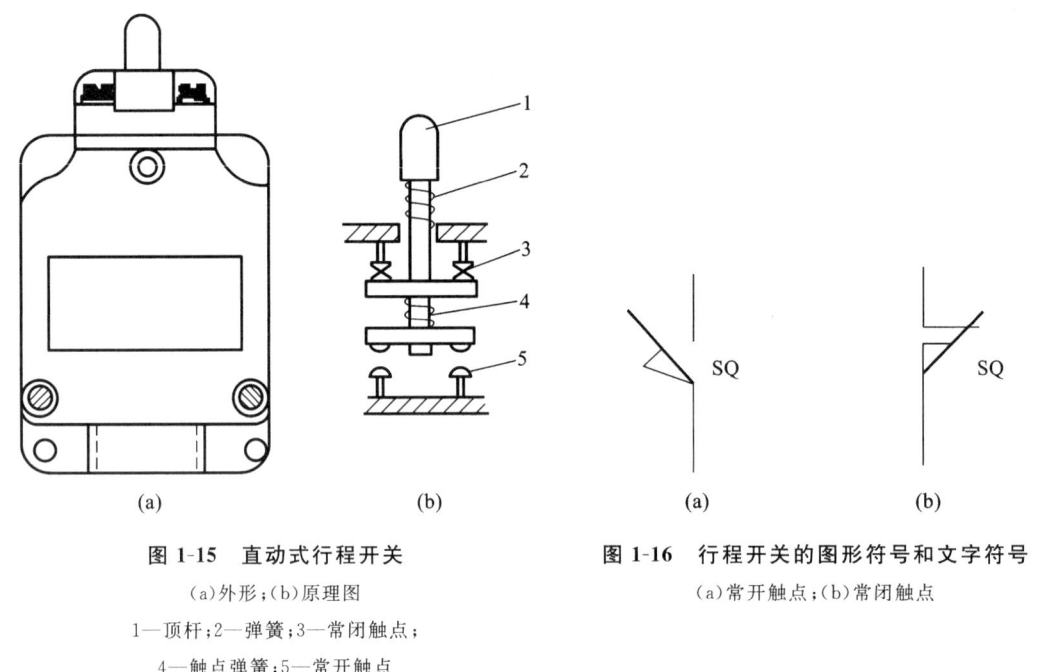

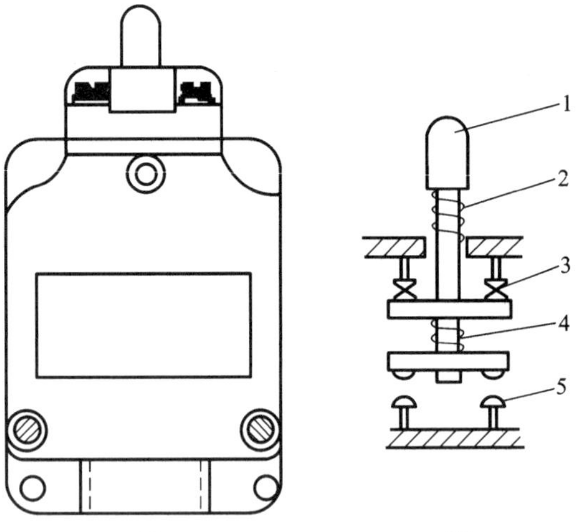

(a) (b)

图1-15 直动式行程开关

(a)外形;(b)原理图

1—顶杆;2—弹簧;3—常闭触点;

4—触点弹簧;5—常开触点

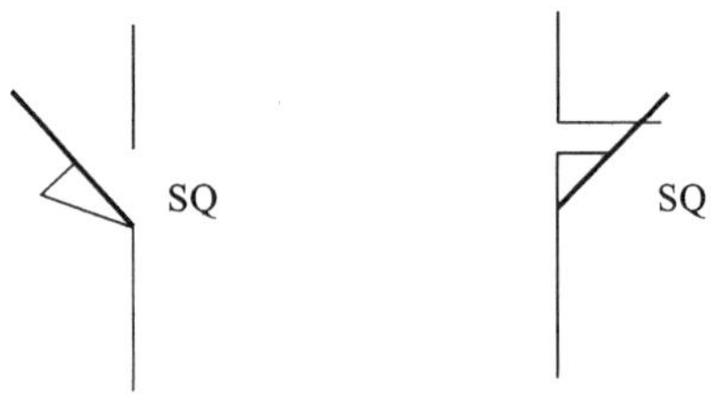

(a) (b)

图1-16 行程开关的图形符号和文字符号

(a)常开触点;(b)常闭触点

常用的行程开关有LX19系列和JLXK1系列,其型号的含义分别如图1-17和图1-18所示。

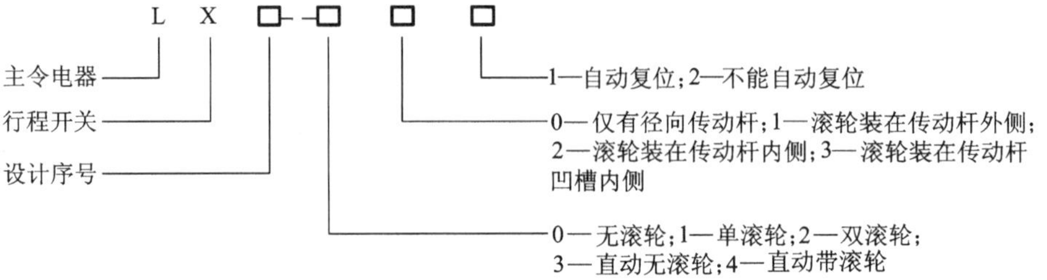

图1-17 LX19系列型号的含义

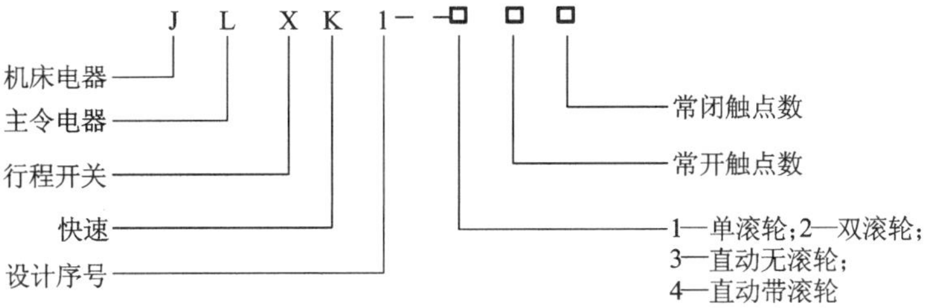

图 1-18 JLXK1 系列型号的含义

各种系列的行程开关的基本结构相同，区别仅在于使行程开关动作的传动装置和动作速度不同。直动式行程开关触点的分合速度取决于挡块移动速度。当挡块移动速度低于 0.4 m/min 时，触点切断太慢，易受电弧烧灼，这时应采用有盘形弹簧机构、能瞬时动作的滚轮式行程开关，或采用更为灵敏、轻巧的微动开关。

6. 点动控制电路的分析

图 1-19 所示为点动控制电路工作原理图。电源开关 QF 作电源隔离开关，熔断器 FU 作主电路、控制电路的短路保护，起动按钮 SB 控制接触器 KM 的线圈得电、失电，接触器 KM 的主触头控制电动机 M 的起动与停止。

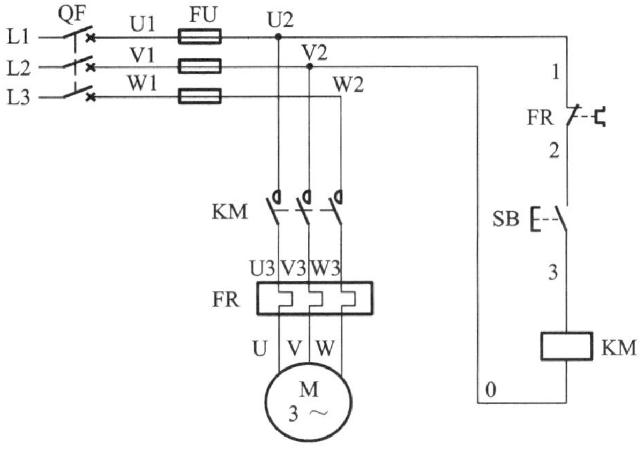

图 1-19 点动控制电路工作原理图

电路工作原理如下。

(1)通电。合上电源开关 QF。

(2)起动。过程为：按下 SB→KM 线圈得电→KM 主触点闭合→电动机 M 得电起动并进入运行状态。

(3)停止。过程为：松开 SB→KM 线圈失电→KM 主触点复位→电动机 M 失电停转。

【任务实施】

1. 任务

(1) 三相交流异步电动机的点动起动；

(2) 绘制三相交流异步电动机点动控制电路，保持 $U=U_N$ 和 $I_f=I_{fN}$ 不变，测取 n、T_2、$\eta=f(I_a)$、$n=f(T_2)$。

2. 绘制点动控制电路接线图

三相交流异步电动机点动控制原理图为图 1-19;接线图为图 1-21。

3. 元器件、工具、仪表、设备和材料

根据实验内容及要求,选择所需元器件的型号和数量,并列出所用的工具、仪表、设备和材料清单,如表 1-1 所示。

表 1-1　元器件、工具、仪表、设备和材料明细表

序号	名　称	型号与规格	单位	数量	备　注
1	三相异步电动机	Y112M-4,4 kW,380 V,Y/△接法	台	1	表中所列型号与规格仅供参考,可根据实际情况自定
2	三相四线电源	AC3×380/220 V,20 A	个	1	
3	配线板	500 mm×600 mm×20 mm	块	1	
4	自动空气开关	DZ10-25/3	个	1	
5	熔断器	RL1-60/25,380 V,20 A	个	3	
6	万用表	VC9808+	块	1	
7	电工工具	剥线钳,十字螺丝刀,剪线钳等	套	1	
8	热继电器	JR20-10	只	1	
9	按钮	LAY39-11、LAY39-10	只	各 1	
10	接触器	CJ20-10,线圈电压 220 V,10 A	只	1	
11	连接导线	BVR1.5,1.5 mm^2(黄、绿、红、蓝)	m	若干	
12	端子排	TC2-20A,10 节或配套自定	个	若干	

4. 安装接线

(1) 按表 1-1 配齐所用元器件,并进行质量检验。元器件应完好无损,各项技术指标符合规定要求,否则应予以更换。

(2) 在控制板上按照图 1-20 所示的元器件布置图安装元器件,并给每个元器件贴上醒目的文字符号。注意:各元器件的位置应布局合理、整齐、均匀。

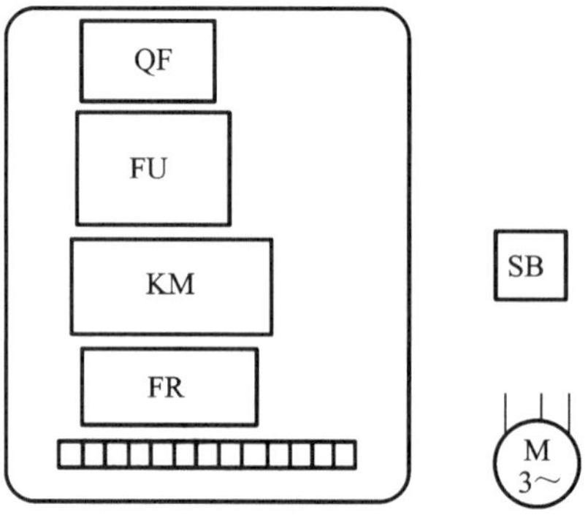

图 1-20　点动控制电路元器件布置图

(3) 按图 1-21 所示的点动电路的接线图进行板前明线布线和套编码套管,做到:布线整

齐，横平竖直，分布均匀，走线合理；套编码套管正确；严禁损伤线芯和导线绝缘；接点牢靠，不得松动，不得压绝缘层，不反圈，不露线芯太长；等等。

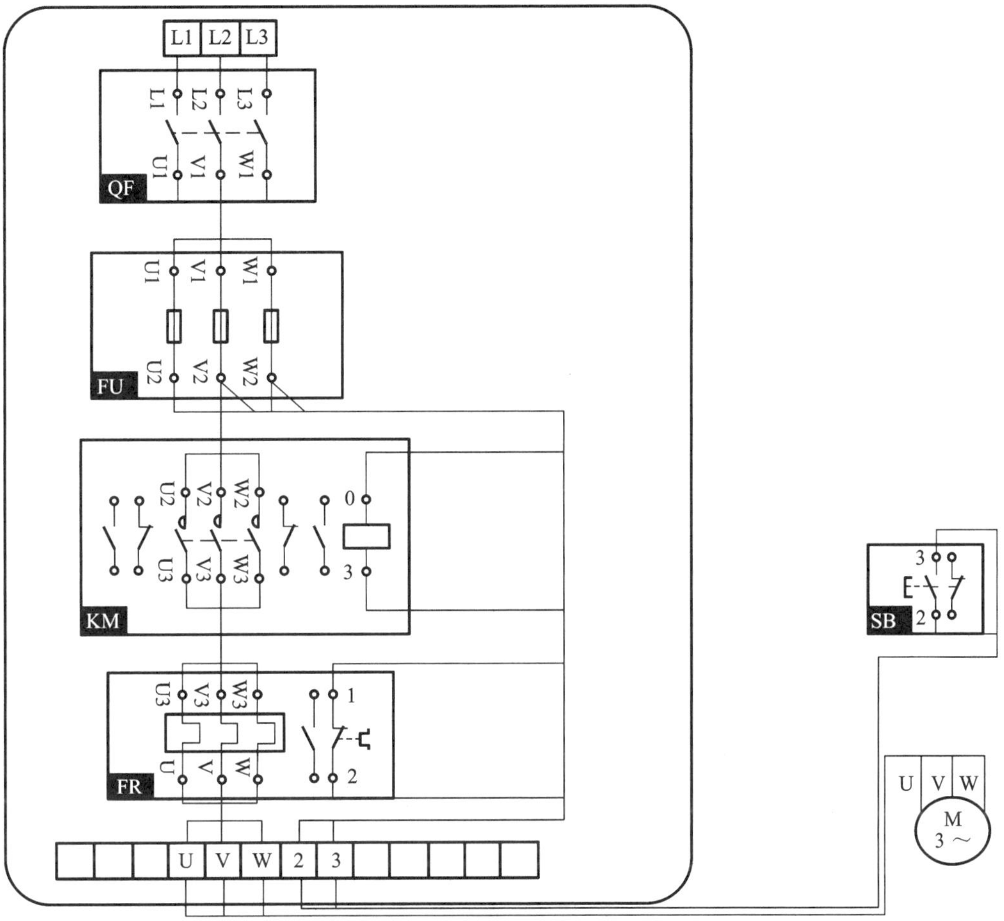

图 1-21　点动电路的接线图

(4) 安装电动机，要求安装牢固平稳，以防止在换向时产生滚动而引起事故。

(5) 可靠连接电动机和按钮金属外壳的保护接地线。

(6) 连接电源、电动机等控制板外部的导线。

(7) 安装完毕后必须经过认真检查，检查合格后才可通电。检查方法如下：

① 对照电路图或接线图进行粗查。从电路图的电源端开始，逐段核对接线及接线端子处的线号是否正确，检查导线接点是否牢固，不牢固会导致带负载运行时产生闪弧现象。

② 用万用表进行通断检查。先查主电路，此时应断开控制电路，将万用表置于欧姆挡，将其表笔分别放在 U1 与 U2、V1 与 V2、W1 与 W2 之间的线端上，读数应接近零；人为将接触器 KM 吸合，再将表笔分别放在 U1 与 V1、V1 与 W1、U1 与 W1 之间的接线端子上，此时万用表的读数应为电动机绕组的值(此时电动机应为△接法)。

③ 检查控制电路，此时应断开主电路，将万用表置于欧姆挡，将其表笔分别放在 U2、V2 线端上，读数应为“∞”；按下按钮 SB 时，读数应为 KM 线圈的电阻值。

(8) 在教师的指导下通电试车。合上开关 QF，按下起动按钮 SB，观察接触器是否吸合，电动机是否运转。在观察中若遇到异常现象,应立即停车,检查故障。

(9) 通电试车完毕后,切断电源。

【任务检查与评价】

1. 考核任务

1) 工艺要求

根据图 1-21 所示电路检查配线板布线的正确性。

(1) 接线要与接线点垂直并且不能有毛刺,裸线长度不超过 2 mm。

(2) 布线要合理,不能太长也不能太短。

(3) 接线、压线时不能露铜,更不能压住绝缘层。

(4) 去掉绝缘层的长度要适当。

(5) 连接线“鼻子”应该顺时针方向拧紧。

(6) 不能损坏工具和元器件。

(7) 接线点要标明线号。

2) 自检

(1) 按电路图或接线图从电源端开始,逐段核对接线及接线端子处线号是否正确,有无漏接、错接之处。检查接线点是否符合要求,压线是否牢固。同时要求接线点接触良好,以避免带负载运转时产生闪弧现象。

(2) 用万用表检查线路的通断情况。检查时,应选用 R×100 的电阻挡,并进行校零,以防发生短路故障。

(3) 检查控制电路,可将万用表的表笔分别搭接在 U2、V2 线端上,万用表读数应为“∞”,按下 SB 时读数应为接触器线圈直流电阻的值(约 2 kΩ),松开 SB 时读数回到“∞”。

(4) 检查主电路时,可以手动来代替接触器受电线圈励磁吸合时的情况进行检查,即按下 KM 触点系统,用万用表检测 L1 与 U、L2 与 V、L3 与 W 是否导通。

3) 试车

(1) 为保证安全,通电试车必须在教师的指导下进行。试车前应做好准备,包括清点工具,清除安装底板上的线头、杂物,检查各组熔断器的熔断体,分断各开关使按钮处于未操作前的状态,检查三相电源是否对称等,然后通电试车。

(2) 空操作试验。正确连接好电源后,接通三相电源,使线路不带负载(电动机)通电操作,以检查辅助电路工作是否正常。操作各按钮,检查它们对接触器的控制作用;检查接触器的控制作用;注意有无卡住或阻滞等不正常现象;细听有无过大的振动噪声。

(3) 带负载试车。控制线路经过数次空操作试验动作无误,即可切断电源后,再正确连接好电动机带负载试车。电动机起动前应先做好停车准备,起动后要注意它的运行情况。如果发现电动机有起动困难、发出噪声及线圈过热等异常现象,应立即停车,切断电源后进行检查。

4) 注意事项

(1) 接电前必须征得教师同意,并由教师现场指导。

(2) 学生合上电源开关 QF 后,不得对线路是否正确进行带电检查。

(3) 第一次按下按钮时,应短时点动,以观察线路和电动机运行有无异常现象。

(4) 试车成功率以通电后第一次按下按钮时计算。

(5) 出现故障后，学生应独立检修，若需带电检修，必须有教师在场。

(6) 检修完毕再次试车，也应由教师指导，并做好项目内容操作记录。

2. 考核要求及评分标准

任务检查与评分标准如表 1-2 所示。

表 1-2　任务检查与评分标准

主要内容	评分标准	配分
小组代表汇报讲解	(1) 讲解不全面，扣 1～10 分； (2) 条理不够清晰，扣 1～10 分	20
原理图控制	(1) 主电路不符合标准，扣 2 分； (2) 控制电路不符合标准，扣 2 分； (3) 信号、照明等不符合标准，扣 2 分	10
布置图、接线图的绘制	(1) 元器件布置不整齐、不匀称、结构不合理，每处扣 1～5 分； (2) 尺寸标注不正确，每处扣 1 分； (3) 线号标注不准确、不齐全，扣 2 分； (4) 走线不合理，扣 2 分	15
元器件选用、检查和安装	(1) 元器件选择不合理，每只扣 1～5 分； (2) 元器件漏检或错检，扣 5 分； (3) 不按图安装，扣 10 分； (4) 元器件安装不牢固，每只扣 5 分； (5) 元器件安装不整齐、不匀称、不合理，每只扣 4 分； (6) 损坏元器件，扣 15 分； (7) 本项目不得负分	15
接线质量	(1) 不按接线图接线，扣 10 分； (2) 布线不美观、不平直、不整齐、不紧贴敷设面，主电路、控制电路每处扣 1 分； (3) 节点松动，露铜过长，压绝缘层，每处扣 1 分	10
通电前检测、通电试验	(1) 主电路测量不正确，扣 5 分； (2) 控制电路测量不正确，扣 5 分； (3) 一次试车不成功，扣 10 分； (4) 两次试车不成功，扣 15 分	20
安全文明生产、团队合作精神	(1) 小组分工不够好，扣 1～5 分； (2) 违反安全文明生产要求，扣 5～10 分	10
备注	各项扣分最高不超过该项配分	

【拓展知识】

电气控制系统图的分类及电气原理图的绘制。

电气控制系统是由许多元器件按照一定要求连接而成的。为了表达生产机械电气控制系统的结构、原理等设计意图,同时也为了便于电气系统的安装、调整、使用和维修,需要将电气控制系统中各元器件及其连接用一定图形表达出来,这种图就是电气控制系统图。

为了提高电气系统图的通用性,国家标准局参照国际电工委员会(IEC)颁布的有关文件,制定了我国电气设备的有关国家标准。电气图形符号通常用于电气系统图,用以表示一个设备或器件的图形,文字符号适用于电气技术文件(包括电气系统图)用以标明电气设备、器件的名称、功能、状态及特征。

电气系统图一般有三种:电气原理图、元器件布置图、电气安装接线图。

电气原理图用图形和文字符号表示电路中各个元器件的连接关系和电气工作原理,它并不反映元器件的实际大小和安装位置。现以 CW6132 型卧式车床的电气原理图(见图 1-22)为例来说明绘制电气原理图应遵循的一些基本原则。

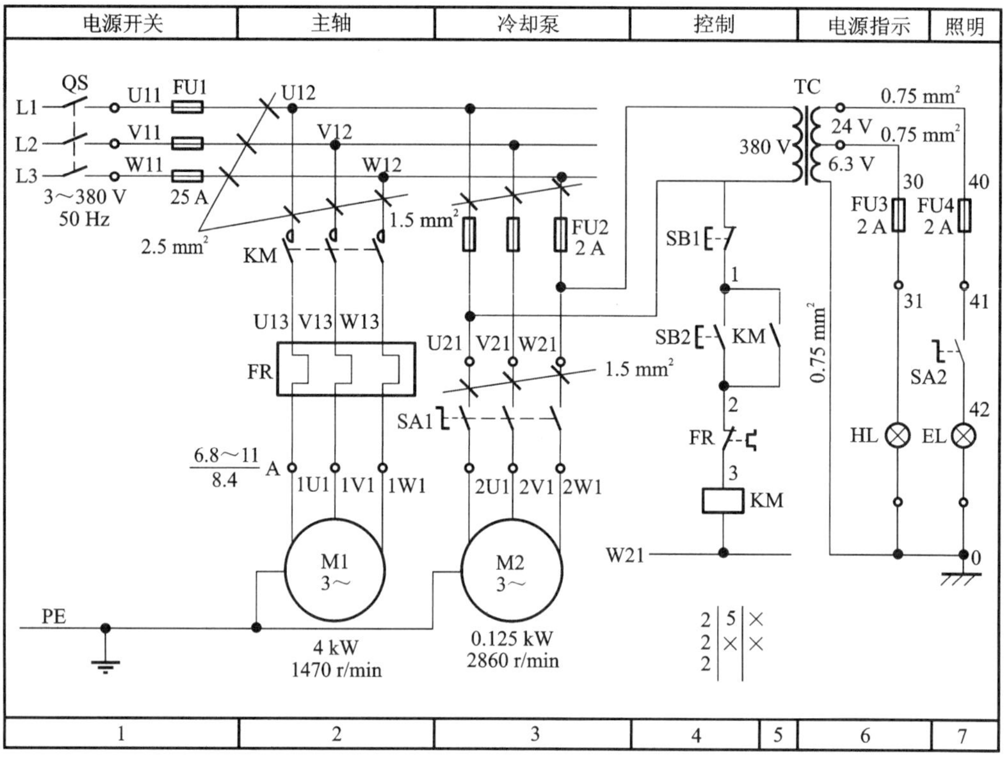

图 1-22　CW6132 型卧式车床的电气原理图

(1) 电气原理图一般分为主电路、控制电路和辅助电路三个部分。

主电路包括从电源到电动机的电路,是大电流通过的部分,画在图的左边(见图 1-22 中的 1、2、3 区),用粗实线绘出。控制电路一般由按钮、继电器触点、接触器辅助触点、线圈等组成,控制电路通过的电流相对较小,用细实线绘出(见图 1-22 中的 4、5 区)。辅助电路一般指照明、信号指示、检测等电路(见图 1-22 中的 6、7 区)。各电路均应尽可能按动作顺序由上至下、由左至右画出。

(2) 主电路标号由文字符号和数字组成。

文字符号用来标明主电路或线路的主要特征,数字标号用于区别电路不同线段。三相交流电源引入线采用 L1、L2、L3 标号,电源开关之后的三相主电路分别标 U、V、W。如 U11 表示电动机第一相的第一个接点代号，U12 为第一相的第二个接点代号，以此类推。

(3) 控制电路由三位或三位以下数字组成。

交流控制电路的标号一般以主要压降元件(如线圈)为分界，横排时，左侧用奇数，右侧用偶数；竖排时，上面用奇数，下面用偶数。在直流控制电路中，电源正极按奇数标号，负极按偶数标号。

(4) 应尽量减少线条数量，避免线条交叉。

各导线之间有电联系时，应在导线交叉处画实心圆点。根据图面布置需要，可以将图形符号旋转绘制，一般按逆时针方向旋转 90°，但其文字符号不可以倒置。

(5) 在电气原理图中，所有元器件的触点均按“平常”状态绘出。

所谓“平常”状态，对按钮、行程开关类电器是指没有受到外力作用时的触点状态；对继电器、接触器等是指线圈没有通电时的触点状态。对于控制器，应按其手柄处于零位时的状态画出。

(6) 电气原理图中所有元器件的图形符号和文字符号必须符合国家规定的统一标准。

在电气原理图中，元器件采用展开图的画法，即同一电器的各个部件可以不画在一起，但必须用同一文字符号标注。对于同类电器，应在文字符号后加数字序号以示区别(见图 1-22 中的 FU1～FU4)。

(7) 在电气原理图上应标出各个电源电路的电压值、极性或频率及相数。

对某些元器件还应标注其特性(如电阻、电容的值等)；不常用的电器(如位置传感器、手动开关等)还要标注其操作方式和功能等。

(8) 动力电路的电源线应水平画出，主电路应垂直于电源线画出。

控制电路和辅助电路应垂直于两条或几条水平电源线之间；耗能元件(如线圈、电磁阀、照明灯、信号灯等)应接在下面一条电源线一侧，而各种控制触点应接在另一条电源线上。

(9) 为方便阅图，可将电气原理图分成若干个图区。

图区行的代号用英文字母表示，一般可省略，列的代号用阿拉伯数字表示。图区编号写在图的下面，并在图的顶部标明各图区电路的作用。

【思考与练习】

1. 低压电器是指工作于交流________V 以下或直流________V 以下电路中的电器。

2. 熔断器用于各种电气电路中作________保护。

3. 按钮帽做成不同颜色用以区别各按钮作用，一般用________色表示________按钮，________色表示________按钮。

4. 当电路正常工作时，熔断器的熔断体允许长期通过 1.2 倍的额定电流而不熔断。当电路发生________或________时，熔断体熔断而电路被切断。

5. 熔断器的熔断体允许长期通过 1.2 倍的额定电流，通过的________越大，熔断体熔断的________越短。

6. 为了确保电动机安全运行，电动机应具有哪些综合保护措施？

任务 1.2　三相异步电动机长动控制电路的安装与调试

【任务目标】

- ➢ 能正确理解三相异步电动机连续控制电路的工作原理；
- ➢ 能正确识读连续控制电路的原理图、接线图和布置图；
- ➢ 会按照工艺要求正确安装三相异步电动机连续控制电路；
- ➢ 掌握三相异步电动机连续控制电路检测方法；
- ➢ 能根据故障现象，检修三相异步电动机连续控制电路；
- ➢ 能使用万用表对元器件进行检测；
- ➢ 能使用万用表对电路进行通电前的检查；
- ➢ 能正确安装并调试电路。

图 1-23　CA6240 型卧式车床

【任务描述】

CA6240 型卧式车床如图 1-23 所示。在需要主轴旋转时，按下起动按钮，主轴连续转动；按下停止按钮，主轴停止转动。请对它进行连续控制，并安装与调试。要求采用按钮控制的形式实现连续控制运行过程。

【相关知识】

1. 低压断路器

低压断路器又称为自动空气开关或自动空气断路器，在低压电路中用来分断和接通负载电路，控制电动机的运行和停止。低压断路器在电路中除起控制作用外，还具有一定的保护功能，如短路、过载、欠压、漏电保护等，能自动切断故障电路，保护用电设备的安全。其型号的含义如图 1-24 所示。

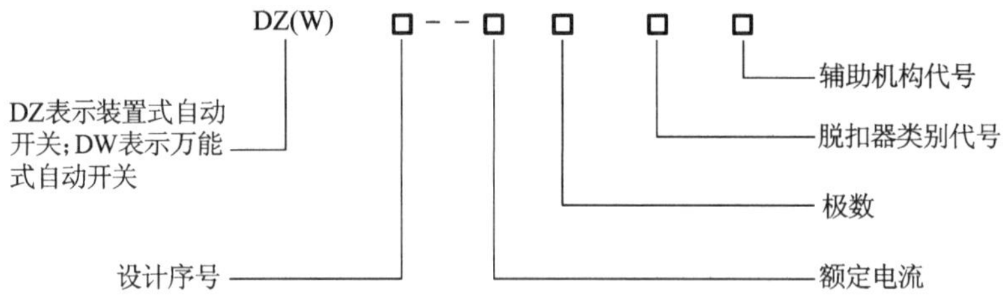

图 1-24　自动开关型号的含义

1）低压断路器的结构和工作原理

低压断路器主要由触头、灭弧装置、操动机构、保护装置等组成。低压断路器的保护装置由各种脱扣器来实现。低压断路器的脱扣器形式有过电流脱扣器、热脱扣器、欠压脱扣器、分励脱扣器等。其工作原理如图 1-25 所示。

开关主触点依靠操作机构或电动合闸实现断合。主触点闭合后，自由脱扣机构将主触点锁在合闸位置上。过电流脱扣器的线圈和热脱扣器的热元件与主电路串联，欠电压脱扣器的线圈与电源并联。当电路发生短路或严重过载时，过电流脱扣器的衔铁吸合，使自由脱扣机构动作，主触点断开主电路。当电路过载时，热脱扣器的热元件发热使双金属片弯曲变形，顶动自由脱扣器的衔铁，使衔铁释放，也使自由脱扣机构动作。当电路欠电压时，欠电压脱扣器的衔铁释放，也使自由脱扣机构动作。分励脱扣器则用作远距离分断电路。

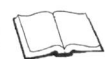

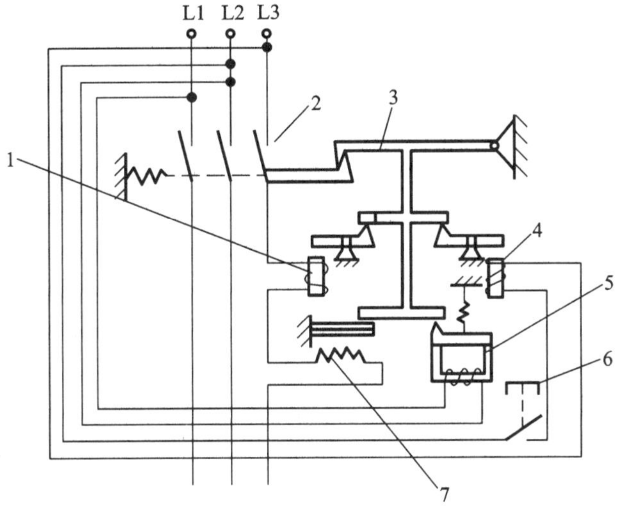

图 1-25　低压断路器的工作原理

1—过电流脱扣器；2—主触点；3—自由脱扣机构；4—分励脱扣器；5—欠电压脱扣器；6—起动按钮；7—热脱扣器

2）低压断路器的分类

低压断路器的分类方式很多：按极数分为单极式、二极式、三极式和四极式低压断路器；按灭弧介质分为空气式和真空式（目前国产多为空气式）低压断路器；按操作方式分为手动操作、电动操作和弹簧储能机械操作低压断路器；按安装方式分为固定式、插入式、抽屉式、嵌入式低压断路器；按结构形式分为 DW15 系列、DW16 系列、CW 系列万能式（又称框架式）和 DZ5 系列、DZ15 系列、DZ20 系列、DZ25 系列塑壳式低压断路器。低压断路器容量范围很大，最小为 4 A，最大可达 5000 A。

控制线路中常用装置式自动开关。装置式自动开关又称为塑壳式自动开关，通过用模压绝缘材料制成的封闭型外壳将所有构件组装在一起，用于电动机及照明系统的控制、供电线路的保护等。其主要型号有 DZ5、DZ10、DZ15、DZ20 等系列，常作为电源引入开关或控制和保护不频繁起动、停止的电动机开关，以及宾馆、机场、车站等大型建筑的照明电路的开关。其操作方式多为手动，主要有扳动式和按钮式两种。

万能式自动开关又称为框架式自动开关，由具有绝缘衬垫的框架结构底座将所有的构件组装在一起，用于配电网络的保护。其主要型号有 DW10、DW15 两个系列。

低压断路器的图形和文字符号如图 1-26 所示。

3）低压断路器的主要技术参数

（1）额定电流。额定电流分为两种：

① 低压断路器壳架等级额定电流，用尺寸和结构相同的框架或塑料外壳中能装入的最大脱扣器额定电流表示。

② 低压断路器额定电流，是指在规定条件下低压断路器可长期通过的电流，又称为脱扣器额定电流。对带可调式脱扣器的低压断路器而言，其是指可长期通过的最大电流。

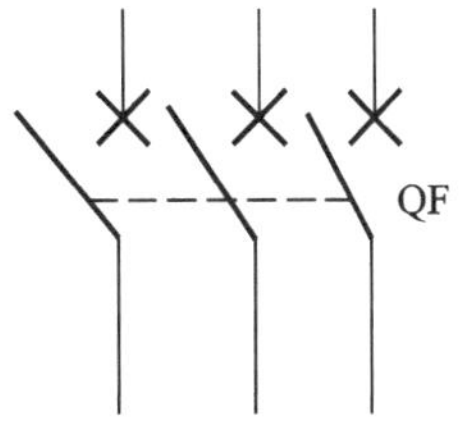

图 1-26　低压断路器的图形和文字符号

(2) 额定电压。额定电压是指与通断能力及使用类别相关的电压值。对多相电路而言，它是指相间的电压值。

(3) 额定短路分断能力。额定短路分断能力是指低压断路器在额定频率和功率因数等规定条件下，能够分断的最大短路电流值。

4) 低压断路器的选择

(1) 低压断路器的额定电压和额定电流应大于或等于被保护线路的正常工作电压和负载电流。

(2) 热脱扣器的整定电流应等于所控制负载的额定电流。

(3) 过电流脱扣器的瞬时脱扣整定电流应大于负载正常工作时可能出现的峰值电流。用于控制电动机的低压断路器，其瞬时脱扣整定电流为

$$I_Z = KI_{st}$$

式中：K——安全系数，取 $K=1.5\sim1.7$；

I_{st}——电动机的起动电流。

(4) 欠电压脱扣器的额定电压应等于被保护线路的额定电压。

(5) 低压断路器的极限分断能力应大于线路的最大短路电流的有效值。

2. 接触器

接触器是通过电磁机构动作，频繁地接通和分断主电路的远距离操纵电器，按其主触点通过电流种类的不同，分为交流接触器和直流接触器。接触器控制容量大且具有低电压保护功能，所以在工厂电气设备中应用非常广泛。

1) 接触器的结构和工作原理

交流接触器主要由电磁系统、触点系统、灭弧装置等部分组成，其外形和结构如图 1-27 所示。

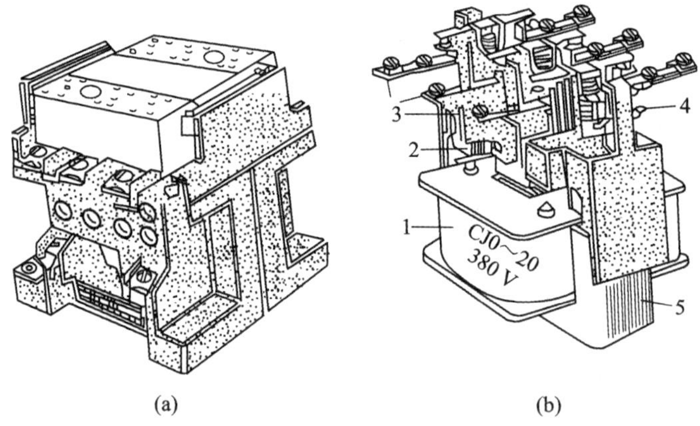

图 1-27　交流接触器的外形和结构

(a)外形；(b)结构

1—线圈；2—动铁心；3—主触点；4—辅助触点；5—静铁心

(1) 电磁系统。

交流接触器的电磁系统由线圈、静铁心和动铁心(衔铁)等组成，其作用是操纵触点的闭合与分断。

交流接触器的铁心一般用硅钢片叠压而成，以减少交变磁场在铁心中产生的涡流及磁滞损耗，避免铁心过热。为了减小接触器吸合时产生的振动和噪声，一般在铁心上装有一个短路

铜环(又称减振环)，如图1-28所示。当线圈中通有交流电时，在铁心上产生的是交变磁通，它对衔铁的吸力按正弦规律变化。当磁通经过零值时，铁心对衔铁的吸力也为零，衔铁在弹簧的作用下有释放的趋势，使衔铁不能被紧紧吸住，产生振动，发出噪声。同时，这种振动容易使衔铁与铁心磨损，造成触点接触不良。安装短路铜环后，它相当于变压器的一个副绕组，当电磁线圈通入交流电时，线圈电流 I_1 产生磁通 Φ_1，短路环中产生感应电流 I_2，形成磁通 Φ_2。由于 I_1 与 I_2 的相位不同，所以 Φ_1 与 Φ_2 的相位也不同，即 Φ_1 与 Φ_2 不同时为零。这样，在磁通 Φ_1 为零时，Φ_2 不为零而产生吸力，使衔铁始终被铁心吸牢，振动和噪声显著减小。

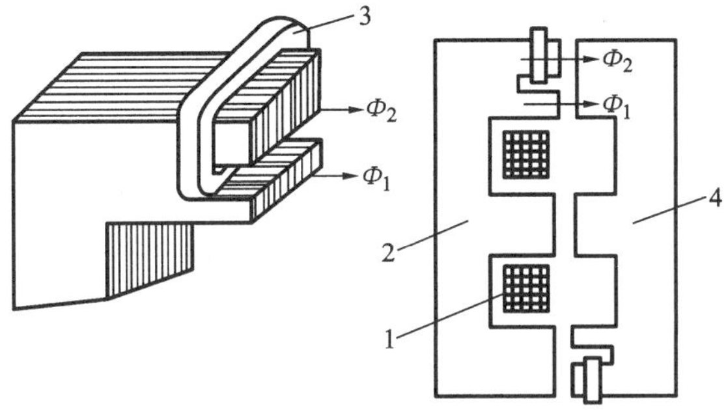

图1-28　交流电磁铁的短路铜环

1—线圈；2—铁心；3—短路环；4—衔铁

(2) 触点系统。

接触器的触点按功能不同分为主触点和辅助触点两类。主触点用来接通和分断电流较大的主电路，体积较大，一般由三对常开触点组成；辅助触点用来接通和分断小电流的控制电路，体积较小，有常开和常闭两种。如CJ0-10系列交流接触器有三对常开主触点、两对常开辅助触点和两对常闭辅助触点。触点通常用紫铜制成，由于铜的表面容易被氧化生成氧化铜，氧化铜为不良导体，所以一般都在触点的接触点部分镶上银块，使之接触电阻小，导电性能好，使用寿命长。

接触器触点分为桥式触点和指形触点，其形状分别如图1-29(a)和图1-29(b)所示。桥式触点又分为点接触桥式和面接触桥式两种。图1-29(a)左图所示为两个点接触的桥式触点，适用于电流不大且压力小的场合，如辅助触点；图1-29(a)右图所示为两个面接触的桥式触点，适用于大电流的场合，如主触点。线接触指形触点(见图1-29(b))的接触区域为一条直线，在触点闭合时产生滚动接触，适用于动作频繁、电流大的场合，如主触点。

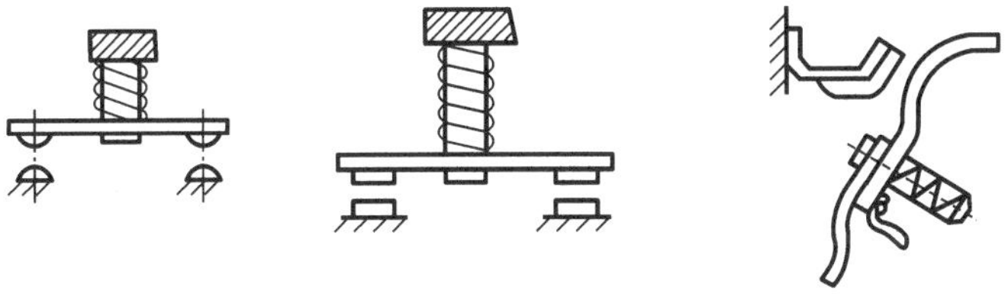

(a)　　(b)

图1-29　接触器的触点结构

(a)桥式触点；(b)线接触指形触点

为了使触点接触更加紧密，减小接触电阻，消除开始接触时产生的有害振动，加大触点闭合时的互压力，桥式触点或指形触点都安装有压力弹簧。

(3) 灭弧装置。

交流接触器在分断大电流或高电压电路时,其动触点与静触点间气体在强电场作用下放电,形成电弧。电弧发光、发热,灼伤触点,并使电路切断时间延长,容易引发事故,因此,必须采取措施使电弧迅速熄灭。常用的灭弧方式有以下几种。

① 电动力灭弧。利用触点分断时本身的电动力将电弧拉长,使电弧热量在拉长的过程中冷却而迅速熄灭,其原理如图 1-30 所示。

② 双断口灭弧。将整个电弧分成两段,同时利用触点分断时产生的电动力,使电弧迅速熄灭。它适用于桥式触点,其原理如图 1-31 所示。

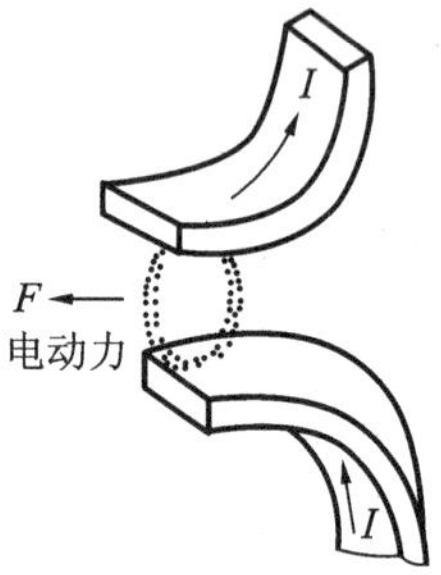

图 1-30 电动力灭弧

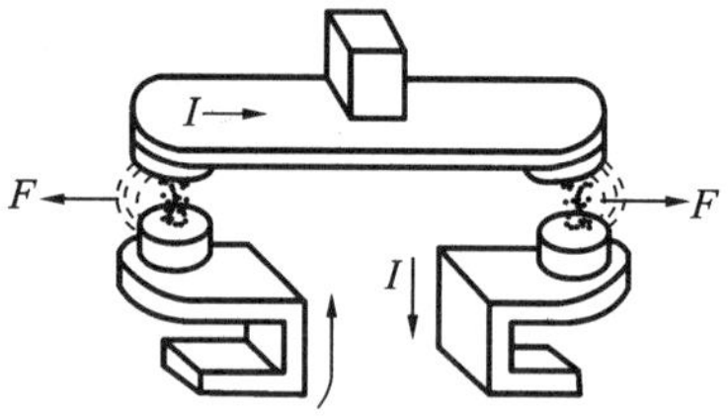

图 1-31 双断口灭弧

③ 纵缝灭弧。纵缝灭弧原理如图 1-32 所示。灭弧罩内有一条纵缝,下宽上窄,下宽便于放置触点,上窄有利于电弧压缩,并和灭弧室壁有很好的接触。当触点分断时,电弧被外界磁场或电动力横吹进入缝内,其热量传递给室壁而迅速被冷却熄灭。

④ 栅片灭弧。栅片灭弧原理如图 1-33 所示,其装置主要由灭弧栅和灭弧罩组成。灭弧栅用镀铜的薄铁片制成,各栅片之间相互绝缘。灭弧罩用陶土或石棉水泥制成。当触点分断电路时,在动触点与静触点间产生电弧,电弧产生电场。由于薄铁片的磁阻比空气的小得多,因此,电弧上部的磁通容易通过灭弧栅形成闭合回路,使电弧上部的磁通很稀而下部的磁通很密。这种上稀下密的磁场分布对电弧产生向上运动的力,将电弧拉长到灭弧栅片当中。栅片将电弧分割成若干短电弧,一方面,使栅片间的电弧电压低于燃弧电压;另一方面,栅片将电弧的热量散发,使电弧迅速熄灭。

图 1-32 纵缝灭弧

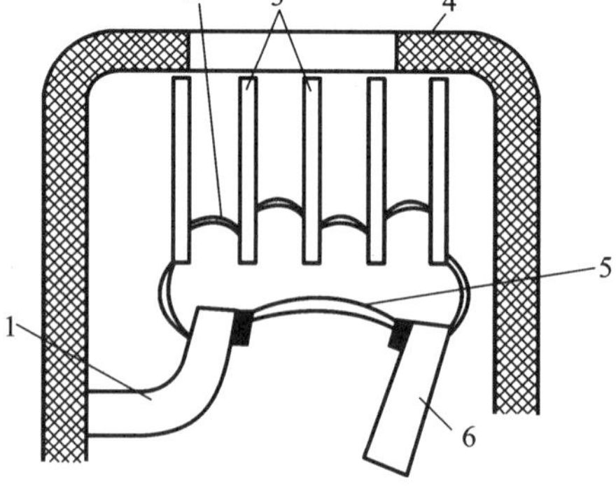

图 1-33 栅片灭弧

1—静触点;2—短电弧;3—灭弧栅;4—灭弧罩;5—电弧;6—动触点

(4) 其他部件。

交流接触器除上述三个主要部分外,还包括反力弹簧、复位弹簧、缓冲弹簧、触点压力弹簧、传动机构、接线柱、外壳等部件。

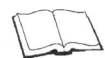

(5) 工作原理。

当电磁线圈与电源接通时，线圈电流产生磁场，使静铁心产生足以克服弹簧反作用力的吸力，将动铁心向下吸合，使常开主触点和常开辅助触点闭合，常闭辅助触点断开。主触点将主电路接通，辅助触点则接通或分断与之相连的控制电路。

当电磁线圈失电时，静铁心吸力消失，动铁心在反力弹簧的作用下复位，各触点也随之复位，将有关的主电路和控制电路分断。

(6) 接触器的图形符号、文字符号和型号。

接触器的图形符号和文字符号如图1-34所示。

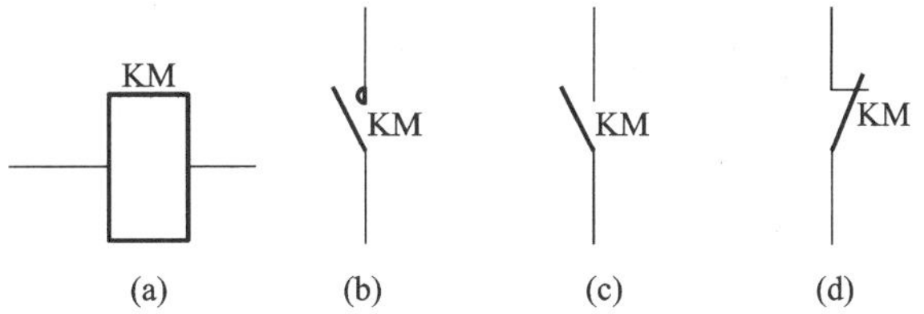

图1-34　接触器的图形符号和文字符号

(a)线圈；(b)主触点；(c)常开辅助触点；(d)常闭辅助触点

常用的交流接触器有CJ0、CJ10、CJ12、CJ20等系列产品，其型号的含义如图1-35所示。

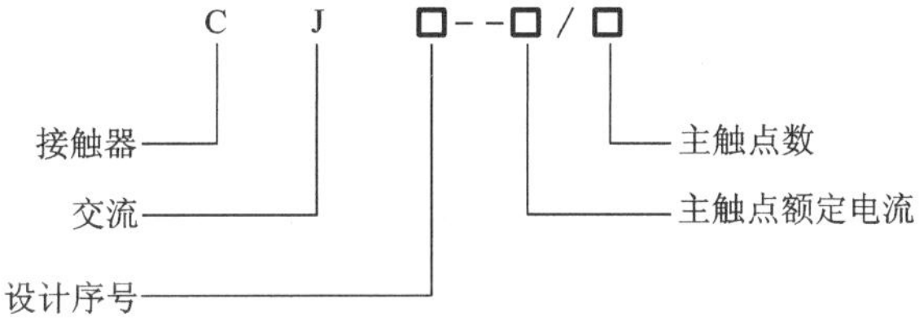

图1-35　交流接触器型号的含义

除了国产交流接触器以外，我国还引进了德国西门子公司的3TB系列、BBC公司的B型系列等产品。这些产品结构紧凑、外形尺寸小、安装方便、使用寿命长、技术经济指标优越，符合VDE、IEC标准的要求。

2) 接触器的选择

(1) 接触器主触点的额定电压应大于或等于被控电路的额定电压。

(2) 接触器主触点的额定电流应大于或等于1.3倍的电动机的额定电流。

(3) 接触器线圈额定电压选择。当线路简单、使用电器较少时，可选用220 V或380 V；当线路复杂、使用电器较多时或不太安全的场所，可选用36 V或110 V。

(4) 接触器的触头数目、种类应满足控制线路要求。

(5) 当通断电流较大及通断频率超过规定值时，应选用额定电流大一级的接触器型号。否则会使触头严重发热，甚至熔焊在一起，造成电动机等负载缺相运行。

3. 热继电器

热继电器是利用电流的热效应来推动动作机构，使触头系统闭合或分断的保护电器。其主要用于电动机的过载保护、断相保护、电流不平衡运行的保护及其他电气设备发热状态的控制。

1) 热继电器的结构和工作原理

热继电器的外形和结构如图 1-36 所示,它由热敏元件、触点、动作机构、复位按钮和整定电流装置等五个部分组成。

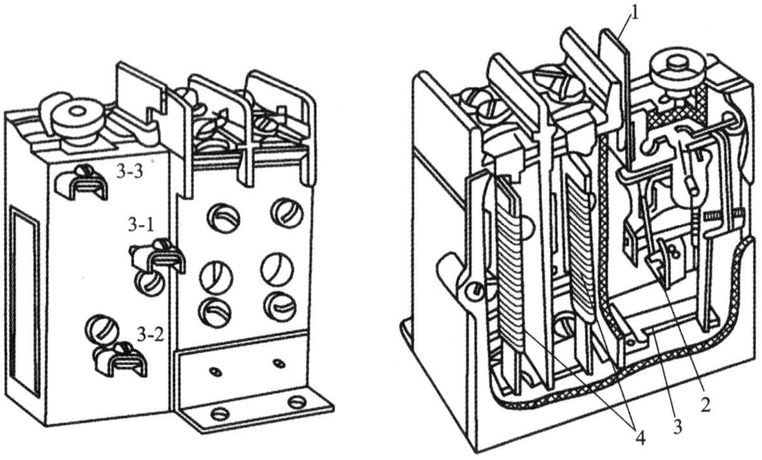

(a) (b)

图 1-36 热继电器的外形和结构

(a)外形;(b)结构

1—复位按钮;2—常闭触点;3—动作机构;4—热敏元件

(1) 热敏元件由双金属片及绕在双金属片外面的电阻丝组成,双金属片由两种热膨胀系数不同的金属片复合而成。使用时,将电阻丝直接串联在异步电动机的电路(见图 1-37 中的 1—1′及 2—2′)上。热敏元件有两相结构和三相结构两种。

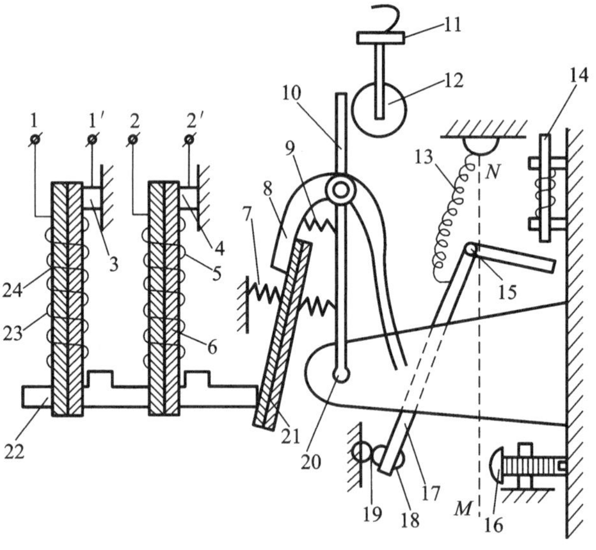

图 1-37 热继电器的动作原理图

1、1′、2、2′—接入电动机电路的端子;3、4—双金属片的固定点;5、23—电阻丝;6、24—双金属片;7—拉簧;8—推杆;9—压簧;10—连杆;11—旋转按钮;12—偏心轮;13—弹簧;14—复位按钮;15—转轴;16—常开触点;17—拉杆;18—公共动触点;19—常闭触点;20—连轴;21—补偿双金属片;22—导板

(2) 热继电器的触点有两副,由一个公共动触点 18、一个常开触点 16 和一个常闭触点 19 组成。

(3) 动作机构由导板22、补偿双金属片21、推杆8、连杆10和弹簧13等组成。

(4) 复位按钮14是热继电器动作后进行手动复位的按钮。

(5) 整定电流装置由旋转按钮11和偏心轮12组成，通过它们来调节整定电流(热继电器长期不动作的最大电流)的大小。在整定电流调节旋钮上刻有整定电流的标尺，旋动调节旋钮，使整定电流值等于电动机额定电流即可。

当电动机过载时，过载电流通过图1-37中串联在定子电路的电阻丝5、23，使之发热过量，双金属片6、24受热膨胀(两片的膨胀系数不同)，膨胀系数较大的左边一片的下端向右弯曲；通过导板22推动补偿双金属片21使推杆8绕轴转动，带动拉杆17绕转轴15转动，将常闭触点19断开。常闭触点19通常串联在接触器的线圈电路中，当它断开时，接触器的线圈失电，主触点释放，使电动机脱离电源得到保护。

热继电器型号的含义和电气符号如图1-38所示。

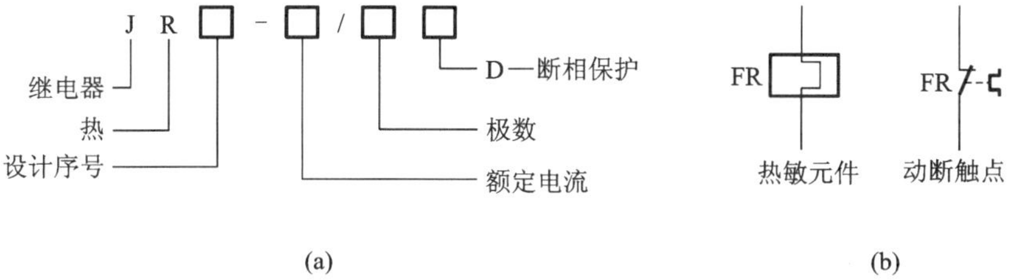

图1-38　热继电器型号的含义和电气符号

(a)型号含义；(b)电气符号

2) 热继电器的选择

(1) 热继电器的类型选择。

一般轻载起动、长期工作的电动机或间歇性长期工作的电动机，选择两相结构的热继电器；电源电压的均衡性和工作环境较差或较少有人照管的电动机，或多台电动机的功率差别较大，可选择三相结构的热继电器；而定子绕组接成三角形的电动机，应选用带断相保护装置的热继电器。

(2) 热继电器的电流选择。

① 热继电器的额定电流应略大于电动机的额定电流。

② 热继电器的整定电流是指热继电器长期不动作的最大电流，超过此值即动作。一般将热继电器的整定电流调整到等于电动机的额定电流；对过载能力差的电动机，可将热继电器的整定电流调整为电动机额定电流的0.6～0.8；对起动时间较长、拖动冲击性负载或不允许停车的电动机，热继电器的整定电流应调整到电动机额定电流的1.1～1.15倍。

4. 长动控制电路的分析

长动控制电路如图1-39所示，它是一种广泛采用的连续运行控制线路。在点动控制电路的基础上，它在控制回路中增加了一个停止按钮SB1，还在起动按钮SB2的两端并接了接触器的一对辅助动合触点KM。

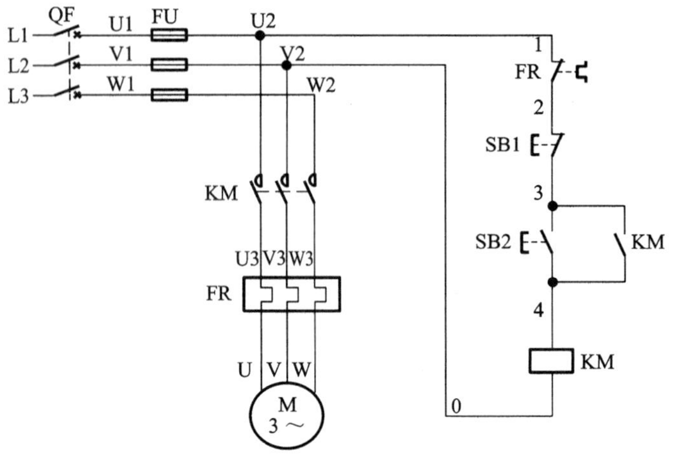

图 1-39　长动控制电路工作原理图

电路工作原理如下。

(1) 通电。合上电源开关 QF。

(2) 起动。过程如下:

按下 SB2→KM 线圈得电—┬→KM 自锁触点(3,4)闭合实现自锁,
　　　　　　　　　　　　└→KM 主触点闭合→电动机得电运转。

(3) 停止。过程如下:

按下 SB1→KM 线圈失电—┬→KM 自锁触点(3,4)断开解除自锁,
　　　　　　　　　　　　└→KM 主触点断开→电动机断电停转。

停止使用时,断开电源开关 QF。

接触器依靠自身辅助动合触点使其线圈保持通电的现象称为自锁(或称自保),起自锁作用的辅助动合触点称为自锁触点(或称自保触点)。这样的控制线路称为具有自锁(或自保)的控制线路。

【任务实施】

1. 任务

(1) 三相交流异步电动机的长动控制。

(2) 绘制三相交流异步电动机长动控制电路。

2. 绘制长动控制电路接线图

按任务控制要求绘制长动控制电路工作原理图,如图 1-39 所示。

3. 元器件、工具、仪表、设备和材料

根据电动机型号和电气原理图,选择所需元器件的型号和数量,并列出所用的工具、仪表、设备和材料清单,如表 1-3 所示。

表 1-3　元器件、工具、仪表、设备和材料明细表

序号	名　　称	型号与规格	单位	数量	备　　注
1	三相异步电动机	Y112M-4，4 kW、380 V、Y/△接法	台	1	表中所列型号与规格仅供参考，可根据实际情况自定
2	三相四线电源	AC3×380/220 V、20 A	个	1	
3	配线板	500 mm×600 mm×20 mm	块	1	
4	自动空气开关	DZ10-25/3	个	1	
5	熔断器	RL1-60/25，380 V，20 A	个	3	
6	万用表	VC9808＋	块	1	
7	电工工具	剥线钳，十字螺丝刀，剪线钳等	套	1	
8	热继电器	JR20-10	只	1	
9	按钮	LAY39-11，LAY39-10	只	各1	
10	接触器	CJ20-10，线圈电压220 V，10 A	只	1	
11	连接导线	BVR1.5，1.5 mm^2（黄、绿、红、蓝）	m	若干	
12	端子排	TC2-20A，10节或配套自定	个	若干	

4. 安装接线

（1）按图1-40所示配齐所用元器件，并进行质量检验。元器件应完好无损，各项技术指标符合规定要求，否则应予以更换。

（2）在控制板上按照图1-40安装元器件，并给每个元器件贴上醒目的文字符号。注意：各元器件的位置应布局合理、整齐、均匀。

（3）按图1-41所示的长动电路的接线图进行板前明线布线和套编码套管。做到：布线整齐，横平竖直，分布均匀，走线合理；套编码套管正确；严禁损伤线芯和导线绝缘；接点牢靠，不得松动，不得压绝缘层，不反圈，不露线芯太长；等等。

（4）安装电动机，要求安装牢固平稳，以防止在换向时产生滚动而引起事故。

（5）可靠连接电动机和按钮金属外壳的保护接地线。

（6）连接电源、电动机等控制板外部的导线。

（7）安装完毕后必须经过认真检查，检查合格后才可通电。检查方法如下：

① 对照电路图或接线图进行粗查。从电路图的电源端开始，逐段核对接线及接线端子处的线号是否正确，检查导线接点是否牢固，不牢固会导致带负载运行时产生闪弧现象。

② 用万用表进行通断检查。先查主电路，此时断开控制电路，将万用表置于欧姆挡，将其表笔分别放在U1与U2、V1与V2、W1与W2之间的线端上，读数应接近零；人为将接触器KM吸合，再将表笔分别放在U1与V1、V1与W1、U1与W1之间的接线端子上，此时万用表的读数应为电动机绕组的值。

③ 检查控制电路，此时应断开主电路，将万用表置于欧姆挡，将其表笔分别放在U2、V2线端上，读数应为“∞”；按下按钮SB2时，读数应为KM线圈的电阻值。

（8）在教师的指导下通电试车。合上开关QF，按下起动按钮SB2，观察接触器是否吸合，电动机是否运转。在观察中若遇到异常现象，应立即停车，检查故障。

（9）通电试车完毕，切断电源。

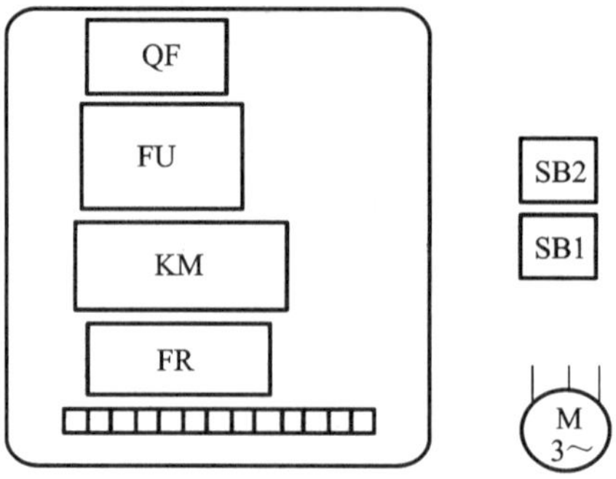

图 1-40 长动控制电路元器件布置图

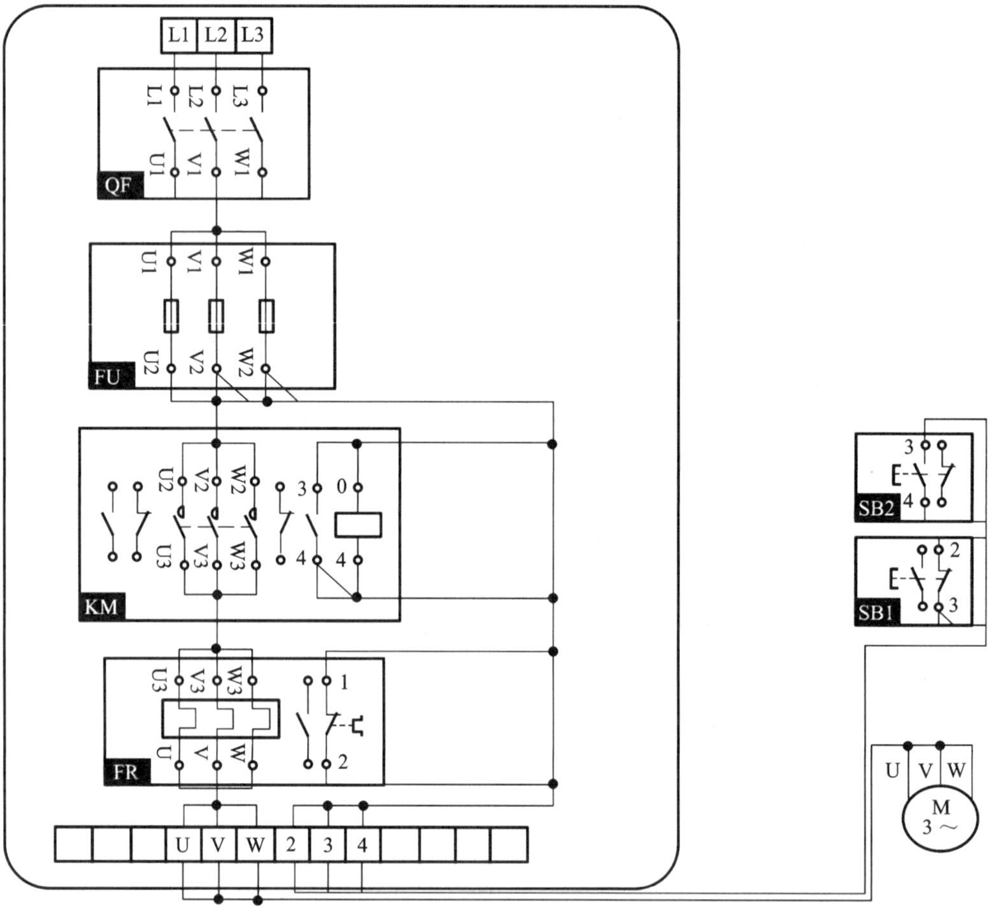

图 1-41 长动电路的接线图

【任务检查与评价】

1. 考核任务

1）工艺要求

根据图 1-41 所示电路检查配线板布线的正确性。

(1) 接线要与接线点垂直并且不能有毛刺，裸线不超过 2 mm。

(2) 布线要合理，不能太长也不能太短。

(3) 接线、压线时不能露铜，更不能压住绝缘层。

(4) 去掉绝缘层的长度要适当。

(5) 连接线“鼻子”应该顺时针方向拧紧。

(6) 不能损坏工具和元器件。

(7) 接线点要标明线号。

2) 自检

(1) 按电路图或接线图从电源端开始，逐段核对接线及接线端子处线号是否正确，有无漏接、错接之处。检查接线点是否符合要求，压线是否牢固。同时要求接线点接触良好，以避免带负载运转时产生闪弧现象。

(2) 用万用表检查线路的通断情况。检查时，应选用 R×100 的电阻挡，并进行校零，以防发生短路故障。

(3) 检查控制电路，可将万用表的表笔分别搭接在 U2、V2 线端上，万用表读数应为“∞”，按下 SB2 时读数应为接触器线圈直流电阻的值(约 2 kΩ)，按下 SB1(或松开 SB2)时读数回到“∞”。

(4) 检查主电路时，可以手动来代替接触器受电线圈励磁吸合时的情况进行检查，即按下 KM 触点系统，用万用表检测 L1 与 U、L2 与 V、L3 与 W 是否导通。

3) 试车

(1) 为保证安全，通电试车必须在教师的指导下进行。试车前应做好准备，包括清点工具，清除安装底板上的线头、杂物，检查各组熔断器的熔断体，分断各开关使按钮处于未操作前的状态，检查三相电源是否对称等，然后通电试车。

(2) 空操作试验。正确连接好电源后，接通三相电源，使线路不带负载(电动机)通电操作，以检查辅助电路工作是否正常。操作按钮，检查它们对接触器的控制作用；检查接触器的控制作用；注意有无卡住或阻滞等不正常现象；细听有无过大的振动噪声。

(3) 带负载试车。控制线路经过数次空操作试验动作无误，即可切断电源后，再正确连接好电动机带负载试车。电动机起动前应先做好停车准备，起动后要注意它的运行情况。如果发现电动机有起动困难、发出噪声及线圈过热等异常现象，应立即停车，切断电源后进行检查。

4) 注意事项

(1) 接电前必须征得教师同意，并由教师现场指导。

(2) 学生合上电源开关 QF 后，不得对线路是否正确进行带电检查。

(3) 第一次按下按钮时，应短时点动，以观察线路和电动机运行有无异常现象。

(4) 试车成功率以通电后第一次按下按钮时计算。

(5) 出现故障后，学生应独立检修，若需带电检修，必须有教师在场指导。

(6) 检修完毕再次试车，也应由教师指导，并做好项目内容操作记录。

2. 考核要求及评分标准

任务检查与评分标准如表 1-4 所示。

表 1-4　任务检查与评分标准

主要内容	评分标准	配分
小组代表汇报讲解	(1) 讲解不全面，扣 1～10 分； (2) 条理不够清晰，扣 1～10 分	20

续表

主要内容	评分标准	配分
原理图控制	(1) 主电路不符合标准,扣 2 分; (2) 控制电路不符合标准,扣 2 分; (3) 信号、照明等不符合标准,扣 2 分	10
布置图、接线图的绘制	(1) 元器件布置不整齐、不匀称、结构不合理,每处扣 1~5 分; (2) 尺寸标注不正确,每处扣 1 分; (3) 线号标注不准确、不齐全,扣 2 分; (4) 走线不合理,扣 2 分	15
元器件选用、检查和安装	(1) 元器件选择不合理,每只扣 1~5 分; (2) 元器件漏检或错检,扣 5 分; (3) 不按图安装,扣 10 分; (4) 元器件安装不牢固,每只扣 5 分; (5) 元器件安装不整齐、不匀称、不合理,每只扣 4 分; (6) 损坏元器件,扣 15 分; (7) 本项目不得负分	15
接线质量	(1) 不按接线图接线,扣 10 分; (2) 布线不美观、不平直、不整齐、不紧贴敷设面,主电路、控制电路每处扣 1 分; (3) 节点松动,露铜过长,压绝缘层,每处扣 1 分	10
通电前检测、通电试验	(1) 主电路测量不正确,扣 5 分; (2) 控制电路测量不正确,扣 5 分; (3) 一次试车不成功,扣 10 分; (4) 两次试车不成功,扣 15 分	20
安全文明生产、团队合作精神	(1) 小组分工不够好,扣 1~5 分; (2) 违反安全文明生产要求,扣 5~10 分	10
备注	各项扣分最高不超过该项配分	

【拓展知识】

三相交流异步电动机点动、长动混合运行控制电路的分析。

图 1-42 所示的电路既能进行点动控制,又能进行长动控制,所以称为点动和长动混合控制电路。图中,SB2 为连续运转起动按钮,当按下按钮 SB2 时,其工作原理与长动控制电路的工作原理相同。SB3 为点动按钮,当按下 SB3 时,接触器 KM 线圈得电,其三个主触点闭合,电动机通电运转(此时,SB3 动断触点分断,KM 辅助动合触点的自锁不起作用)。当松开 SB3 时,接触器 KM 线圈失电,三个主触点分断,电动机失电停转。

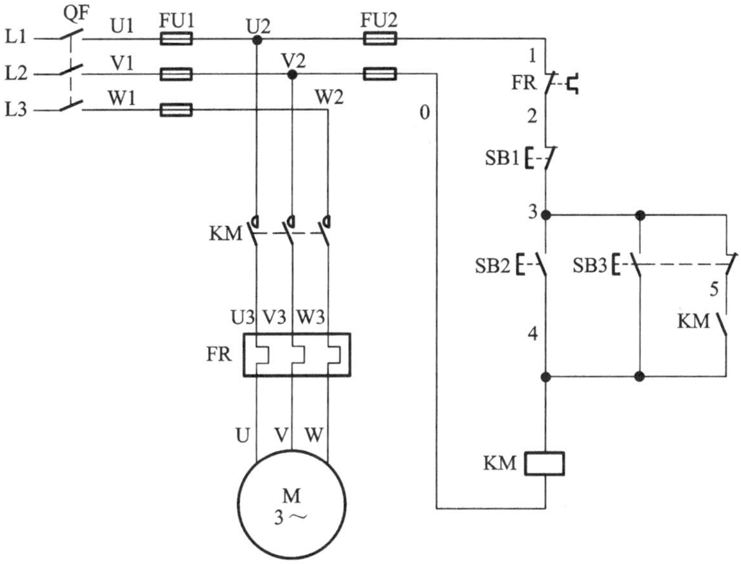

图1-42 点动与长动混合控制电路

【思考与练习】

1. 选择接触器时应从其工作条件出发,控制交流负载应选用________,控制直流负载应选用________。

2. 选用接触器时,其主触点的额定工作电压应________或________负载电路的电压,主触点的额定工作电流应________或________负载电路的电流,吸引线圈的额定电压应与控制回路________。

3. 热继电器是利用________来切断电路的一种________电器,它用作电动机的________保护,不宜作为________保护。热继电器的整定电流一般情况下取电动机的额定电流。

4. 接触器是一种低压自动切换的电磁式电器,具有________和________作用。其用于________地接通或断开________和________。

5. 接触器的结构主要由________、________和________等组成。

6. 接触器的触点分________与________,其中前者用于通断较大电流的________,后者用于通断小电流的控制电路。

7. 线圈未通电时触点处于断开状态的触点称为________,而处于闭合状态的触点称为________。

8. 交流接触器的主触点、辅助触点和线圈各接在什么电路中,应如何连接?

9. 电动机的起动电流很大,起动时热继电器应不应该动作,为什么?

项目 2　直流电机的结构与运行

在生产实践中，直流电机具有良好的调速性能、较大的起动转矩和良好的过载能力等优点，因此在起动和调速要求较高的生产机械中，仍然得到广泛的应用，如轧钢机、电力机车、造纸机及纺织机械等。直流电机是实现直流电能和机械能相互转换的电气设备，其中将机械能转换为直流电能的是直流发电机，将直流电能转换为机械能的是直流电动机。直流发电机作为直流电源，电势波形好，抗干扰能力强，主要应用在电镀、电解行业中。

如何控制一台或多台直流电机，使之正常工作，必须理解直流电机的工作原理、工作特性、机械特性及调速性能。本项目就是通过典型的工作任务学习并励直流电动机、串励直流电动机的结构和运行特性。

【项目教学目标】

知识目标	技能目标
了解直流电机分类及工作原理； 掌握直流电机的结构和励磁方式； 理解直流电机的磁场、转矩及感应电动势； 掌握并励直流电动机的工作特性与机械特性的意义； 了解并励直流电动机的调速方法与维护； 掌握串励直流电动机的结构、注意事项； 掌握串励直流电动机的工作特性与机械特性的意义； 掌握直流电动机的维护知识； 了解串励直流电动机的调速方法与维护。	能正确识别和选用直流电动机； 能正确选择使用仪器仪表； 熟练 DD01 电源控制屏中的电枢电源、励磁电源、校正过的直流电动机、变阻器、多量程直流电压表、电流表及直流电动机的使用方法； 能用实验方法测取直流电动机的工作特性和机械特性； 能绘制出电动机调速原理图，按要求完成电路的安装接线与调试； 能对所接电路进行检查，根据检查结果判断电路的性能； 会排除简单的电气故障，根据直流电动机工作异常现象进行简单修理。

任务 2.1　并励直流电机的结构与运行

【任务目标】

- 掌握测取并励直流电动机的工作特性和机械特性的方法；
- 掌握并励直流电动机的调速方法；
- 能进行接线图的识读和绘制；
- 能根据工艺要求进行布线的操作；
- 能使用万用表对元器件进行检测；
- 能使用万用表对电路进行通电前的检查；
- 能正确安装并调试电路，根据直流电动机工作异常现象进行简单修理。

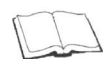

【任务描述】

一辆电动汽车(见图 2-1)的直流牵引电动机的额定功率为 180 W，额定电压为 220 V，额定电流为 1.2 A，额定转速为 1 600 r/min，请测取它的工作特性和机械特性，进行起动，并正确安装与调试。

要求采用按钮控制的形式实现起动有转速显示和运行指示灯。

图 2-1　电动汽车

【相关知识】

1．直流电机的用途与分类

1）直流电机概述

直流电机的用途很广，可用做电源，即直流发电机，将机械能转化为直流电能；也可提供动力，即直流电动机，将直流电能转换为机械能。直流电机的运行是可逆的，即一台直流电机既可以作为发电机运行，也可以作为电动机运行。当它作为发电机运行时，外加转矩拖动电机转子旋转，电机产生感应电动势，若这时接通负载，则可以为负载提供电源，实现机械能转化为电能。当它作为电动机运行时，通电线圈因为在磁场中会感应出电磁力，产生电磁转矩拖动负载运行，这时将电能转换为机械能。因此，直流电机按运行方式进行划分，可以分为直流发电机和直流电动机。

2）直流发电机

直流发电机(见图 2-2)主要用做各种直流电源，如直流电动机电源、化学工业中所需的低电压大电流的直流电源、直流电焊机等。直流发电机的应用示例如图 2-3 所示。

图 2-2　直流发电机

(a)　(b)

图 2-3　直流发电机的应用示例

(a)电解铝；(b)电镀

3）直流电动机

直流电动机(见图 2-4)具有调速平滑、起动转矩大和调速范围广等特点，因此常被应用于对起动转矩和调速有较高要求的场合，如大型可逆式轧钢机、矿井卷扬机、宾馆高速电梯、龙门刨床、电力机车、内燃机车、城市电车、地铁列车、造纸和印刷机械等。在日常生活中也常用到直流电动机，如电动自行车、电动剃须刀、电动儿童玩具、用直流电动机拖动的电梯等。直流电动机的应用示例如图 2-5 所示。

图 2-4　直流电动机

(a)　(b)　(c)

图 2-5　直流电动机的应用示例

(a)地铁列车；(b)城市电车；(c)电动自行车

2. 直流电机的结构

直流发电机与直流电动机的结构是一样的，都有旋转部分和静止部分。将可以旋转的部分称为转子，静止部分称为定子。图 2-6 所示为 Z2 系列直流电机的结构图，其主要组成如下：

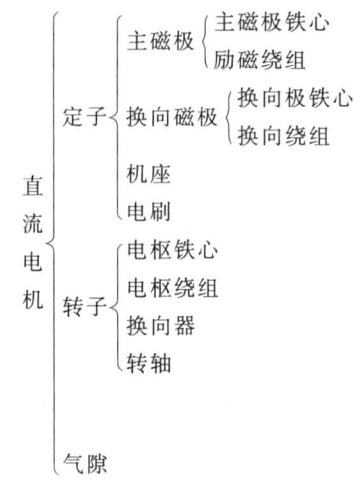

- 直流电机
  - 定子
    - 主磁极
      - 主磁极铁心
      - 励磁绕组
    - 换向磁极
      - 换向极铁心
      - 换向绕组
    - 机座
    - 电刷
  - 转子
    - 电枢铁心
    - 电枢绕组
    - 换向器
    - 转轴
  - 气隙

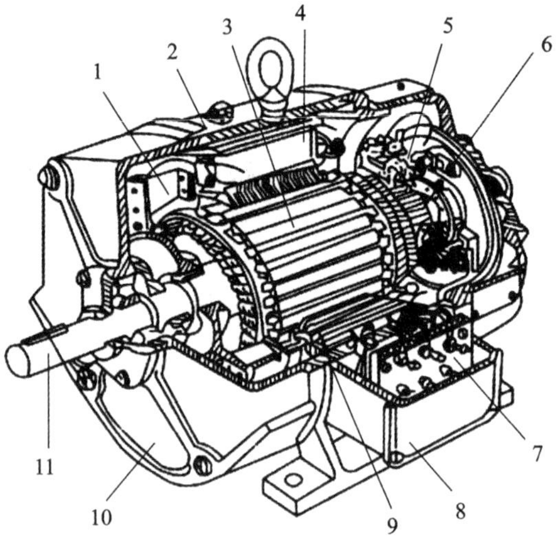

图 2-6　直流电机的结构

1—风扇；2—机座；3—电枢(铁心和绕组)；4—主磁极铁心；5—电刷装置；
6—换向器；7—接线板；8—接线盒；9—换向极；10—端盖；11—转轴

1) 定子

静止不动的部分称为定子，包括机座、前后端盖、主磁极、换向磁极及电刷等装置。

(1) 机座。机座一方面用来固定主磁极、换向磁极与端盖等部件，起机械支承的作用；另一方面它还是电机主磁路的一部分，称为定子磁轭，起导磁作用。机座一般用导磁性能好的铸钢与厚钢片制成。

(2) 主磁极。主磁极简称主极，用来产生气隙磁场并在电枢表面外的气隙空间里产生一定形状分布的气隙磁通密度。永磁电动机的主磁极直接由不同极性的永久磁体组成。励磁电动机的主磁极绕组中通入直流电流，即可产生主磁场，主磁场以主磁极铁心作为磁路。为减小涡流损耗及磁滞损耗，主磁极铁心一般采用 1.0～1.5 mm 厚、并冲成一定形状的低碳钢板，用叠压或铆钉铆在一起而成，上面套上事先绕制好的励磁线圈，整个磁极用螺钉固定在机座内表面上。主磁极的结构如图 2-7 所示。

(3) 换向磁极。换向磁极用来产生换向磁场以改善直流电机的换向功能，一般电机容量若超过 1 kW，应当考虑安装换向磁极。换向磁极由换向极铁心和套在铁心上的换向绕组构成，如图 2-8 所示。大容量直流电机换向极铁心由薄钢板叠成，中小容量直流电机换向极铁心由整块钢构成，换向极铁心比主磁极简单。换向磁极安装在相邻的两个主磁极之间，并总是和主磁极串联在一起。

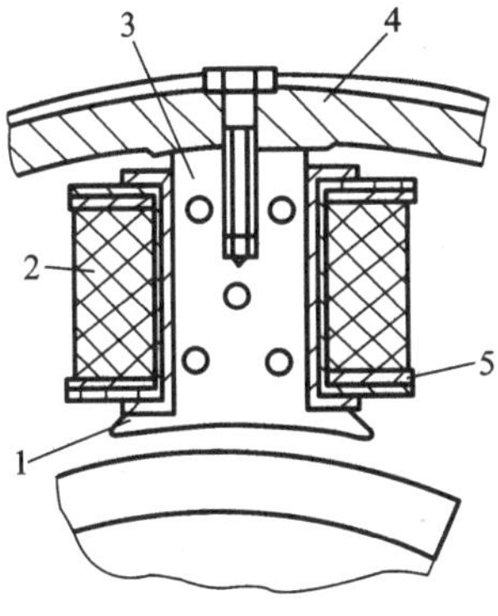

图 2-7　主磁极的结构

1—极靴；2—励磁绕组；3—极身

4—机座；5—绕组绝缘层

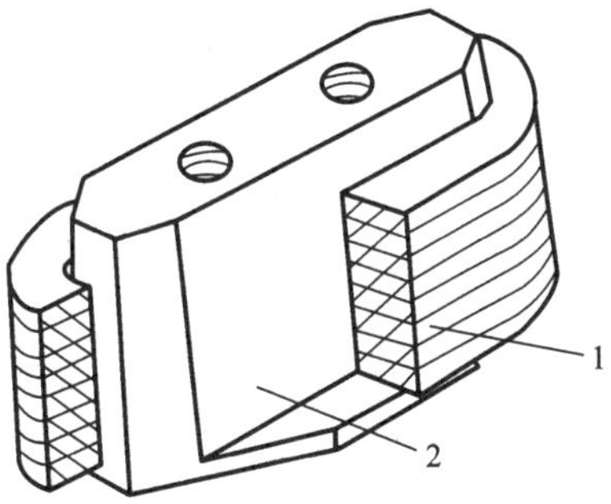

图 2-8　换向磁极的结构

1—换向绕组；2—换向极铁心

(4) 电刷装置。电刷装置的作用是使转动部分的电枢绕组与外电路接通，将直流电压、电流引出或引入电枢绕组。电刷装置由电刷、刷握、刷杆、刷杆座和汇流条等零件组成。电刷一般采用石墨和铜粉压制、焙烧而成，它放置在刷握中，由弹簧将其压在换向器的表面上。刷握固定在与刷杆座相连的刷杆上，每个刷杆装有若干个刷握和相同数目的电刷，并把这些电刷并联形成电刷组，电刷组个数一般与主磁极的个数相同。

在电力电子技术的不断发展中，出现了无刷直流电机。无刷直流电机采用半导体开关器件(如霍尔元件)来实现电子换向，即用电子开关器件代替传统的接触式换向器和电刷。它具有可靠性高、无换向火花、机械噪声低等优点。

2) 转子

转子通常被称为电枢，即电机的转动部分，由电枢铁心、电枢绕组、换向器及风扇等组成。

(1) 电枢铁心。将多片 0.5 mm 厚的、两面涂有绝缘漆的硅钢片叠装在一起，就成为电枢铁心。这样制成的电枢铁心可减少电枢旋转时铁心中因磁通变化而引起的磁滞及涡流损耗。它也是电机主磁路的一部分，其外缘有齿和槽，槽内嵌放电枢绕组。

(2) 电枢绕组。电枢绕组在发电机中用来感应电动势，在电动机中则用来产生电磁转矩，它是电机实现机电能量转换的关键部件。它由许多形状、尺寸相同的线圈按一定规律连接而成，组成一个或多个闭合回路。每个线圈用绝缘铜线绕制成单匝或多匝，为便于下线，每个线圈的一条有效边嵌入电枢铁心某槽的上层，另一有效边嵌入另一槽的下层。上下层导体间及导体与铁心间应绝缘。绕组端部用钢丝或玻璃丝带扎紧。每个线圈的首端与末端分别连接到换向器的两片换向片上。

(3) 换向器。换向器也是直流电机的重要部分。在直流电动机中，换向器的作用是把电刷间的直流电流转换为绕组内的交流电流；在直流发电机中，它将绕组内的交流电动势转换为电刷间的直流电动势。由于电枢绕组由许多线圈组成,而每个线圈的两个引出端需分别连接两片换向片,所以换向器是由许多彼此互相绝缘的铜换向片所组成的。

3) 气隙

气隙并非结构部件,它是定子的磁极和转子的电枢之间自然形成的缝隙。但是,气隙是主磁路的一部分,气隙中的磁场是电机进行机电能量转换的媒介。因此,气隙的大小对电机的运行性能有非常大的影响。小容量的直流电机的气隙是 1～3 mm,大容量直流电机的气隙可达几毫米。

除了以上主要部件外,直流电机还有一些次要部件,在此不作介绍。

3. 直流电机的工作原理和励磁方式

1) 直流电机的工作原理

直流电机的运行是可逆的,即一台直流电机可作直流发电机运行,也可作直流电动机运行。下面先分析直流电动机的运行原理。

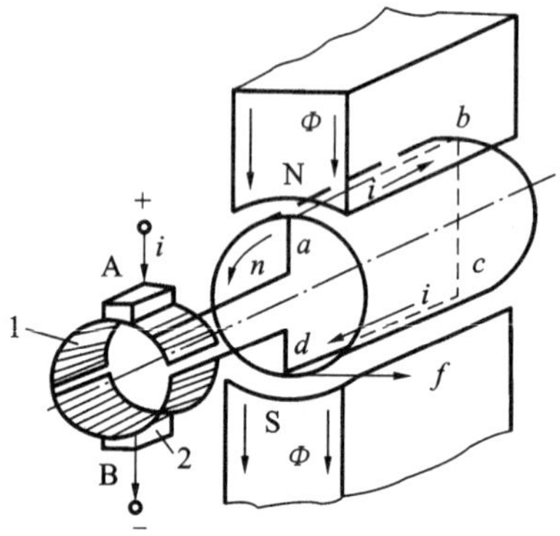

图 2-9 直流电动机的工作原理

1—换向器;2—电刷

按励磁方式的不同,直流电动机可分为他励直流电动机、并励直流电动机、串励直流电动机和复励直流电动机等四类。一般情况下,额定励磁电压与电枢电压相等,他励直流电动机和并励直流电动机无实质性区别。

他励直流电动机的工作原理如图 2-9 所示。电流从电源正极流入电刷 A,经导体 ab 到 cd,从电刷 B 流出回到电源负极。由电磁力定律可知,导体 ab、cd 受力大小为 $f = Bli$,式中,i 为导体中流过的电流。

由左手定则可判定图中所示导体 ab、cd 的瞬间受力方向相反,力 f 乘以转子半径就是电磁转矩。若电磁转矩能够克服电枢上的负载转矩及阻转矩,电枢便逆时针方向旋转起来。当电枢转过 180°时,cd 转到N 极下,ab 转到 S 极下,电流仍从 A 流入,经导体 dc、ba,由电刷 B 流出,两根导体上受到的力仍然相反,产生的电磁转矩方向不变。

由此分析可见,直流电动机的工作原理为:直流电动机在外加直流电源的作用下,在可绕轴转动的导体中形成电流,载流导体在磁场中因受到电磁力的作用而旋转,由于换向器的作用,导体进入异性磁极时,导体中的电流方向也相应改变,从而保证了电磁转矩方向不变,使直流电动机能连续运行。

2) 直流电动机的励磁方式

直流电动机主磁场的获得有两种方法:用永久磁铁作为主磁极获得主磁场,或者利用主磁极绕组通入直流电流产生主磁场。在通过对励磁绕组加直流电流获得主磁场的方式中,根据主磁极绕组与电枢绕组连接方式的不同,可以具体分为他励、并励、串励和复励四种,如图 2-10 所示。

(1) 他励电动机。他励电动机的电枢绕组和励磁绕组分别由两个独立直流电源供电,电枢电压 U 与励磁电压 U_f 无关。励磁电流由其他直流电源单独提供,与电枢绕组无任何关系,如图 2-10(a)所示。

(2) 并励电动机。励磁绕组和电枢绕组并联,由同一个电源供电,励磁电压 U_f 与电枢电

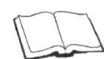

压 U 相等，即 $U_f=U$，如图 2-10(b)所示。其特点是励磁绕组匝数多，导线截面面积较小，励磁电流只占电枢电流的一小部分。并励电动机与他励直流电动机没有本质区别。

(3) 串励电动机。励磁绕组与电枢绕组组成串联回路，连接到直流电源上，这时电枢电流 I_a 与励磁电流 I_f 相等，即 $I_a=I_f=I$，如图 2-10(c)所示。它的特点是励磁绕组匝数少，导线截面面积较大，励磁绕组上的电压降很小。

(4) 复励电动机。复励直流电动机的主磁极上装有两个励磁绕组：一个与电枢绕组回路并联，称为并励绕组；一个与电枢绕组串联，称为串励绕组。复励方式有两种接线方法：一是并励绕组与电枢绕组回路先并联后再与串励绕组相串联，如图 2-10(d)所示；另一种是串励绕组与电枢绕组回路串联后再与并励绕组并联，如图 2-10(e)所示。

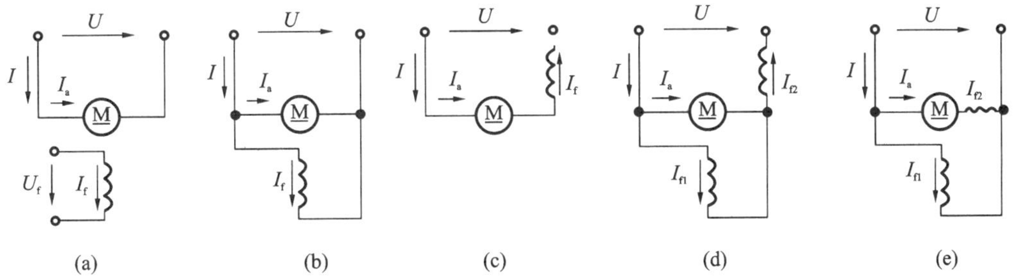

图 2-10　直流电机的励磁方式

(a)他励；(b)并励；(c)串励；(d)、(e)复励

直流电动机具有良好的起动性能和调速性能，广泛应用于电力牵引、轧钢机、起重设备以及要求调速范围较大的切削机床中。其中，他励直流电动机的性能更加显著，应用非常广泛。

4. 直流电机的铭牌及主要型号

1) 电机的铭牌

电机的铭牌数据主要包括电机的型号、额定功率、额定电压、额定电流、额定转速和额定励磁电流、励磁方式及电机出厂编号、出厂日期等。直流电动机的铭牌如图 2-11 所示。

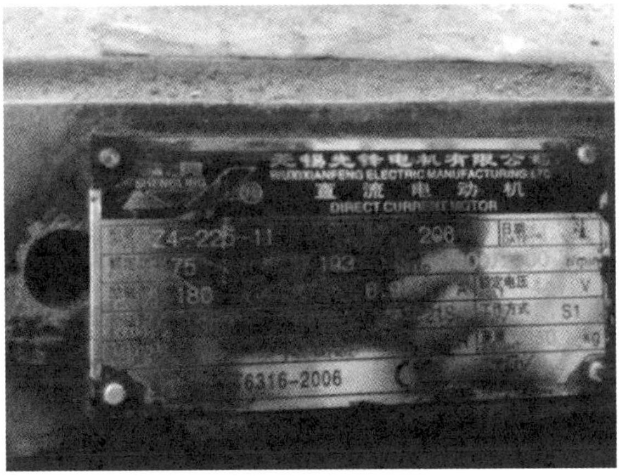

图 2-11　直流电动机的铭牌

2) 电机的型号

电机的型号表明该电机所属的系列及主要特点，例如，Z2-72 型直流电机型号的含义如图 2-12 所示。

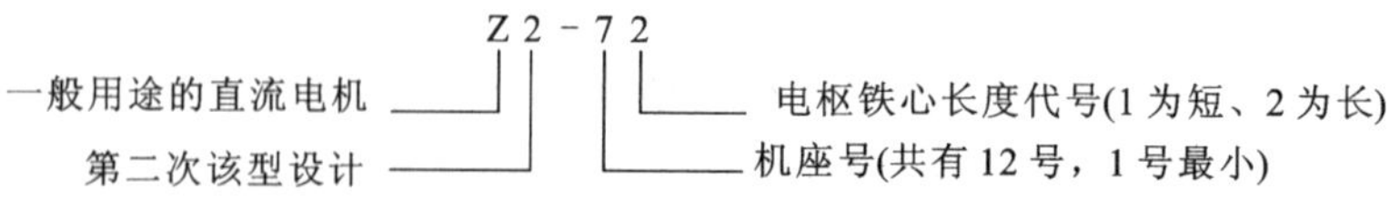

图 2-12　Z2-72 型直流电机型号的含义

常见的国产直流电机产品系列如下：

Z2 系列是一般用途的中、小型直流电机，包括发电机和电动机；

ZD 和 ZF 系列是一般用途的大、中型直流电动机和直流发电机；

ZJD 和 ZJF 系列是大型直流电动机和发电机；

ZT 系列是用于恒功率且调速范围较大的拖动系统的电动机；

ZZJ 系列是冶金辅助拖动机械用的冶金起重直流电动机；

ZQ 系列是电力机车、工矿电机车和蓄电池供电电机车的牵引电动机；

ZH 系列是船舶用直流电动机；

ZA 系列是防爆安全型直流电动机，用于矿井和有易燃易爆气体的场所；

ZKJ 系列是冶金、矿山挖掘机用的直流电动机；

其他产品系列型号的直流电机可以参阅其他有关文献。

5．直流电机的磁场、转矩及感应电动势

1）直流电机的磁场

（1）直流电机的空载磁场。

直流电机空载运行时，电枢电流为零。这时的气隙磁场是由励磁电流 I_f 通过励磁绕组产生的磁动势 F_f 所建立。所以，直流电机空载时的气隙磁场又称励磁磁场。

以四极电机为例，当励磁绕组流过励磁电流 I_f 时，每极的励磁磁动势建立的空载磁场的分布如图 2-13 所示。

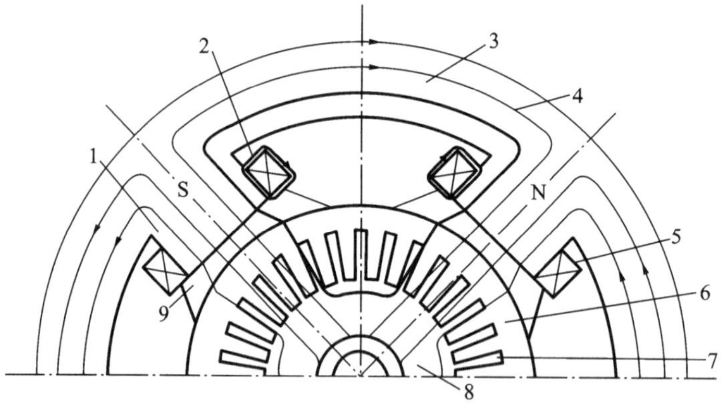

图 2-13　四极电机空载磁场示意图

1—极身；2—漏磁通；3—定子铁轭；4—主磁通；5—励磁绕组；6—气隙；7—电枢齿；8—电枢铁轭；9—极靴

在电机运转中，绝大部分的磁通是从 N 极出来，经过气隙进入电枢的齿槽，再经过电枢铁轭到电枢的另一边齿槽，又通过气隙进入 S 极，通过定子铁轭回到 N 极。这部分磁通同时交链励磁绕组和电枢绕组，能在电枢绕组中感应电动势和产生电磁转矩，称为主磁通。另外，还有一小部分磁通不进入电枢铁心，直接经过气隙、相邻磁极或定子铁轭形成闭合回路，这部分称为漏磁通。漏磁通只是增加主磁极磁路的饱和程度，使电机的损耗加大，效率降低。一般情况下，漏磁通为主磁通的 15%～20%。

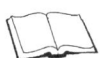

与主磁通对应的主磁路的组成包括气隙、电枢齿、电枢铁轭、主磁极和定子铁轭五部分，也可以简化为气隙和铁磁材料两大部分。根据磁路定律，产生空载磁场的磁动势全部落于气隙和铁磁材料之中，即励磁磁动势为气隙磁动势与铁磁材料磁动势之和。虽然气隙长度在闭合磁路中只占很小的一部分，但是，由于气隙中的磁导率远小于铁磁材料的磁导率，所以气隙的磁阻很大。可以认为，磁路的励磁磁动势几乎都消耗在气隙上。

因为电枢绕组是在气隙磁场下进行电磁感应的，所以气隙磁通密度的分布是我们分析的主要对象。当忽略主磁路中铁磁材料的磁阻时，主磁极下气隙磁通密度的分布就取决于气隙的大小和形状。一般情况下，磁极极靴宽度约为极距的 75%，磁极中心及附近的气隙较小且均匀不变，磁通密度较大且基本为常数；接近极尖处气隙逐渐变大，磁通密度减小；极尖以外气隙明显增大，磁通密度显著减小；在磁极的几何中性线处，气隙磁通密度为零。因此，空载时的气隙磁通密度分布为一平顶波，如图 2-14 所示。

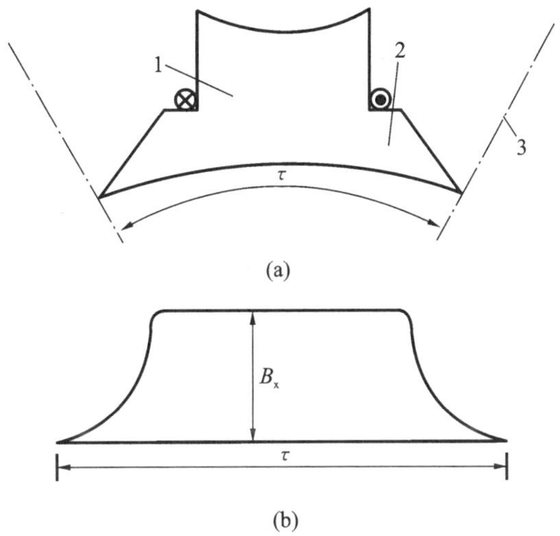

图 2-14　气隙磁通密度分布图

(a)气隙形状；(b)气隙磁通密度分布

1—极身；2—极靴；3—几何中性线

(2) 直流电机的负载磁场。

直流电机带有负载时，电枢绕组中有电流通过，电枢绕组的电流也会产生磁场，称之为电枢磁场。电枢磁场与主磁极磁场一起，在气隙中建立一个合成磁场。

下面以两极电机为例分析合成磁场分布情况。为了方便，换向器通常不画出来，而把电刷画在电枢圆周上，如图 2-15 所示。图中，电刷处在几何中性线 $n-n$ 上。

图 2-15(a)所示为空载磁场分布情况。在电枢表面上磁感应强度为零的地方是物理中性线 $m-m$。空载时物理中性线与几何中性线重合。

图 2-15(b)所示为电枢磁场，它的方向由电枢电流确定，电枢电流的分界线是电刷，电刷轴线两侧对称分布。

图 2-15(c)所示为合成磁场，它是主磁极磁场与电枢磁场合在一起产生的。可以看出，电枢磁场的出现，对主磁极磁场的分布有明显的影响，这种现象称为电枢反应。从图 2-15 可看出，当电刷在几何中性线时，电枢反应表现如下：首先使气隙磁场发生畸变，在每一磁极下，主

磁极磁场的一半被削弱,另一半被加强,这时物理中性线与几何中性线不再重合;其次对主磁极磁场有去磁作用,在磁场不饱和时,主磁极磁场被削弱数量与加强数量恰好相等,每极下的合成磁通量与空载时相同。实际上,电机一般工作在磁化曲线的膝部,磁路总是饱和的,这样,因磁饱和的影响,主磁极的增磁部分要小于不饱和时的增磁部分,因此合成的磁通量比空载时的磁通量略有减少。

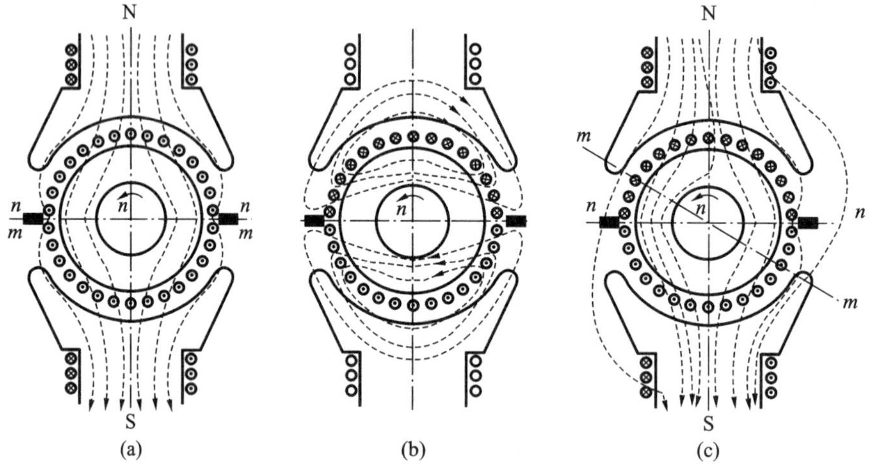

图 2-15　直流电机气隙磁场分布示意图

(a)主磁极磁场;(b)电枢磁场;(c)合成磁场

2) 直流电机的电枢电动势

电枢电动势是指直流电机正、负电刷之间的感应电动势,也就是每个支路里的感应电动势。在直流电机中,感应电动势是由电枢绕组和磁场之间的相对运动即导线切割磁力线而产生的。根据电磁感应定律,电枢绕组中每根导体感应电动势为

$$e = B_x l v \tag{2-1}$$

对于给定的电机,电枢绕组的电动势(即每一并联支路的电动势)等于并联支路每根导体电动势之和,线速度 v 与转子的转速 n 成正比。因为一条支路里的串联总导体数为 $\frac{N}{2a}$ (N 为电枢总导体数,$2a$ 为并联支路数),于是,电枢电动势为

$$E_a = \frac{N}{2a}e = \frac{N}{2a} \times 2p\Phi \frac{n}{60}$$

$$= \frac{pN}{60a}\Phi n = C_e \Phi n \tag{2-2}$$

式中:C_e——电动势常数,$C_e = \frac{pN}{60a}$。

可见,直流电机的感应电动势与电机结构、每极磁通及转速有关,且具备以下性质:发电机——电源电势(与电枢电流同方向);电动机——反电势(与电枢电流反方向)。

3) 直流电机的电磁转矩

在直流电机中,电磁转矩是由电枢电流与气隙磁场相互作用产生的电磁力所形成的。根据电磁力定律,当电枢绕组有电枢电流流过时,在磁场内将受到电磁力的作用,该力与电机电枢铁心半径的乘积为电磁转矩。一根导体在磁场中所受电磁力的大小 $f = B_x l i_a$,对于给定的电机,磁感应强度 B 与每极的磁通 Φ 成正比;每根导体中的电流 i_a 与从电刷流入(或流出)的

电枢电流 I_a成正比；导线长度 l 在电机制成后是个常量。因此，电磁转矩 T 与电磁力 f 成正比，即电磁转矩与每极磁通 Φ 和电枢电流 I_a成正比，其大小可表示为

$$T = N\frac{\Phi}{l\tau}\frac{I_a}{2a}l\frac{2p\tau}{2\pi} = \frac{pN}{2\pi a}\Phi I_a \tag{2-3}$$

式中，$\frac{pN}{2\pi a}$ 对于一台制造完成的直流电机是一个常数，因此把 $C_T = \frac{pN}{2\pi a}$ 称为直流电机的转矩常数。式(2-3)可以写成

$$T = C_T\Phi I_a \tag{2-4}$$

即电磁转矩的大小正比于每极磁通和电枢电流。

对一个具体的电机而言，C_e、C_T 是常数。通过换算，两者之间有一固定的关系：

$$\frac{C_T}{C_e} = \frac{60}{2\pi} = 9.55 \quad 或 \quad C_T = 9.55C_e$$

6. 并励直流电动机的工作特性与机械特性

直流电动机的工作情况受到电动机的电压、电枢回路电阻、励磁条件等的影响。通常规定在额定电压、额定励磁以及电枢回路不外串联其他电阻的额定运行状态下讨论直流电动机的工作特性。所谓工作特性，是指在上述额定情况下，电动机的电枢转速、电磁转矩以及效率等参数与输出功率之间的关系。工作特性可以用 $n = f(P_2)$、$T = f(P_2)$ 和 $\eta = f(P_2)$ 等数学函数式来表示。由于直流电动机的负载越大，要求的电磁转矩、电磁力也越大，在磁场确定的条件下，按 $T = C_T\Phi I_a$，电磁转矩应正比于电枢电流，因此，直流电动机的负载大小可以直接体现在电枢电流 I_a 的大小上。直流电动机的电枢电流测量相对比较方便，所以工作特性也常用电枢电流来作自变量，其工作特性的函数表达式可以写成 $n = f(I_a)$、$T = f(I_a)$ 和 $\eta = f(I_a)$。并励直流电动机的工作特性如图 2-16 所示。

1）并励直流电动机的工作特性

(1) 转速特性。

直流电动机的转速特性是指在电动机的输入电压为 $U = U_N$，励磁电流 $I_f = I_{fN}$，且电枢回路不外串电阻时，电动机的转速 n 与电动机负载或电枢电流大小的关系，即 $n = f(I_a)$。并励直流电动机的转速特性曲线如图 2-16 中的曲线 1 所示。

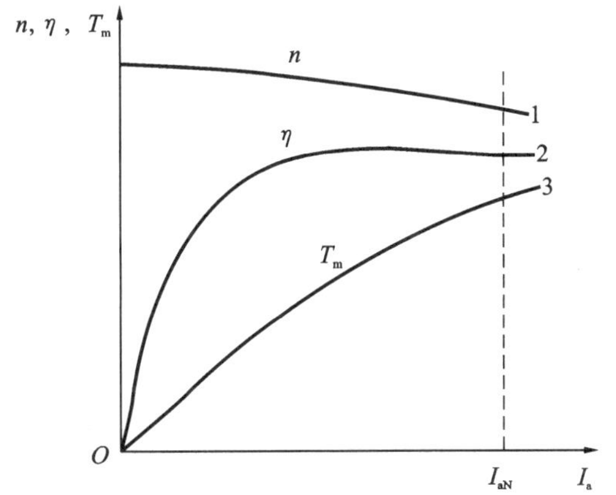

图 2-16 并励直流电动机的工作特性

1—转速特性曲线；2—效率特性曲线；3—转矩特性曲线

将电动机感应电动势定义式 $E_a=C_e\Phi n$ 代入直流电动机电枢电路的电动势平衡方程，有

$$U = E_a + I_a R_a = C_e\Phi n + I_a R_a \tag{2-5}$$

变化可得

$$n = \frac{U}{C_e\Phi} - \frac{R_a}{C_e\Phi} I_a \tag{2-6}$$

式(2-6)表明了转速 n 与电枢电流 I_a 的关系。从数学意义上分析式(2-6)，n 是因变量，I_a 是自变量，若不计电枢反应，式中其他各参数都是常数，因此转速 n 与电枢电流的关系是一条直线。

电动机电枢电流为零的状态称为理想空载状态，此时的转速为理想空载转速，即 $n_0 = U_N/C_e\Phi$。由于电动机实际空载运行时需要克服空载损耗，电枢电流不可为零，因此理想空载运行状态实际是不存在的。

电动机的转速特性曲线 $n=f(I_a)$ 是一根随负载增大而向下倾斜的直线（见图 2-16）。当负载增加时，电枢电流上升，则电枢回路压降增加，而输入电枢的电压不变，于是电枢感应电动势下降，电动机转速也下降。若考虑并励直流电动机的电枢反应，随着负载增加，电枢电流上升，电枢反应的去磁效应增加，则磁通 Φ 减小，转速 n 略有上升。从并励直流电动机的使用角度分析，为保证电动机及其拖动负载的稳定运行，一般希望电动机转速不变，具有略向下倾斜的转速特性。因此在设计制造电动机时，应综合上述影响因素的分析，使电动机有较硬的向下倾斜的特性。

(2) 转矩特性。

直流电动机的转矩特性是指在电动机的输入电压 $U=U_N$、励磁电流 $I_f=I_{fN}$ 且电枢回路不外串电阻时，电动机的转矩 T 与负载大小或电枢电流 I_a 的关系，即 $T=f(I_a)$。其关系表达式为

$$T = C_T\Phi I_a \tag{2-7}$$

由于电动机励磁不变，若不计电枢反应，负载改变过程中可认为磁通 Φ 为常数，则电动机电磁转矩与电枢电流成线性正比例关系。电磁转矩 T 与电枢电流 I_a 两者的关系为过原点 O 的一条直线。

若考虑电动机的电枢反应，电动机轻载时，电枢电流较小，电枢反应微弱，电动机转矩特性仍是直线；随着电动机负载增加，电枢电流加大，电枢反应增强，其去磁效应也增强，磁通 Φ 下降，因此转矩值下降，电动机转矩特性略向下弯曲。转矩特性曲线如图 2-16 中的曲线 3 所示。

我们可以按电动机转矩特性了解电动机的负载大小，但需要注意的是，电动机转矩特性中的转矩与电动机的负载转矩在概念上是有区别的。按转轴的机械平衡方程，有

$$T = T_0 + T_2 = T_0 + \frac{P_2}{\Omega} \tag{2-8}$$

电磁转矩 T 与负载转矩 T_2 两者间的差值，在数值上等于电动机空载稳定运行时的电磁转矩。若图 2-16 用 P_2 作为横坐标，则转矩曲线不通过原点。

(3) 效率特性。

直流电动机的效率特性是指在电动机输入电压 $U=U_N$、励磁电流 $I_f=I_{fN}$ 且电枢回路不外串电阻时，电动机的效率 η 与负载或电枢电流大小的关系，即 $\eta=f(I_a)$。其关系表达式为

$$\eta = \frac{P_2}{P_1} \times 100\% \tag{2-9}$$

按直流电动机功率传递流程，输入电功率 P_1 在转换为轴上的机械输出功率 P_2 的过程中，存在各种损耗，如电枢铜耗、励磁铜耗、铁耗、机械损耗、附加损耗等。按其是否受负载大小影响可以分成两类：一类为不变损耗，如铁耗、机械损耗、励磁铜耗等，另一类为可变损耗，如电枢铜耗、附加损耗等。

对于直流电动机，输出机械功率 P_2 为零则效率为零；当负载较小时，可变损耗很小，总损耗中主要是不变损耗，因有效输出很小，此时电动机的效率也小；随着输出机械功率的加大，电动机效率也将增大，但若输出一直增加，可变损耗(主要是电枢铜耗)将以电流值的二次方关系剧增，使电动机的效率增加减慢；当负载增加到一定程度后，可变损耗随负载增加而迅速增加，使效率反而下降。因此，他励或并励直流电动机有最大效率值，最大效率一般出现在可变损耗与不变损耗大致相等的负载运行状态。并励直流电动机效率特性曲线如图 2-16 中的曲线 2 所示。

因电动机大多经常在略低于额定容量状态使用，所以电动机设计师通常将最大效率点安排在额定输出效率的 85%左右的位置上，并尽量使额定容量及略低于额定容量时的实际运行效率维持在一个比较稳定的高水平上。

2) 并励直流电动机的机械特性

并励直流电动机的机械特性是指电动机在电枢电压 U，励磁电流 I_L，电枢回路总电阻 R_a 为恒值的条件下，电动机转速 n 与电磁转矩 T 的关系。

(1) 机械特性方程式。

并励直流电动机的电路如图 2-17 所示。

并励直流电动机的机械方程式可以从公式 $E_a = C_e\Phi n$，$U = E_a + I_aR_a$ 得到，即

$$n = \frac{U - I_aR_a}{C_e\Phi} \tag{2-10}$$

再把公式 $T = C_T\Phi I_a$ 代入式(2-10)，得

$$n = \frac{U}{C_e\Phi} - \frac{R_a}{C_eC_T\Phi^2}T = n_0 - \alpha T \tag{2-11}$$

其中，$n_0 = \dfrac{U}{C_e\Phi}$ 称为理想空载转速，$\alpha = \dfrac{R_a}{C_eC_T\Phi^2}$。

并励直流电动机的机械特性曲线是一条稍向下倾斜的直线，其斜率为 α，如图 2-18 所示。这说明加大电动机负载会使转速下降。

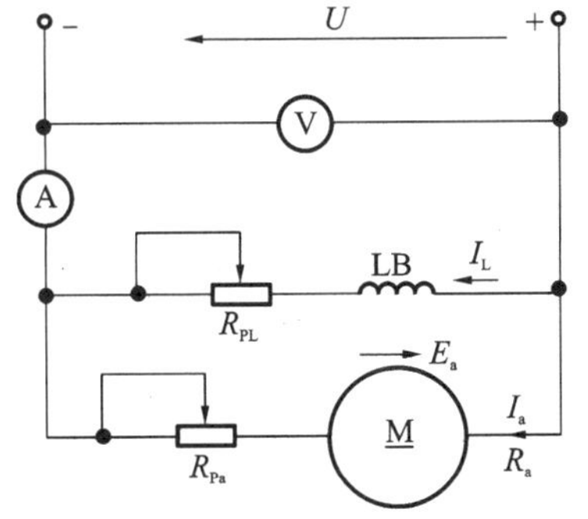

图 2-17　并励直流电动机电路图

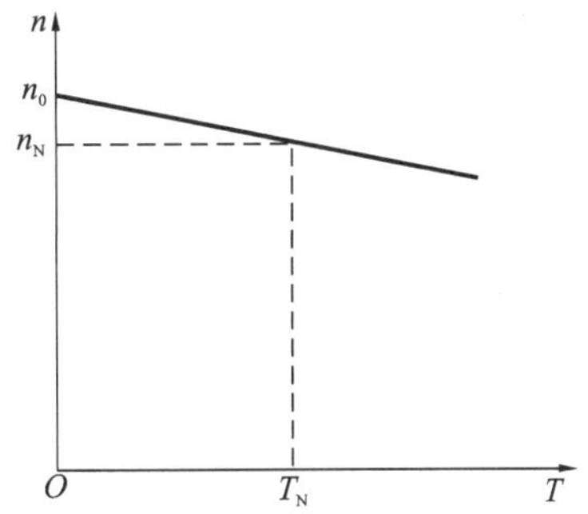

图 2-18　并励直流电动机的机械特性

(2) 固有机械特性。

固有机械特性是当电动机的电枢工作电压和励磁磁通均为额定值，电枢电路中没有串入附加电阻时的机械特性，其方程式为

$$n=\frac{U_N}{C_e\Phi_N}-\frac{R_a}{C_eC_T\Phi_N^2}T \tag{2-12}$$

固有机械特性如图 2-19 中 $R=R_a$ 的曲线所示。由于 R_a 较小,故并励直流电动机固有机械特性为硬特性,这种特性适用于负载变化时要求转速比较稳定的场合,经常用于金属切削机床、造纸机械等要求恒速运转的机械。

必须注意的是:当磁通过分削弱后,如果负载转矩不变,电动机电流将大大增加而严重过载。另外,当 $\Phi=0$ 时,从理论上说,电动机的空载转速将趋于∞。实际上励磁电流为零时,电动机尚有剩磁,这时转速虽不趋于∞,但会升到机械强度所不允许的值(这种现象通常称为"飞车"),所以并励直流电动机起动前必须先加励磁电流,在运转过程中,绝不允许励磁电路断开或励磁电流为零。为此,并励直流电动机在使用中,一般都设有"失磁"保护。

(3) 人为机械特性。

人为机械特性是人为地改变电动机电路参数或电枢电压而得到的机械特性,即改变式(2-11)中的参数所获得的机械特性。一般只改变电压、磁通、附加电阻中的一个。并励电动机有三种人为机械特性。

① 电枢串电阻时的人为机械特性。此时

$$U=U_N,\quad \Phi=\Phi_N,\quad R=R_a+R_{Pa}$$

人为机械特性的方程式为

$$n=\frac{U_N}{C_e\Phi_N}-\frac{R_a+R_{Pa}}{C_eC_T\Phi_N^2}T \tag{2-13}$$

与固有特性相比,理想空载转速 n_0 不变,但是,转速降 Δn 增大。R_{Pa} 越大,Δn 也越大,特性"变软",如图 2-19 所示。

这类人为机械特性是一组通过点$(0,n_0)$但具有不同斜率的直线。

② 改变电枢电压时的人为机械特性。此时

$$R_{Pa}=0,\quad \Phi=\Phi_N$$

机械特性方程式为

$$n=\frac{U}{C_e\Phi_N}-\frac{R_a}{C_eC_T\Phi_N^2}T \tag{2-14}$$

由于电动机的额定电压是工作电压的上限,因此改变电压时,只能在低于额定电压的范围内变化。与固有特性相比较,特性曲线的斜率不变,理想空载转速 n_0 随电压减小成正比减小,故改变电压时的人为特性是一组低于固有机械特性而与之平行的直线,如图 2-20 所示。

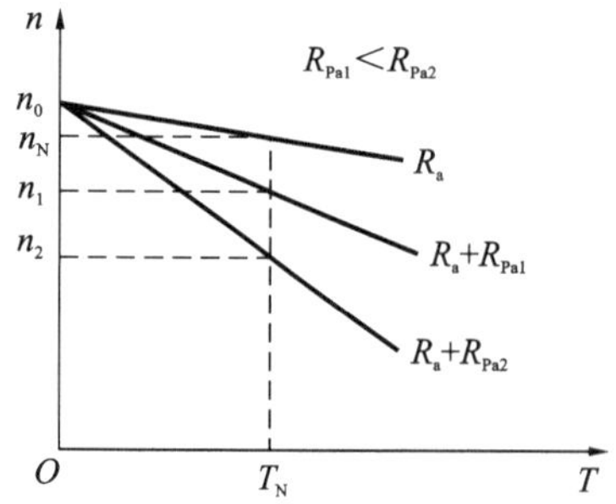

图 2-19 并励电动机电枢串电阻的人为机械特性

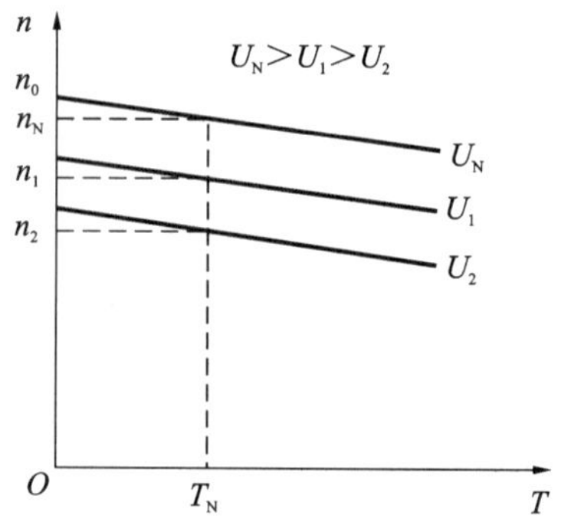

图 2-20 并励电动机改变电枢电压的人为机械特性

③ 减弱磁通时的人为机械特性。可以在励磁回路内串接电阻 R_{fL} 或降低励磁电压 U_f 来减弱磁通，此时

$$U=U_N,\quad R_{Pa}=0$$

机械特性方程式为

$$n=\frac{U_N}{C_e\Phi}-\frac{R_a}{C_eC_T\Phi^2}T \tag{2-15}$$

由于磁通的减少，理想空载转速 n_0 和斜率都增大，其特性曲线如图 2-21 所示。

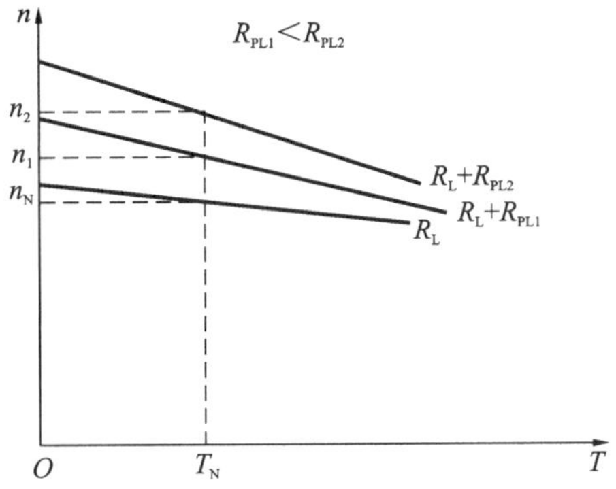

图 2-21　并励电动机减弱磁通的人为机械特性

【任务实施】

1. 任务

(1) 并励直流电动机的起动。

(2) 测取并励直流电动机的工作特性和机械特性，保持 $U=U_N$ 和 $I_f=I_{fN}$ 不变，测取 n、T_2、$\eta=f(I_a)$、$n=f(T_2)$。

2. 绘制并励直流电动机电路接线图

并励直流电动机起动电路接线图为图 2-22，并励直流电动机测量电路接线图为图 2-23。

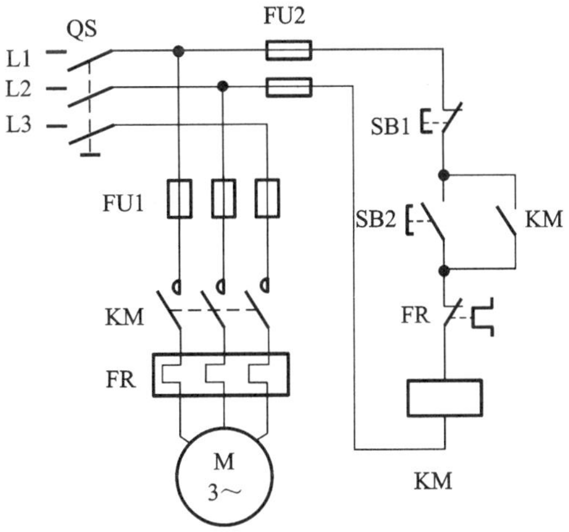

图 2-22　并励直流电动机起动电路接线图

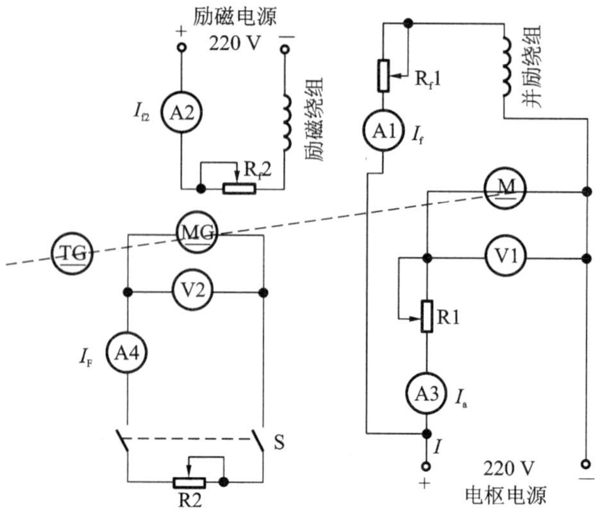

图 2-23　并励直流电动机测量电路接线图

3. 元器件、工具、仪表、设备和材料

根据电动机型号和电气原理图，选择所需元器件的型号和数量，并列出所用的工具、仪表、设备和材料清单如表 2-1 所示。

表 2-1　元器件、工具、仪表、设备和材料明细表

序号	名　称	型号与规格	单位	数量	备　注
1	并励直流电动机	功率 180 W，额定电压 220 V，额定电流 1.2 A，额定转速 1600 r/min	台	1	表中所列型号与规格仅供参考，可根据实际情况自定
2	导轨、测速发电机、转速表	天煌教仪 DD03 挂件	台	1	
3	直流电压表、毫安电流表	电压表量程 0～300 V，电流表量程 0～2 A	套	2	
4	可调电阻器	0～1800 Ω 变电阻 3 个，0～180 Ω 变电阻 1 个	只	4	
5	直流电源	220 V 直流电源	台	2	
6	校正直流测功机	功率 355 W，额定电压 220 V，额定电流 2.2 A，额定转速 1500 r/min	台	1	
7	按钮	LAY39-11，LAY39-10	只	各 1	
8	接触器	CJ20-10，线圈电压 220 V，10 A	只	1	
9	导线	BVR1.0，1.0 mm^2（黄、绿、红、黑）	m	若干	
10	熔断器	RT14-20，380 V，24 A	套	5	

4. 测试方法与步骤

(1) 按图 2-23 接线。校正直流测功机 MG 按并励发电机连接，在此作为直流电动机 M 的负载，用于测量电动机的转矩和输出功率。选 R_f1 的阻值为 1800 Ω；选 R_f2 的阻值为 900 Ω，

串联 900 Ω，共 1800 Ω 的阻值；选 R1 的阻值为 180 Ω；选 R2 的阻值为 900 Ω、串联 900 Ω，再加 900 Ω、并联 900 Ω，共 2250 Ω 的阻值。

(2) 将并励直流电动机 M 的磁场调节电阻 R_f1 的值调至最小，电枢串联起动电阻 R1 的值调至最大，接通控制屏右下方的电枢电源开关使其起动，其旋转方向应符合转速表正向旋转的要求。

(3) M 起动正常后，将其电枢串联电阻 R1 的值调至零，调节电枢电源的电压为 220 V，调节校正直流测功机的励磁电流 I_{f2} 为校正值(50 mA 或 100 mA)，再调节其负载电阻 R2 和电动机的磁场调节电阻 R_f1 的值，使电动机达到额定值，即 $U=U_N$，$I=I_N$，$n=n_N$。此时 M 的励磁电流 I_f 即为额定励磁电流 I_{fN}。

(4) 保持 $U=U_N$、$I_f=I_{fN}$、I_{f2} 为校正值不变的条件下，逐次减小电动机负载。测取电动机电枢输入电流 I_a、转速 n 和校正电机的负载电流 I_F(由校正曲线查出电动机输出对应转矩 T_2)。共取 9～10 组数据，记录于表 2-2 中。

表 2-2　实验数据和计算数据

$U=U_N=$ ______ V，$I_f=I_{fN}=$ ____ mA，$I_{f2}=$ ____ mA

实验数据	I_a/A										
	n/(r/min)										
	I_F/A										
	T_2/(N·m)										
计算数据	P_2/W										
	P_1/W										
	η/%										
	Δn/%										

【任务检查与评价】

并励直流电动机起动控制电路的识读。

1. 考核任务

1) 按原理图所示配齐所有元器件并进行检验

(1) 元器件的技术数据(型号、规格、额定电压、额定电流等)应完整并符合要求，外观无损伤。

(2) 检测可调电阻器的实际阻值范围是否满足实验标准。

(3) 检测电流表、电压表量程是否正确，能否正常工作，是否需要调零。

(4) 检测直流电源工作电压是否合格，按钮的功能是否正常。

(5) 用万用表检测电磁线圈的通断情况以及各触头的分合情况，以确定元器件的电磁机构动作是否灵活、有无衔铁卡阻等。

(6) 接触器的线圈电压和电源电压是否一致。

(7) 对电动机的质量进行常规检查(电枢绕组与励磁绕组的通断、相对地绝缘)。

2) 理解并熟练掌握他励直流电动机电枢串电阻降压起动方法

(1) 理解电气原理图中各元器件的特点及表示方法，熟练绘制他励直流电动机电枢回路串电阻降压起动的电气原理图。

(2) 熟练掌握接线图中各部件的功能及特点，具备一定的组装及排除系统故障的能力。

(3) 熟练掌握电气原理图中电枢回路串电阻降压起动的原理，并了解该方式与其他形式的起动方法有何区别。

3) 按接线图的走线方法进行硬件接线

(1) 布线时，严禁损伤线芯，导线绝缘。

(2) 各元器件接线端子引出导线的走向，以元器件的水平中心线为界线，在水平中心线以上的接线端子引出的导线，必须进入元器件上面的走线槽；在水平中心线以下的接线端子引出的导线，必须进入元器件下面的走线槽。任何导线都不允许从水平方向进入走线槽内。

(3) 各元器件接线端子上引出或引入的导线，除间距很小的和元器件机械强度很差的允许直接架空敷设外，其他导线必须经过走线槽进行连接。

(4) 进入走线槽内的导线要完全置于走线槽内，并应尽可能避免交叉，装线不要超过其容量的 70%，以便能盖上线槽盖，便于以后的装配及维修。

(5) 各元器件与走线槽之间的外露导线，应走线合理，并尽可能做到横平竖直，变换走向要垂直。同一个元器件上位置一致的端子和同型号元器件中位置一致的端子上引出或引入的导线，要敷设在同一平面上，并应做到高低一致和前后一致，不得交叉。

(6) 所有接线端子、导线接头上都应套有与线路图上相应接点线号一致的编码套管，并按线号进行连接，连接必须牢靠，不得松动。

(7) 在任何情况下，接线端子必须与导线截面面积和材料性质相适应。当接线端子不适合连接软线或较小截面面积的软线时，可以在导线端头穿上针形或叉形轧头并压紧。

(8) 一般一个接线端子只能连接一根导线，如果采用专门设计的端子，可以连接两根或多根导线，但导线的连接方式，必须是公认的、在工艺上成熟的方式，如夹紧、压接、焊接、绕接等，并应严格按照连接工艺的工序要求进行。

2. 考核要求及评分标准

任务检查与评分标准如表 2-3 所示。

表 2-3　任务检查与评分标准

主要内容	评分标准	配分
小组代表汇报讲解	(1) 讲解不全面，扣 1～10 分； (2) 条理不够清晰，扣 1～10 分	20
原理图控制	(1) 主电路不符合标准，扣 2 分； (2) 控制电路不符合标准，扣 2 分； (3) 信号、照明等不符合标准，扣 2 分	10
布置图、接线图的绘制	(1) 元器件布置不整齐、不匀称、结构不合理，每处扣 1～5 分； (2) 尺寸标注不正确，每处扣 1 分； (3) 线号标注不准确、不齐全，扣 2 分； (4) 走线不合理，扣 2 分	15

续表

主要内容	评分标准	配分
元器件选用、检查和安装	(1) 元器件选择不合理，每只扣 1～5 分； (2) 元器件漏检或错检，扣 5 分； (3) 不按图安装，扣 10 分； (4) 元器件安装不牢固，每只扣 5 分； (5) 元器件安装不整齐、不匀称、不合理，每只扣 4 分； (6) 损坏元器件，扣 15 分； (7) 本项目不得负分	15
接线质量	(1) 不按接线图接线，扣 10 分； (2) 布线不美观、不平直、不整齐、不紧贴敷设面，主电路、控制电路每处扣 1 分； (3) 节点松动，露铜过长，压绝缘层，每处扣 1 分	10
通电前检测、通电试验	(1) 主电路测量不正确，扣 5 分； (2) 控制电路测量不正确，扣 5 分； (3) 一次试车不成功，扣 10 分； (4) 两次试车不成功，扣 15 分	20
安全文明生产、团队合作精神	(1) 小组分工不够好，扣 1～5 分； (2) 违反安全文明生产要求，扣 5～10 分	10
备注	各项扣分最高不超过该项配分	

【拓展知识】

并励直流电动机的调速方法与维护。

1. 并励直流电动机的调速方法

并励直流电动机的调速方法有以下三种：

(1) 改变励磁电流调速。这种调速方法方便，在端电压一定时，只要改变励磁回路中的调节电阻值便可改变转速。由于通过调节电阻中的励磁电流不大，故消耗的功率不大，转速变化平滑均匀，且范围宽广。因接入并励回路中的调节电阻为零时的转速为最低转速，故速度只能“调高”，不能“调低”。改变励磁电流，机械特性的斜率发生变化并上下移动，能使电动机在调速过程中得到充分利用，在不同转速下都能保持额定负载电流。此法适用于恒功率负载的调速。

(2) 改变电枢端电压调速。当励磁电流不变时，只要改变电枢端电压，即可改变电动机的转速，提高电枢端电压，转速升高。改变电枢端电压，机械特性上下移动，但斜率不变，即其硬度不变。此种调速方法在保持电枢电流为额定值时，可保持转矩不变，故适用于恒转矩的负载调速。其最大的缺点是需要专用电源。

(3) 改变串入电枢回路的电阻调速。在端电压及励磁电流一定、接入电枢回路的电阻为零时，转速最高，增加电枢回路的电阻，转速降低，故转速只能“调低”，不能“调高”。增加电枢电阻，机械特性斜率增大，即硬度变软。这种调速方法功率损耗大，效率低，如果串入电枢回路的调节电阻是分级的，则为有级调速，平滑性不高。此法适用于恒转矩的负载调速。

2. 并励直流电动机的维护

(1) 在接通并励直流电动机电源的瞬间,起动电流很大,这样大的起动电流将会烧坏换向器,因此电枢电路中需串联一个可调起动电阻,起动时将电阻置于最大值,随着电动机转速的增加而逐渐减小电阻值,当电动机达到额定转速时,完全撤出起动电阻。

(2) 使用并励直流电动机时,切忌在电动机运转时断开励磁电路,以免造成励磁电流等于零,而主磁极上仅有很少的剩磁,使反电动势小。这样,电枢电流将会急剧增加,电动机转速也将急剧增大,将造成俗称的"飞车",引起严重事故。

(3) 并励直流电动机基本上是一种恒速电动机,并能较方便地调速。调速有三种方法:第一种,采取增大并励电路中电阻的方法,这种方法的优点是调速功耗小,并且能在较宽范围内调速,从而得到广泛的应用;第二种,采取增大串联于电枢回路中的电阻的方法,这种方法调速功耗大,且流经电枢的电流大,故应用不广泛;第三种,采取给励磁绕组加以额定电压(他励)使磁通不变的方法,使加在电枢上的电压在额定电压以下变动,以达到调速的目的,这种调速方法可采用晶闸管进行调压,可调节电压范围较大,故目前得到较多的应用。

(4) 改变并励直流电动机的旋转方向的办法有两种:一种是将励磁绕组接电源的两根引线对调,即改变励磁电压的极性;另一种是将电枢绕组接电源的两根引线对调,即改变电枢电流极性。采用两种方法中的任一种都可改变电动机的旋转方向,若同时采用则电动机旋转方向不变。

【思考与练习】

1. 简述并励直流电动机的主要结构及各部分的功能。
2. 直流电动机为什么不能直接起动?如果直接起动会引起什么后果?
3. 当电动机的负载转矩和励磁电流不变时,减小电枢端电压会引起电动机转速降低,为什么?
4. 当电动机的负载转矩和电枢端电压不变时,减小励磁电流会引起转速的升高,为什么?
5. 并励电动机在负载运行中,当磁场回路断线时是否一定会出现"飞车"现象?为什么?
6. 如何改变并励直流电机的转向?

任务 2.2　串励直流电机的结构与运行

【任务目标】

- 掌握测取串励直流电动机的工作特性和机械特性的方法;
- 掌握串励直流电动机的调速方法;
- 能进行接线图的识读和绘制;
- 能根据工艺要求进行布线的操作;
- 能使用万用表对元器件进行检测;
- 能使用万用表对电路进行通电前的检查;
- 能正确安装并调试电路,并对电动机工作异常现象进行简单修理。

【任务描述】

串励直流电动机适用于蓄电池供电的各种电动车辆，如电动车、叉车、搬运车、轨道平车、堆垛车、高尔夫球车、巡逻车、工矿车辆等。图 2-24 所示为一辆电动自行车，其直流牵引电动机 $U_N=220\ V$，$I_N=40\ A$，$n_N=1000\ r/min$，电枢电阻 $R_a=0.5\ \Omega$，假定磁路不饱和，当 $I_a=20\ A$ 时，电动机的转速和电磁转矩为多少？

图 2-24　电动自行车

【相关知识】

1. 串励直流电动机的结构与注意事项

1）串励直流电动机的结构

串励直流电动机的结构与普通直流电动机的结构相同，都是由定子、转子、电刷和换向器组成，如图 2-6 所示。但是串励直流电动机是将串励绕组与电枢绕组串联，电枢电流即为励磁电流，因此串励绕组导线粗、匝数少、电阻极小。由于励磁方式不同，串励直流电机与并励直流电机的接线方式也有区别，如图 2-25、图 2-26 所示。

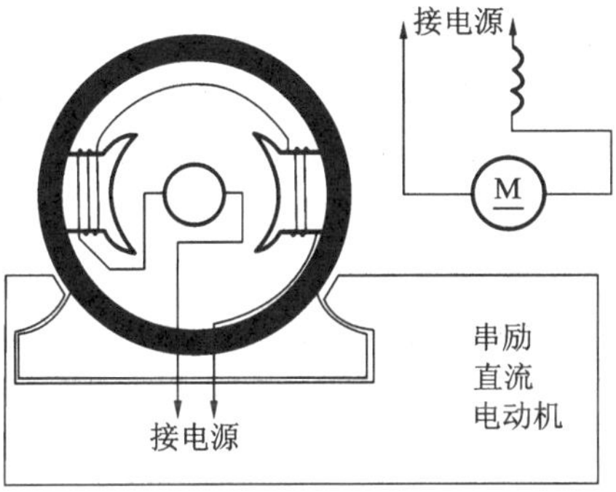

图 2-25　串励直流电动机接线

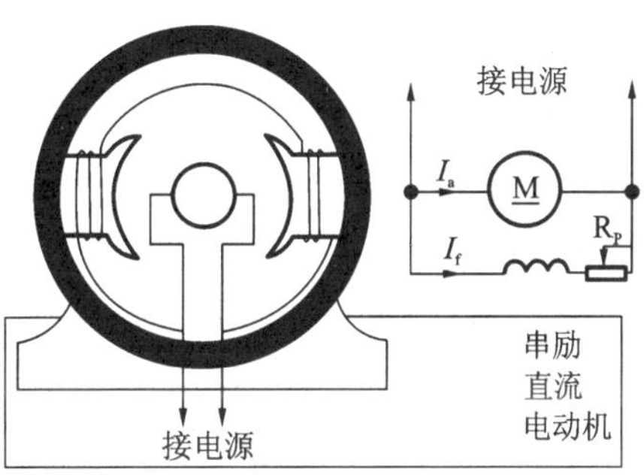

图 2-26　并励直流电动机接线

2）使用串励直流电动机的注意事项

（1）串励直流电动机的励磁绕组与电枢绕组串联连接，使用时需接起动电阻，其接线原理如图 2-25 所示。电动机起动时将起动电阻置于最大值，随着电动机的加速，逐渐将电阻从电路中完全切除而完成起动过程。

（2）串励直流电动机的转速随着负载转矩的变化而剧烈变化，即重载时转速自动下降而空载或轻载时电动机的转速将急剧上升，可达到额定转速的好几倍而危及电动机的安全。因此串励直流电动机运行时最小负载一般不应低于额定负载的 20%～30%。电动机与生产机械的连接只能采用直接或通过齿转耦合的方式，禁止使用带传动，以防止传动带滑脱而出现“飞车”现象，以致损坏电动机。

（3）串励直流电动机的调速通过串联调速电阻的方法进行，在电源电压一定的情况下断开开关，增大起动电阻以降低电枢上的电压，实现转速的下调。若需转速升高，可先将起动电阻的值调整至零，再合上开关，使电阻与励磁绕组并联，以减小励磁绕组的电流从而使转速升高。若需改变电动机的旋转方向，可采取对调电枢绕组接线的方法，也可采取对调串励绕组接线的方法，二者取一；否则电动机转动方向不变。

2. 串励直流电动机的工作特性与机械特性

1) 串励直流电动机的工作特性

串励电动机的特点是励磁绕组与电枢绕组串联，即励磁电流 I_f 等于电枢电流 I_a，因此气隙磁通 Φ 的大小将随电动机负载电流的大小而变化。这一特点深刻影响了串励电动机的工作特性。下面对其特性进行分析。

(1) 串励电动机的转速特性。

串励电动机的转速特性描述的是电动机的输入电压 $U=U_N$、电枢回路总电阻 R 不变时，电动机的转速 n 与电枢电流即负载大小的关系，即 $n=f(I_a)$。由于串励的特点，励磁电流 I_f 即电枢电流，此时电枢总电阻 R 包括电枢绕组电阻 R_a、励磁绕组电阻 R_f 以及换向极绕组电阻和补偿绕组电阻等。按串励关系，有

$$\Phi = K_f I_f = K_f I_a \tag{2-16}$$

式中：K_f——比例系数。

将式(2-16)代入电动势平衡方程，则有

$$n=\frac{U}{C_e K_f I_a}-\frac{R}{C_e K_f} \tag{2-17}$$

负载增加时，电枢电流 I_a 增大，电枢回路的电阻压降 RI_a 增大，而电枢电流即励磁电流，因此同时气隙磁通也增大。从式(2-17)可知，这两方面因素均使转速下降，因此串励电动机转速 n 将随负载的增加而迅速降低。可见，轻载时电动机的转速和电枢电流成反比，转速特性曲线近似双曲线。

随着负载增加，励磁电流也增加，磁路逐渐饱和，气隙磁通随负载增加的变化程度逐渐减弱，不计去磁效应可以把 Φ 看成接近一个常数。按式(2-17)，转速 n 与电枢电流的特性曲线近似一条微向下倾斜的直线。整个串励电动机转速特性如图 2-27 中的 n 曲线所示。

需要注意的是，串励电动机负载很轻时，励磁也很弱，此时磁通很小。为了产生足够的感应电动势 E_a 去平衡电枢回路端电压 U，电动机旋转速度很高，会有一定危险。因此，串励电动机在实际使用中，一般不允许在空载或轻载情况下起动或运行。

(2) 串励电动机的转矩特性。

串励电动机的转矩特性是指在电动机的输入电压 $U=U_N$、电枢回路总电阻 R 不变时，电动机的转矩 T 与电枢电流即负载大小的关系，即 $T=f(I_a)$。其关系表达式为

$$T = C_T \Phi I_a \tag{2-18}$$

由于串励的特点，励磁电流 I_f 与电枢电流 I_a 相等。因此有

$$T = C_T K_f I_a^2 \tag{2-19}$$

由式(2-19)可见，串励电动机轻载时，主磁极退出饱和，励磁电流和磁通成线性关系，即 K_f 近似为常数，电磁转矩与电枢电流的二次方成正比。轻载时的转矩特性曲线与抛物线形状相似。

随着电动机负载增加，励磁电流也增大，磁路逐渐进入饱和，可以认为磁通趋于确定值。因此按式(2-18)可得，电动机重载时的电磁转矩与电枢电流成正比例关系，即逐渐成为一条直线。完整的串励电动机转矩特性如图 2-27 中的 T_e 曲线所示。

从图 2-27 可见，串励电动机的电磁转矩随负载的增加以高于电流一次方的比例增加，$T=f(I_a)$的曲线迅速向上弯曲。因此，串励电动机与他励或并励电动机相比，在同样大小的起动电流下产生的起动转矩大，具有起动转矩较大和过载能力强的优点。

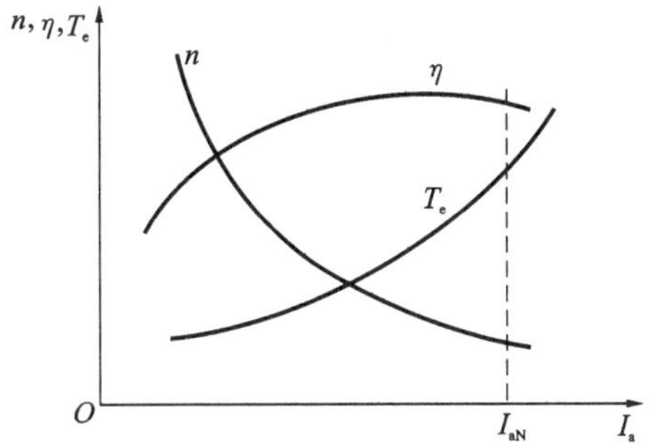

图 2-27　串励直流电动机的工作特性

(3) 串励电动机的效率特性。

串励电动机的效率特性与并励及他励电动机的基本相似。不同的是，在进行损耗分析和效率确定时，应考虑到串励特点。串励电动机的铁耗随负载的增大而增大，机械损耗则因转速的降低而减小，串励电动机也有效率最高点。其效率特性如图 2-27 中的 η 曲线所示。

2) 串励直流电动机的机械特性

串励直流电动机的机械特性也分为固有特性和人为特性两种，其机械特性曲线如图 2-28 所示。

串励电动机的机械特性为双曲线，转速随转矩增加而下降的速率很快，称为软特性。$R_j=0$ 为固有（自然）机械特性；R_j 不等于零为人为机械特性。

(1) 固有机械特性。

对于串励直流电动机，当磁路不饱和时，$\Phi=kI_a$，则

$$T_{em}=C_T\Phi I_a=C_TkI_a^2$$

$$I_a=\sqrt{\frac{T_{em}}{C_Tk}} \tag{2-20}$$

于是

$$n=\frac{U}{C_e\Phi}-\frac{R}{C_eC_T\Phi^2}T_{em}=\frac{\sqrt{C_Tk}}{C_ek}\cdot\frac{U}{\sqrt{T_{em}}}-\frac{R}{C_ek} \tag{2-21}$$

当磁路饱和时，磁通基本不变，机械特性与他励直流电动机的机械特性相似。其固有特性曲线如图 2-29 所示。图中，曲线的 AB 段表示磁路不饱和时的机械特性，曲线的 BC 段表示磁路饱和时的机械特性。

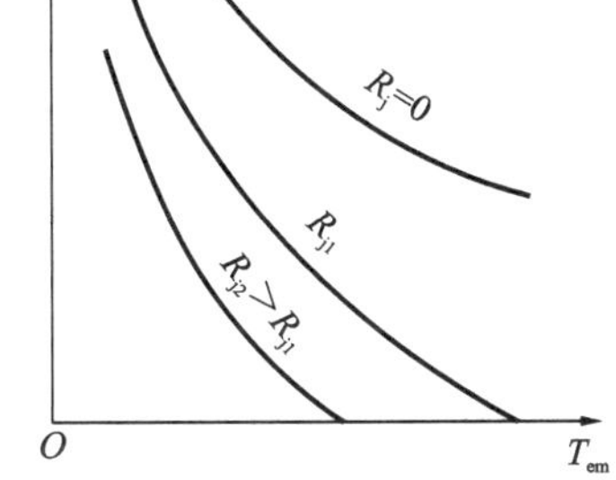

图 2-28　串励直流电动机的机械特性

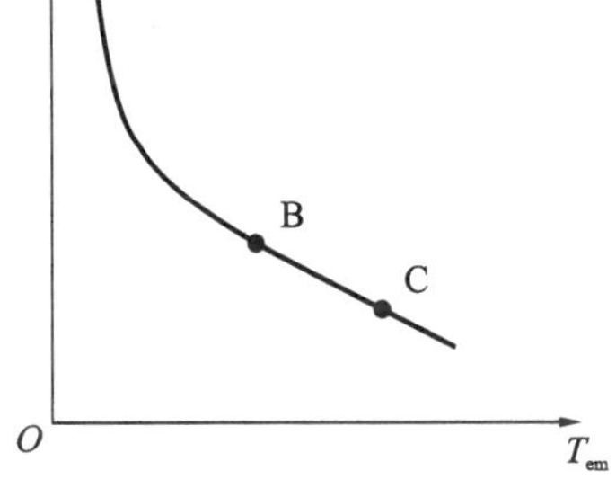

图 2-29　串励直流电动机的固有特性曲线

固有特性是指 $U=U_N$、$R=R_a$ 时的特性，具有以下特点：

① 它是一条非线性的软特性，当负载小时，电动机转速会自动升高很多，从而提高生产机械的运行效率。

② 不允许轻载或空载运行。空载时，$T_{em}=0$，$I_a=0$，$\Phi=0$，$n_0=U/(C_e\Phi)=\infty$，n_0 为无穷大。实际上，空载时存在剩磁，n_0 为有限值，但是它很高，一般会到 $(5\sim6)n_N$，这么高的转速将会造成电动机与所带设备的损坏，即所谓的“飞车”现象。因此串励电动机不允许空载或轻载运行。

③ 过载能力强，起动性能好。由于 $T_{em}\propto I_a^2$，所以在相同的最大电流下，串励直流电动机产生的转矩比他励直流电动机产生的转矩大得多。换言之，因为当负载增大时，电枢电流和磁通都增大，所以电枢电流稍有增大，电动机转矩就可以与负载转矩相平衡。因此，尽管负载增大很多，电枢电流的增加却比他励直流电动机的小得多，不会因负载增大而使电动机过载。同理，在相同的起动电流下，串励直流电动机产生的起动转矩也比他励直流电动机起动转矩大得多。

由于串励直流电动机具有以上几个主要特点，所以起重运输机械和电气牵引装置较多采用串励直流电动机拖动。

(2) 人为机械特性。

人为地改变固有特性的三个条件中($U=U_N$，$\Phi=\Phi_N$，$R=R_a$)的任何一个条件后得到的机械特性称为人为机械特性，如图 2-30 所示。

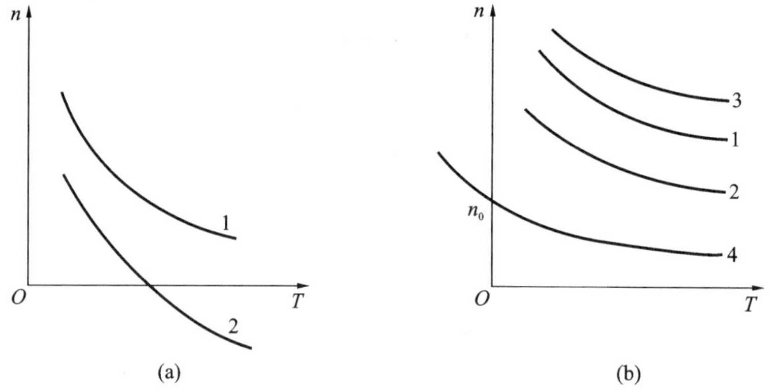

图 2-30 串励直流电动机的人为机械特性曲线

(a)电枢回路串电阻；(b)降低电源电压和并联分路电阻

① 电枢串电阻的人为特性。串入电阻后，转速降增大，所以电枢串电阻的人为特性在固有特性的下方，且特性变得更软。

② 降低电压的人为特性。降低电压时，理想空载转速下降，人为特性下移。电压下降后，电枢反电动势随之减小，转速必然减小，所以降低电压的人为特性位于固有特性下方。

③ 改变磁通的人为特性。改变磁通的方法是在励磁绕组上并联一个分流电阻。与固有特性相比，在电枢电流相等情况下，励磁电流减小，磁通减少，所以人为特性位于固有特性上方。

3. 直流电机的维护

1) 换向器的维护

换向器的维护主要有以下两个方面：

(1) 换向器表面应当光滑，没有毛刺、黑斑、油垢等。若有油垢，应用干净柔软的白布蘸酒精擦拭；对于锈蚀产生的黑斑，应用 00 号细砂纸打磨（切不可用金刚砂纸），如果换向器表面的不平度达到 0.2 mm 甚至更高时，应当用车床进行车光。

(2) 换向片边缘倒角为 $C0.5$。

2) 电刷的维护

(1) 同一组刷握应均匀排列在一条直线上。

(2) 刷握一般应当使相邻不同极性的刷架彼此错开，以使换向器均匀磨损，延长电机的使用寿命。

(3) 同一台电机应尽量使用型号相同的电刷。

(4) 电刷的导线连接应当牢固，接触性好，不可以与其他转动部分发生触碰，应当保证电刷的绝缘垫的绝缘性能完好。

(5) 电刷在刷握内应有一定的移动空间，其间隙一般为 0.1～0.2 mm。

(6) 电刷的接触面与换向器弧度应当相符，且接触面积不得小于单个电刷截面的 3/4。

(7) 电刷在工作时应当只在换向器的表面上，不得超过或接近换向器边缘。

3) 电枢绕组的故障及维护

直流电机电枢绕组的作用主要是产生感应电动势和电磁转矩，在电机工作过程中起到关键作用，一般，其工作电压较高、工作电流较大。若电枢绕组发生故障，不但直接影响电机的工作，还有可能威胁到电网中的其他设备以及操作人员的安全。因此直流电机在运行过程中应当实时监测，定期维护，一旦发生电枢工作异常，应及时处理，避免造成更大事故和更严重的损失。电枢绕组工作不正常主要包括以下几个现象。

(1) 直流电机过热。

直流电机工作过程中，若电机的温升超过了铭牌数据的额定标准，而运行状态没有异常时，属于直流电机过热。过热时间太长，会导致电机绝缘系统加速老化，缩短电机的使用寿命。若不及时处理，因为热的集聚效应，则会造成热集聚加剧，故障面加大。因此电机工作过热现象不能忽视，需要通过仔细观察和全面分析，找出原因，采取适当的处理方法，使电机恢复正常工作。

造成整机过热的原因可以从下述几个方面来考虑：

① 电机的运行方式和设计方式不合理，例如将电机短时间的运行状态和短时间的重复运行过程应用于电机的长时间运行。

② 电机长时间工作于过载状态。

③ 电机因为机械系统摩擦太大，电枢转动部分发生了一定程度的堵转。

④ 电机散热部分效果不佳，例如通风道路堵塞，铁心或线圈表面积累了过多的灰尘，造成散热效果差。

⑤ 油污严重，造成运行效率低下，发生过热。

⑥ 通风口过小，通风管道曲道过多造成散热不及时等。

针对以上问题，结合电机实际过热的现象应当做出相应的处理。若因为环境温度过高、湿度太大、通风效果差、空气粉尘度高等，应适当选用容量较小的电机，并强化通风过程来加强散热，减小电机过热的程度。

若因为电机运行方式与设计方式不合理造成电机过热，应当重新选配电机及其工作方式，不仅需要改善电机的使用效率，还需要尽可能使电机的工作特性满足负载的拖动要求。

对于因为通风道路堵塞、铁心或线圈表面累积灰尘过多而造成电机散热效果不佳的情形，可以用空气压缩机通过吹扫进行清除，或者用软毛刷子轻轻地扫掉积累的灰尘，清扫的过程中一定要小心，避免因摩擦而使绝缘漆脱落，同时注意不要使电机的电枢绕组进水。

总之，应随时保持电机的工作环境清洁卫生，通风顺畅。

(2) 直流电机电枢冒烟。

电枢绕组由于短路等故障而冒烟时，应当立即断电，查找故障原因，并及时予以处理并解决问题。一般来说，电枢冒烟有以下几种可能：

① 电机长期过载、长期过热而没有及时处理。解决的办法一般是断电后恢复正常负载，若无严重烧毁，可以继续正常工作。

② 电枢绕组线路短路。一般是维修过的电机，重新绕线时发生了局部线路短路，或者是由于电机绝缘系统老化造成了正常的电枢线路发生短路。一般打开电机通过直接观察就能找到烧焦的故障点，为了准确，可以用短路测试器进行检查，也可以用一个 6～12 V 直流电压源接到电枢两端的换向片上，用直流毫伏表依次测量各相邻两换向片间的电压值。由于电枢绕组排列有规律，因此在正常测量时读数也应该是相等的或呈规律性变化的。若某两个换向片间读数很小，近似为零，则可以确定连接这两个换向片的电枢绕组发生短路。发生电枢绕组线路短路时，若绝缘老化不严重，且短路绕组数量很少，可以切断短路线圈，在两个换向片接线处接跨接线，作为暂时的应急措施。若短路数量太多，应送电机修理厂进行绕组的重新绕制。

③ 定子和转子铁心发生摩擦。解决的办法是检查电机气隙是否均匀，通过目测观察轴承间是否发生了摩擦。

④ 电机端电压过低。由于欠电压致使电机堵转造成长时间过热引起电枢绕组冒烟是非常危险的，应当及时将电压值恢复到正常值。

⑤ 电机直接起动或正反转转换过于频繁。电机直接起动时的起动电流往往是额定运行时额定工作电流的十倍，甚至更高。若让电机频繁工作于直接起动或者正反转状态，电枢绕组会因长期工作于较大的工作电流下，剧烈发热，引起冒烟。对于此种情形，可以在电机的工作过程中选用适当的起动器，使电机进行降压起动，避免直接起动或者频繁的正反转转换。

⑥ 换向片间云母发生击穿，或有金属屑落入其中。发生这种情况，应当及时清扫金属屑，并检查云母的绝缘状态，若绕组没有烧坏，可以直接更换云母，若绕组因短路烧坏，应当重新绕制。

对于电枢绕组发生冒烟现象，应及时切断电源，检查故障原因，并予以处理，若故障严重，则应送电机厂修理。

(3) 直流电机转速不正常。

造成电机转速不正常的原因有很多，其中一个重要原因是电枢或励磁绕组发生短路。电机发生工作转速不正常时，应当切断电源，及时找出原因，若是电枢绕组短路引起，则找出故障绕组并重新绕制。

【任务实施】

1. 任务

测取串励直流电动机的工作特性和机械特性，保持 $U=U_N$ 和 $I_f=I_{fN}$ 不变，测取 n、T_2、$\eta=f(I_a)$、$n=f(T_2)$。

2. 绘制串励直流电动机测量电路接线图

串励直流电动机测量电路接线图如图 2-31 所示。

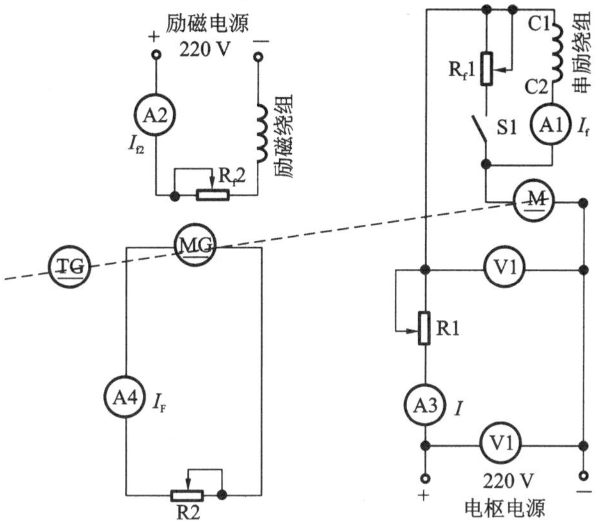

图 2-31　串励直流电动机测量电路接线图

3. 元器件、工具、仪表、设备和材料

根据电动机型号和电气原理图，选择所需元器件的型号和数量，并列出所用的工具、仪表、设备和材料清单如表 2-4 所示。

表 2-4　元器件、工具、仪表、设备和材料明细表

序号	名　　称	型号与规格	单位	数量	备　　注
1	串励直流电动机	天煌教仪 DJ14	台	1	表中所列型号与规格仅供参考，可根据实际情况自定
2	导轨、测速发电机、转速表	天煌教仪 DD03 挂件	台	1	
3	直流电压表、毫安电流表	电压表量程 0～300 V，电流表量程 0～2 A	套	2	
4	可调电阻器	0～1800 Ω 变电阻 5 个，0～180 Ω 变电阻 3 个	只	8	
5	直流电源	220 V	台	2	
6	校正直流测功机	功率 355 W，额定电压 220 V，额定电流 2.2 A，额定转速 1500 r/min	台	1	
7	按钮	LAY39-11、LAY39-10 各 1 只	只	2	

4. 测试方法与步骤

按图 2-31 接线。图中串励直流电动机选用 DJ14，校正直流测功机 MG 作为电动机的负载，用于测量 M 的转矩，两者之间用联轴器直接连接。R_f1 选用 D41 的 180 Ω 和 90 Ω 串联共 270 Ω 阻值的电阻，R_f2 选用 D42 上 1800 Ω 阻值的电阻，R1 选用 D41 的 180 Ω 阻值的电阻，R2 选用 D42 上 900 Ω 和 900 Ω 串联、再加上 900 Ω 和 900 Ω 并联的共 2250 Ω 阻值的电阻，直流电压表、电流表选用 D31。

(1) 由于串励电动机不允许空载起动,因此校正直流测功机 MG 时先加他励电流 I_{f2} 为校正值,并接上一定的负载电阻 R2,使电动机在起动过程中带上负载。

(2) 调节串励直流电动机 M 的电枢串联起动电阻 R1 及磁场分路电阻 R_f1 到最大值,打开磁场分路开关 S1,合上控制屏上的电枢电源开关,起动 M,并观察转向是否正确。

(3) M 运转后,调节 R1 至零,同时调节 MG 的负载电阻 R2 的值,控制屏上的电枢电压调压旋钮,使 M 的电枢电压 $U_1=U_N$,电流 $I=1.2I_N$。

(4) 在保持 $U_1=U_N$、I_{f2} 为校正值的条件下,逐次减小负载(即增大 R2 的值)直至 $n<1.4n_N$ 为止,每次测取 I、n、I_F,共取 6 组或 7 组数据,记录于表 2-5 中。

(5) 若要在实验中使串励电动机 M 停机,需将电枢串联起动电阻 R1 调回到最大值,断开控制屏上电枢电源开关,使 M 失电而停止。

表 2-5 实验数据和计算数据

$U_1=U_N=$______ V　　$I_{f2}=$______ mA

实验数据	I/A							
	n/(r/min)							
	I_F/A							
计算数据	T_2/(N·m)							
	P_2/W							
	η/%							

【任务检查与评价】

测取串励直流电动机的工作特性与机械特性。

1. 考核任务

1) 按原理图配齐所有元器件并进行检验

(1) 元器件的技术数据(型号、规格、额定电压、额定电流等)应完整并符合要求,外观无损伤。

(2) 检测可调电阻器的实际阻值范围是否符合实验标准。

(3) 检测电流表、电压表量程是否正确,能否正常工作,是否需要调零。

(4) 检测直流电源工作电压是否合格。

(5) 对电动机的质量进行常规检查(电枢绕组与励磁绕组的通断、相对地绝缘)。

2) 理解并熟练掌握串励直流电动机的工作特性与机械特性的测量方法

(1) 理解原理图中各元件的特点及表示方法,熟练绘制串励直流电动机特性测量电路接线图。

(2) 熟练掌握接线图中各部件的功能及特点,具备一定的组装及排除系统故障的能力。

(3) 熟练掌握串励直流电动机工作特性与机械特性测量原理,并注意其测量细节。

2. 考核要求及评分标准

任务检查与评分标准如表 2-6 所示。

表 2-6　任务检查与评分标准

主要内容	评分标准	配分
小组代表汇报讲解	(1) 讲解不全面，扣 1～10 分； (2) 条理不够清晰，扣 1～10 分	20
布置图、接线图的绘制	(1) 元器件布置不整齐、不匀称、结构不合理，每处扣 1～5 分； (2) 尺寸标注不正确，每处扣 1 分； (3) 线号标注不准确、不齐全，扣 2 分； (4) 走线不合理，扣 2 分	15
元器件选用、检查和安装	(1) 元器件选择不合理，每只扣 1～5 分； (2) 元器件漏检或错检，扣 5 分； (3) 不按图安装，扣 10 分； (4) 元器件安装不牢固，每只扣 5 分； (5) 元器件安装不整齐、不匀称、不合理，每只扣 4 分； (6) 损坏元器件，扣 15 分； (7) 本项目不得负分	15
接线质量	(1) 不按接线图接线，扣 10 分； (2) 布线不美观、不平直、不整齐、不紧贴敷设面，主电路、控制电路每处扣 1 分； (3) 节点松动，露铜过长，压绝缘层，每处扣 1 分	10
通电前检测、通电试验	(1) 未正确连接电路，扣 10 分； (2) 一次试车不成功，扣 10 分； (3) 两次试车不成功，扣 15 分	20
实验数据	(1) 未能正确测取实验数据，扣 3 分 (2) 实验数据计算不正确，扣 5 分	10
安全文明生产、团队合作精神	(1) 小组分工不够好，扣 1～5 分； (2) 违反安全文明生产要求，扣 5～10 分	10
备注	各项扣分最高不超过该项配分	

【拓展知识】

串励直流电动机的调速方法与维护。

因串励电动机的励磁电流等于电枢电流，故其起动性能好于他励电动机，在相同的起动电流下，串励直流电动机能有较大的起动转矩。但是为了限制起动电流，起动时仍然需要接入起动电阻。起动过程与他励电动机相似，但因为串励电动机的机械特性通常不是直线，所以起动电阻的计算一般不能用解析法，宜采用图解法。

串励电动机的调速方法与并(他)励一样，也可以通过电枢串电阻、改变磁通和改变电压来调速。

在电枢回路中串入电阻 R_Ω 时，可得其人为特性如图 2-30(a)中的曲线 2 所示。串接电阻越大，特性越软。串电阻调速方法与并(他)励电动机基本相同，这里不再详细分析。

在串励电动机中要通过改变串励磁场的磁通达到调速的目的，可在电枢绕组两端并联调节电阻(称为电枢分路)来增大串励绕组电流，其人为特性位于固有特性下方，如图 2-30(b)中曲线 4 所示。

也可以在串励绕组两端并联调节电阻(称为励磁分路)来减小串励绕组电流,其人为特性位于固有特性上方,如图 2-30(b)中曲线 3 所示。串励电动机改变磁通调速的接线图如图 2-32 所示。

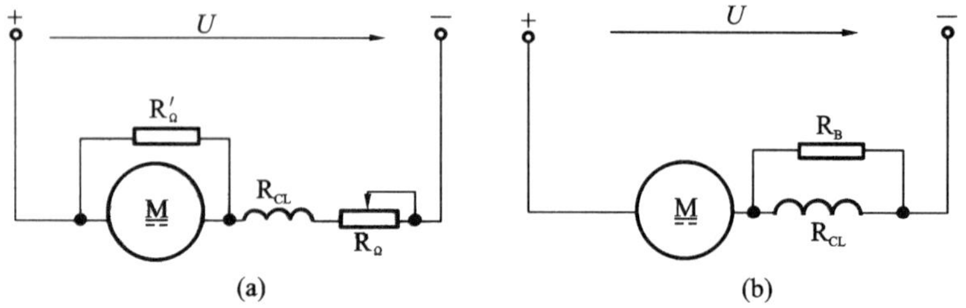

图 2-32 串励电动机改变磁通调速

(a)电枢分路;(b)励磁分路

改变电压调速是指电枢回路不串电阻,只降低电枢回路的外加电压 U,其人为特性如图 2-30(b)中曲线 2 所示。

改变电压调速时,一般选用两台容量较小的电动机来代替一台大容量电动机,两台电动机同轴连接,共同拖动一个生产机械。这两台电动机可以串联接到电源上,也可以并联在电源上,如图 2-33 所示。

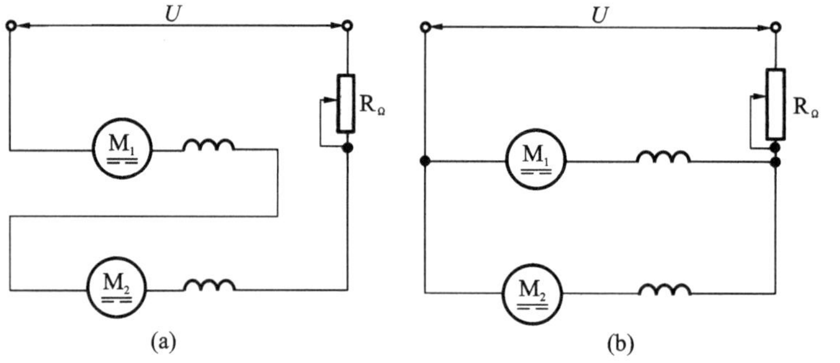

图 2-33 两台电动机串并联的调速接线图

(a)串联;(b)并联

当串联时,每台电动机所承受的电压只有并联时的一半,转速也就降低一半,这就得到了两级调速。如果要得到更多的调速级,可以在电枢中串入调节电阻,改变电阻值,就可以获得较多的调速级。这种调速方法,广泛应用在电力牵引车中。

串励直流电动机的维护方法和普通直流电动机的维护大体相同,这里不再赘述。在使用串励直流电动机时,不允许空载起动,不允许用带轮或链条传动;在使用并励或他励直流电动机时,励磁回路绝对不允许开路,否则可能因电动机转速过高而导致严重后果。

【思考与练习】

1. 串励电动机为什么不允许空载和轻载起动?
2. 磁场绕组并联电阻调速时,为什么不允许并联电阻调至零?
3. 使用串励直流电动机的注意事项有哪些?

项目3　变压器的结构与维护

【项目教学目标】

知识目标	技能目标
了解变压器的基本结构； 了解单相变压器的损耗与效率； 掌握变压器的工作原理； 掌握单相变压器的运行特性； 掌握三相变压器的结构及其工作原理； 掌握几种特殊变压器的工作原理； 掌握三相变压器的运行特性测试方法； 掌握变压器的运行检修方法。	能根据变压器的外形及铭牌确定变压器的特点与用途； 能进行变压器的各种基本运算； 能根据测试原理图实施变压器空载、短路和负载测试接线； 能根据不同测试选用测试仪表； 能正确读取测试数据并进行运算。

任务3.1　单相变压器的结构与维护

【任务目标】

- 掌握变压器的作用、基本结构；
- 理解变压器的电压、电流和阻抗变换原理；
- 掌握变压器的空载、短路和负载运行的含义；
- 掌握单相变压器性能参数的基本计算。

【任务描述】

一台变压器在出厂之前或在检修之后，一般都要做两项基本试验来测定变压器的变比和参数，这就是变压器的空载试验和短路试验。变压器试验的目的是检验变压器的性能是否符合有关标准和技术条件的规定，是否存在影响变压器正常运行的缺陷，以及测出变压器的有关数据。另外还要通过负载试验来测取单相变压器的运行特性。

本任务主要研究单相变压器的空载参数、短路参数及运行特性的测试方法、测试线路的接线。单相变压器外形如图3-1所示。

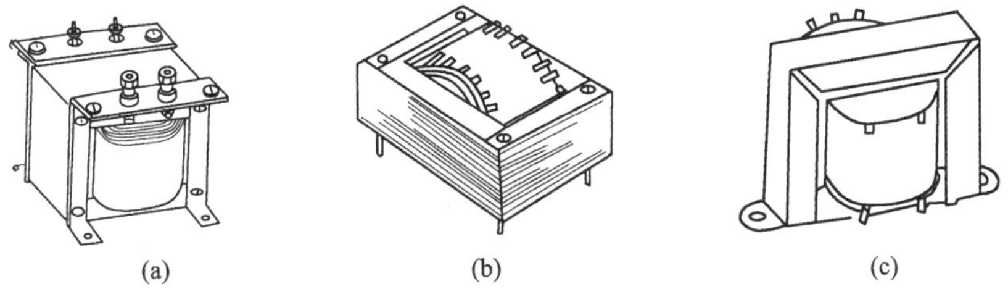

图3-1　单相变压器的外形

(a)立式变压器；(b)卧式变压器；(c)夹式变压器

【相关知识】

1. 变压器的用途与分类

变压器是利用电磁感应原理将某一数值的交流电压转换为另一数值、相同频率的交流电压的电磁转换装置,是一种进行电能传递的静止电器。它的用途极为广泛,在我国电力系统中,变压器是电能输配的主要电气设备,如满足远距离高压输电的升压变压器、为满足负载用电要求的降压变压器。另外,在电子线路中,变压器还用来耦合电路、传递信号,并进行阻抗匹配。

从节能方面考虑,用高压输电较为经济。因为当输送电功率 $S=UI$ 一定时,电压 U 越高,输电线上的电流 I 就越小。这样,一方面,导线截面可以减小,节省有色金属;另一方面,当输电距离、输电线材料及截面一定时,输电线路的损失减小。

输电电压等级有 35 kV、60 kV、110 kV、220 kV 等,而发电机端电压因受绝缘及制造技术上的限制,远远不能达到这样高的电压,因此必须在发电机的一端用变压器将电压升高。

从用电安全、降低用电设备的绝缘等级及降低制造成本方面考虑,必须用降压变压器将输电线上的高电压降低到配电系统的电压,然后再经过配电变压器将电压降低到用电器的额定电压以供使用。国家标准规定的用电电压为大型动力负荷 3000 V 或 6000 V,小型动力负荷 380 V,单相动力负荷和照明 220 V。

变压器的种类很多,按变压器的用途不同可分为:

(1) 电力变压器,供输配电系统中升压或降压用。这种变压器在工矿企业中用得最多,是常见而又十分重要的电气设备,有单相和三相之分。

(2) 特殊电源用变压器,如电炉变压器、电焊变压器和整流变压器等。

(3) 仪用互感器,即供测量和继电保护用的变压器,如电压互感器和电流互感器等。

(4) 试验变压器,即供电气设备作耐压试验用的高压变压器。

(5) 调压器,即能均匀调节输出电压的变压器,如自耦调压器、感应调压器等。

(6) 控制用变压器,即用于自动控制系统中的小功率变压器。

2. 变压器的结构与铭牌

1) 变压器的结构

变压器主要由铁心和绕组组成。铁心构成变压器的磁路部分,绕组构成变压器的电路部分。图 3-2 所示为单相双绕组变压器的结构示意图和切面示意图。

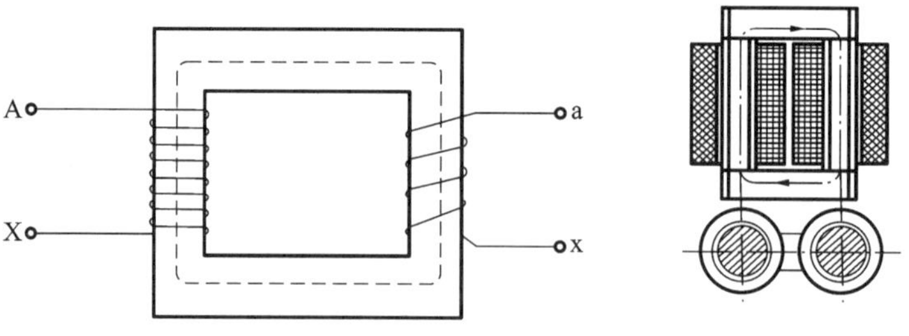

图 3-2 单相双绕组变压器

(a)结构示意图;(b)切面示意图

(1) 铁心。

铁心是变压器的磁路部分。为了减小交变磁通引起的磁滞损失和涡流损失,铁心采用厚度为0.35 mm或0.5 mm表面涂有绝缘漆的硅钢片叠合而成。

根据绕组与铁心配置方式不同，变压器铁心的结构通常分为心式和壳式两种。心式变压器的绕组包围着铁心(见图3-3(a))，壳式变压器的铁心围绕着绕组(见图3-3(b))。心式变压器的结构简单，我国电力变压器广泛采用心式变压器。

如图3-3所示，铁心上套装绕组的部分称为铁心柱，连接铁心柱构成磁路的部分称为铁轭。变压器铁心一般都采用交叠式装配，相交叠至规定的厚度，然后用穿过铁心的螺栓夹紧。这种方法装配和拆卸检修较费时间，但因接缝互相错开，气隙很小，磁阻较小，空载励磁电流也较小，所以被广泛采用。

小容量变压器的铁心柱截面一般为矩形(见图3-4(a))，容量较大的变压器铁心截面做成圆内接的阶梯形(见图3-4(b))。容量越大阶梯数越多，这样可以充分利用绕组内的圆形空间，增大铁心柱的有效截面。铁轭的截面一般为矩形，较大容量变压器做成级数较少的阶梯形。

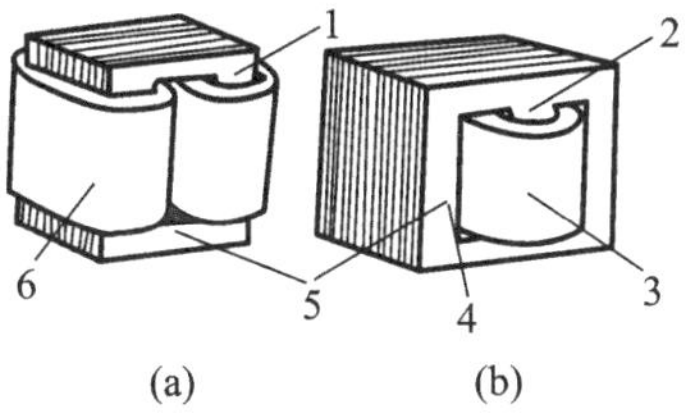

图3-3　单相变压器的结构

(a)心式变压器；(b)壳式变压器

1—铁心；2—铁心柱；3、6—绕组；4、5—铁轭

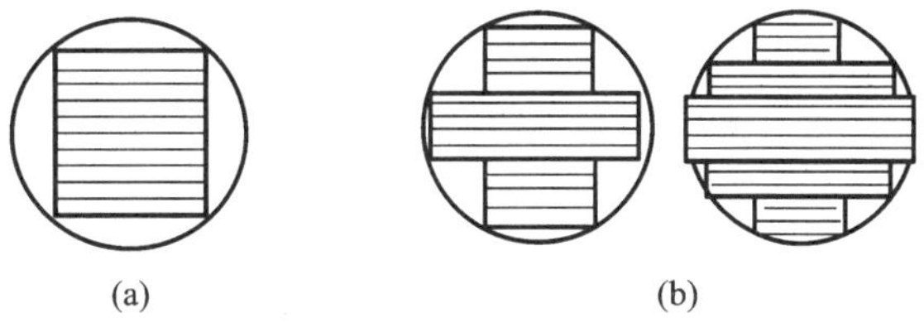

图3-4　铁心柱的截面积

(a)小容量变压器；(b)容量较大的变压器

(2) 绕组。

变压器的高低压绕组实际上并不是像图3-3那样分别套装在两个铁心柱上，而是套装在同一铁心柱上，以尽可能减小漏磁。

高低压绕组在铁心柱上的布置方式有同心式和交叠式两种。同心式绕组的布置方式如图3-5(a)所示，低压绕组与高压绕组在同一铁心柱上同心排列，一般低压绕组在内，高压绕组在外，绕组与绕组、绕组与铁心间用电木纸或钢纸板做成的圆筒绝缘。交叠式绕组的布置方式如图3-5(b)所示，高压绕组与低压绕组分成几部分并式绕组，使高压绕组和低压绕组沿心柱高度交错地套装在心柱上。这种布置方式结构比较牢固，但绝缘比较复杂，所以只适用于电炉变压器。我国电力变压器一般都采用同心式绕组的变压器。

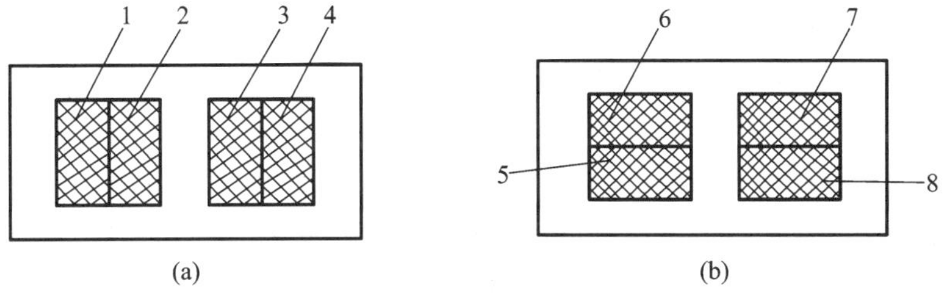

图3-5　高低压绕组在铁心柱上的布置方式

(a)同心式；(b)交叠式

1、4、6、7—高压绕组；2、3、5、8—低压绕组

2）变压器的铭牌

变压器的箱体表面都镶嵌有铭牌，它主要包含型号和数据两方面内容。

(1) 变压器型号。

按照国家标准规定，变压器的型号由汉语拼音字母和几位数字组成，表明变压器的系列和规格。变压器型号的含义如图 3-6 所示。

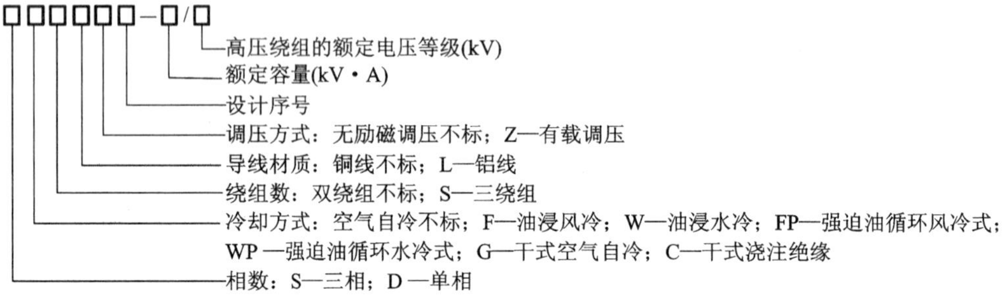

图 3-6　变压器型号的含义

图 3-7 所示为变压器型号举例(注：油浸自冷式双绕组无载调压的电力变压器无须用汉语拼音字母专门标示)。

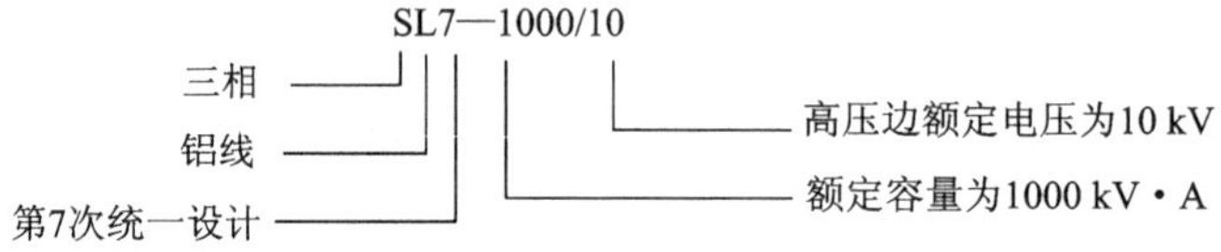

图 3-7　变压器型号举例

(2) 变压器铭牌数据。

① 额定容量。额定容量 S_N 是指额定工作状态下变压器二次侧的视在功率，单位为 V・A 或 kV・A。对于双绕组电力变压器，原绕组与副绕组的容量应该相等。

② 额定电压。额定电压 U_{1N} 是指变压器原绕组外加电压额定值，额定电压 U_{2N} 是指原绕组加上额定电压，副绕组开路时的端电压。额定电压的单位为 V 或 kV。对于三相变压器，额定电压指线电压值。

③ 额定电流。额定电流 I_{1N} 指变压器原绕组、副绕组长期工作不被损坏所允许通过的最大电流值，单位为 A。对于三相变压器，额定电流指线电流值。

3. 单相变压器的工作原理

变压器是利用电磁感应原理将某一数值的交流电压转换为另一数值、相同频率的交流电压的电磁转换装置，是一种进行电能传递的静止电器。

常用单相变压器的原理如图 3-8 所示，它由一个铁心和两个独立绕组组成。铁心构成变压器的磁路部分，绕组构成变压器的电路部分。一个绕组接交流电源，称为原绕组，另一绕组接负载，称为副绕组。原绕组的电压、电流、阻抗、功率等量称为原边量，以下标 1 表示，副绕组的各量称为副边量，以下标 2 表示。因此原边又称为一次侧，副边又称为二次侧。

在变压器原边加上电源电压 U_1，在 U_1 作用下，绕组中产生交流电流，这个电流在铁心中建立交变磁通 Φ，它穿过变压器的两个绕组，并使两个绕组中产生感应电动势，它们的大小分别为

$$e_1 = -N_1 \frac{d\Phi}{dt} \tag{3-1}$$

$$e_2 = -N_2 \frac{d\Phi}{dt} \tag{3-2}$$

式中：N_1——原绕组的匝数；

N_2——副绕组的匝数。

忽略变压器绕组内部压降不计，原边电压与副边电压之比为

$$\frac{U_1}{U_2} \approx \frac{e_1}{e_2} = \frac{N_1}{N_2} \tag{3-3}$$

可见，变压器原边电压与副边电压之比等于原绕组与副绕组的匝数之比，调节原绕组和副绕组的匝数，就可以把原边交流系统转变为不同电压的副边交流系统。

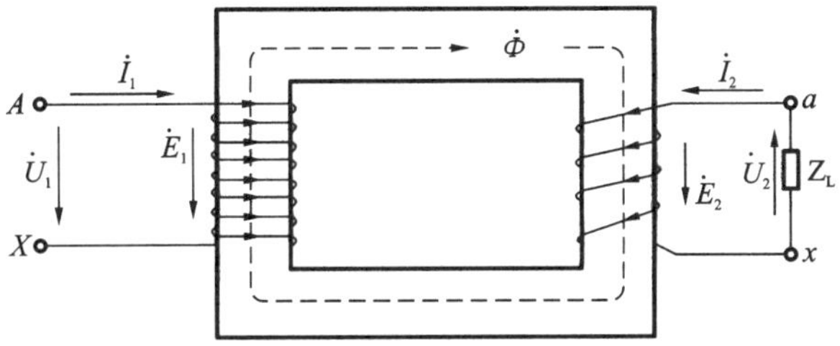

图 3-8　变压器原理图

变压器的功能主要有变压、变流、变阻抗等。

1）电压变换

图 3-9 中原绕组电路的基尔霍夫电压定律方程为

$$u_1 + e_1 + e_{\sigma 1} = i_1 R_1 \tag{3-4}$$

写成相量表示式为

$$\dot{U}_1 = \dot{I}_1 R_1 - \dot{E}_{\sigma 1} - \dot{E}_1 = \dot{I}_1 R_1 + \mathrm{j}\,\dot{I}_1 X_1 - \dot{E}_1 \tag{3-5}$$

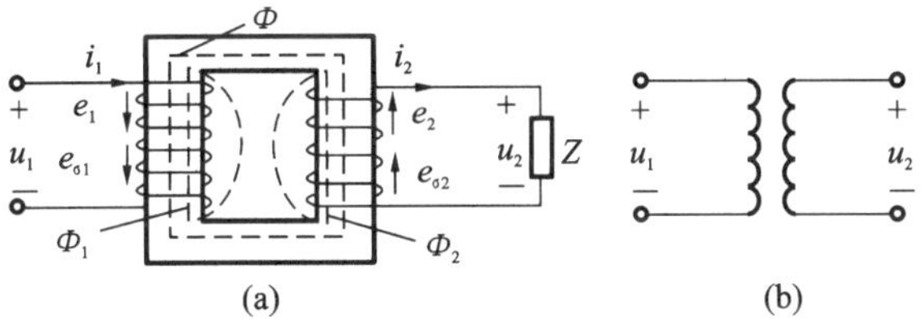

图 3-9　变压器工作原理图与符号

(a)工作原理图；(b)符号

由于原绕组的电阻 R_1 和感抗 X_1（或漏磁通 $\Phi_{\sigma 1}$）较小，因而它们两端的电压降也较小，与主磁电动势 E_1 比较起来，可以忽略不计，于是

$$U_1 = -E_1 = 4.44 f N_1 \Phi_m \tag{3-6}$$

同理可得副边电路的电压与电动势的有效值为

$$U_2 = -E_2 = 4.44 f N_2 \Phi_m \tag{3-7}$$

记 U_{20} 为空载时副绕组的端电压，则变压器空载时，$I_2 = 0$，$U_{20} = E_2$。

以上几式说明，由于 N_1、N_2 不等，故 E_1 和 E_2 的大小也不等，因而输入电压 U_1（电源电压）和输出电压 U_2（负载电压）的大小也是不等的。原绕组与副绕组的电压之比为

$$\frac{U_1}{U_2} = \frac{E_1}{E_2} = \frac{4.44 f N_1 \Phi_m}{4.44 f N_2 \Phi_m} = \frac{N_1}{N_2} = K \tag{3-8}$$

式中:K——变压器的变比,亦即原绕组与副绕组的匝数比。可见,当电源电压 U_1 一定时,只要改变匝数比,就可得出不同的输出电压 U_2。$K>1$,变压器为降压变压器;$K<1$,变压器为升压变压器。

变比在变压器的铭牌上注明,它通常以"6000/400 V"的形式表示原绕组与副绕组的额定电压之比,此例表明这台变压器的原绕组的额定电压 $U_{1N}=6000$ V,副绕组的额定电压 $U_{2N}=400$ V。

所谓副绕组的额定电压是指原绕组加上额定电压时副绕组的空载电压。由于变压器有内阻抗压降,所以副绕组的空载电压一般应较满载时的电压高 5%~10%。

2) 电流变换

由 $U_1=E_1=4.44fN_1\Phi_m$ 可见,当电源电压 U_1 和频率 f 不变时,E_1 和 Φ_m 也都接近于常数。就是说,铁心中主磁通的最大值在变压器空载或有负载时是差不多恒定的。因此有负载时产生主磁通的原绕组、副绕组的合成磁动势($i_1N_1+i_2N_2$)应该和空载时产生主磁通的原绕组的磁动势 i_0N_1 差不多相等,即

$$i_1N_1 + i_2N_2 = i_0N_1 \tag{3-9}$$

变压器的空载电流 i_0 是励磁用的。由于铁心的磁导率高,空载电流是很小的。它的有效值 I_0 在原绕组额定电流 I_{1N} 的 10%以内,因此 I_0N_1 与 I_1N_1 相比,常可忽略。于是 $i_1N_1=-i_2N_2$,其有效值形式为

$$I_1N_1 = I_2N_2$$

所以

$$\frac{I_1}{I_2} = \frac{N_2}{N_1} = \frac{1}{K} \tag{3-10}$$

可见,变压器中的电流虽然由负载的大小确定,但是原绕组与副绕组中电流的比值是基本不变的;因为当负载增加时,I_2 和 I_2N_2 随着增大,而 I_1 和 I_1N_1 也必须相应增大,以抵偿副绕组的电流和磁动势对主磁通的影响,从而维持主磁通的最大值近于不变。

变压器的额定电流 I_{1N} 和 I_{2N} 是指变压器在长时间连续工作时原绕组和副绕组允许通过的最大电流,它们是根据绝缘材料允许的温度确定的。

副绕组的额定电压与额定电流的乘积称为变压器的额定容量,即

$$S_N=U_{2N}I_{2N}\text{(单相)}$$

它是视在功率(单位是 V·A),与输出功率(单位是 W)不同。

3) 阻抗变换

变压器不但可以变换电压和电流,还有变换阻抗的作用,以实现"匹配"。负载阻抗 Z 接在变压器副边,所谓等效,就是输入电路的电压、电流和功率不变。就是说,直接接在电源上的阻抗 Z'_L 和接在变压器副边的负载阻抗 Z_L 是等效的。

Z'_L 与 Z_L 的关系推导如下:

$$Z'_L = \frac{U_1}{I_1} = \frac{\dfrac{N_1}{N_2}U_2}{\dfrac{N_2}{N_1}I_2} = \left(\frac{N_1}{N_2}\right)^2\frac{U_2}{I_2} = K^2\frac{U_2}{I_2} = K^2Z_L \tag{3-11}$$

所以 $Z'_L=K^2Z_L$,匝数比不同,负载阻抗 Z_L 折算到(反映到)原边的等效阻抗 Z'_L 也不同。可以采用不同的匝数比,把负载阻抗变换为所需要的、比较合适的值。这种做法通常称为阻抗

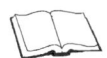

匹配。

4. 单相变压器的运行特性

(1) 变压器的外特性。

当电源电压 U_1 不变时，随着副绕组电流 I_2 的增加（负载增加），原绕组、副绕组阻抗上的电压降便增加，这将使副绕组的端电压 U_2 发生改变。当电源电压 U_1 和副边所带负载的功率因数 $\cos\varphi_2$ 为常数时，副边端电压 U_2 随负载电流 I_2 变化的关系曲线 $U_2=f(I_2)$ 称为变压器的外特性曲线。图3-10所示为变压器的外特性曲线图。

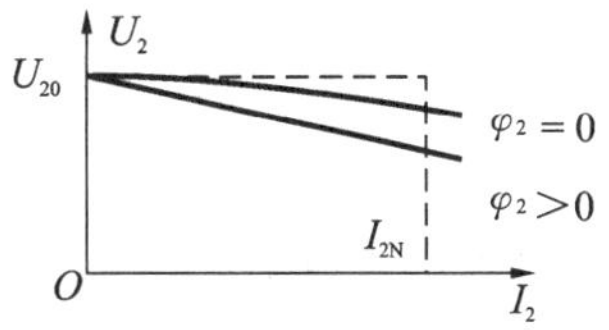

图 3-10 变压器的外特性曲线

由图可知，U_2 随 I_2 的上升而下降，这是因为变压器绕组本身存在阻抗，I_2 上升，绕组阻抗压降增大。

绕组内阻抗由两部分构成：绕组的导线电阻，漏磁通产生的感抗。

通常，希望电压 U_2 的变动愈小愈好。从空载到额定负载，副绕组电压的变化程度用电压变化率 ΔU 表示，即

$$\Delta U=\frac{U_{20}-U_2}{U_{20}}\times 100\% \tag{3-12}$$

式中：U_{20}——副边的空载电压，也就是副边电压 U_{2N}；

U_2——$I_2=I_{2N}$ 时副边的端电压。

电力变压器的电压变化率为5%左右。

(2) 变压器的损耗与效率。

变压器存在一定的功率损耗。变压器的损耗包括铁心中的铁耗 P_{Fe} 和绕组上的铜耗 P_{Cu} 两部分。其中铁耗的大小与铁心内磁感应强度的最大值 B_m 有关，与负载大小无关，而铜耗则与负载大小（正比于电流的二次方）有关。

变压器的铁耗包括基本铁耗和附加铁耗两部分。基本铁耗包括铁心中的磁滞损耗和涡流损耗，它取决于铁心中的磁通密度的大小、磁通交变的频率和硅钢片的质量等。附加铁耗包括铁心叠片间因绝缘损伤而产生的局部涡流损耗、主磁通在变压器铁心以外的结构部件中引起的涡流损耗等。附加铁耗为基本铁耗的15%～20%。

变压器的铁耗与一次绕组上所加的电源电压大小有关，而与负载电流的大小无关。当电源电压一定时，铁心中的磁通基本不变，故铁耗也就基本不变，因此铁耗又称“不变损耗”。

变压器的铜耗也分为基本铜耗和附加铜耗两部分。基本铜耗是由电流在一次绕组和二次绕组电阻上产生的损耗，而附加铜耗是指由漏磁通产生的集肤效应使电流在导体内分布不均匀而产生的额外损耗。附加铜耗占基本铜耗的3%～20%。在变压器中铜耗与负载电流的二次方成正比，所以铜耗又称为“可变损耗”。

铁耗是铁心的磁滞损耗和涡流损耗；铜耗是原边电流和副边电流在绕组的导线电阻中引起的损耗。

变压器的输出功率 P_2 与输入功率 P_1 之比 η 称为变压器的效率，用百分数表示，即

$$\eta=\frac{P_2}{P_1}=\frac{P_2}{P_2+\Delta P_{Fe}+\Delta P_{Cu}}\times 100\% \tag{3-13}$$

例1 某单相变压器的额定容量 $S_N=100\ \mathrm{kV\cdot A}$，额定电压为10/0.23 kV，当满载运行时，$U_2=220$ V，求 K_u、I_{1N}、I_{2N}、ΔU。

解 $K_u=\frac{U_{1N}}{U_{2N}}=\frac{10\times 10^3}{230}=43.5$

$I_{2N}=\frac{S_N}{U_{2N}}=\frac{100\times 10^3}{230}\text{A}=435\ \text{A}$

$I_{1N}=I_{2N}/K_u=435/43.5\ \text{A}=10\ \text{A}$

$\Delta U=\frac{U_{2N}-U_2}{U_{2N}}=\frac{230-220}{230}\times 100\%=4.35\%$

【任务实施】

1. 任务

小型变压器的变压、变流和阻抗变换作用的测试;变压器的空载试验和短路试验。

2. 任务实施的要求

(1) 正确使用测试仪表。

(2) 正确测试电压及电流等相关数据,并进行数据分析。

3. 所需元器件、仪表和设备

交流电源(380 V/220 V 三相四线制);

单相变压器(500 V·A,110 V/220 V,4.55 A/2.27 A) 1台,

单相调压器(TDG,1/0.5,1 kV·A,220 V/0 V～250 V) 1台;

交直流电压表(T10－V型,75 V/150 V/300 V/600 V,0.5级) 1只,

交直流电流表(T10－A型,0.25 A/0.5 A/1 A,0.5级) 1只,

交直流电流表(T19－A型,2.5 A/5 A,0.5级) 1只;

负载灯板(配100 W、220 V灯泡,共500 W) 1块;

电压测针1副,电流插盒2个,电流插头1个,导线若干。

4. 实验步骤

(1) 了解变压器。

① 观察变压器的结构,认识变压器的铭牌。

② 变压器不接电源时,用万用表欧姆挡(R×10)测量判断每个线圈的两根引出线,并记住每个线圈引出线对应的接线柱。

(2) 按图3-11接线。

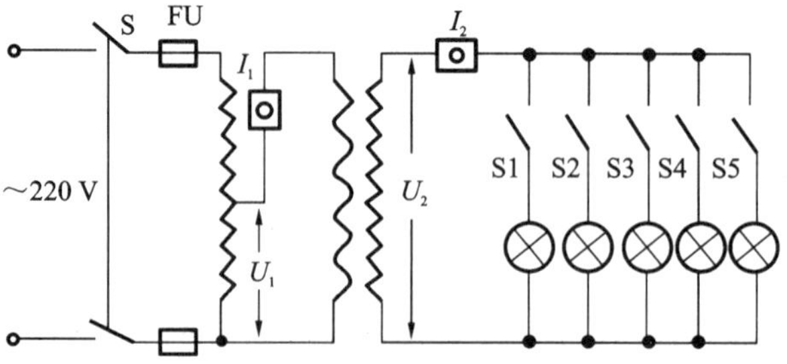

图3-11 变压器特性测量电路

(3) 变压器的空载运行试验。

负载断开,调节调压器,使变压器原边绕组的输入电压达到额定值220 V,测量空载电流

I_0和副绕组空载电压 U_{20}，记入表 3-1 中。

表 3-1 变压器空载特性测量数据和计算

次 数	测量数据			计算数据
	U_1/V	U_{20}/V	I_0/A	$K_u=\frac{U_1}{U_{20}}$
1				
2				

变压器空载运行时，原绕组中流过的电流称为空载电流，用 I_0 表示，其值很小，为变压器原绕组额定电流的 3%～8%。此时原边电压与副边电压之比为

$$K_u=\frac{U_1}{U_{20}}=\frac{N_1}{N_2} \tag{3-14}$$

式中：K_u——变压器的变压比或变比。

将计算得到的变压比填入表 3-1 中。

(4) 变压器的负载运行试验。

保持原绕组输入电压为其额定值 220 V 不变，改变负载电阻，测量 U_1、U_2、I_1和 I_2，并将测得的值填入表 3-2 中。

变压器的原边接额定电压，副边接负载时，变压器在负载运行状态，此时原边电流与副边电流之比为

$$K_i=\frac{I_1}{I_2}=\frac{N_2}{N_1} \tag{3-15}$$

式中：K_i——变压器的变流比。

将计算得到的变流比填入表 3-2 中。

(5) 变压器外特性的测定。

测试电路仍按图 3-11 接线。先将调压器输出电压调到零位，并使单相变压器副边开路，然后合上电源开关 S，再调节调压器使变压器原边电压调到额定值(110 V)，重测变压器空载额定电压 U_1、U_2及 I_1、I_2，把数据记录于表 3-2 中，然后分五次增加变压器负载到额定值(即分次合上开关 S1、S2、S3……使灯泡负载变化，注意在每次调整时增加 100 W)，最后将变压负载测量 U_1、U_2、I_1、I_2数据记录于表 3-2 中。

注意：① 每次增加变压器的负载后，应调节调压器使变压器原边电压保持 110 V 额定值；② 由空载换到负载测量时，要选用大量程电流表。

表 3-2 变压器外特性测量数据

负载情况	测量数据				计算值	
	U_1/V	U_2/V	I_1/A	I_2/A	$\frac{U_1}{U_2}$	$\frac{I_2}{I_1}$
空载						
100 W						
200 W						
300 W						
400 W						
500 W						

5. 训练注意事项

(1) 在进行变压器空、负载试验时,调压器供给变压器的电压不能超过变压器的额定电压 220 V,否则变压器将烧毁。

(2) 自耦变压器在每次通电前必须将手柄调至零处,待接通电源后,再缓慢转动手柄升高电压。

(3) 输出电压时,要注意所接仪表和负载等情况是否正常,每次使用完毕,必须将手柄旋到零处,然后切断电源。

【任务检查与评价】

1. 考核任务(单相变压器的空载及负载工作特性)

按原理图配齐所有元器件,并进行检验:

(1) 元器件的技术数据(型号、规格、额定电压、额定电流等)应完整并符合要求,外观无损伤。

(2) 检测可调电阻器的实际阻值范围是否符合实验标准。

(3) 检测电流表、电压表量程是否正确,能否正常工作,是否需要调零。

按试验步骤进行电路的连接,调节电路完成各参数值的测量并填表,对结果进行分析。

2. 考核要求及评分标准

任务检查与评分标准如表 3-3 所示。

表 3-3 任务检查与评分标准

主要内容	评分标准	配分
小组代表汇报讲解	(1) 讲解全面; (2) 条理清晰	20
测试电路的连接	(1) 看懂电路图,正确连接电源电路; (2) 正确连接变压器	30
性能参数的测试与计算	(1) 正确使用电压表、电流表等; (2) 能正确计算参数值	30
安全文明生产、团队合作精神	(1) 小组分工良好; (2) 符合安全文明生产要求	20
备注	各项扣分最高不超过该项配分	

【拓展知识】

单相变压器常见故障的维修方法。

(1) 引出线端头断裂。如果一次回路有电压而无电流,一般是一次线圈的端头断裂;若一次回路有较小的电流而二次回路既无电流也无电压,一般是二次线圈端头断裂。其原因通常是线头折弯次数过多,或线头遇到猛拉,或焊接处霉断(焊剂残留过多),或引出线过细等。如果断裂线端头处在线圈的最外层,可掀开绝缘层,挑出线圈上的断头,焊上新的引出线,包好绝缘层即可;若断裂线端头处在线圈内层,一般无法修复,需要拆开重绕。

(2) 线圈的匝间短路。如果短路发生在线圈的最外层,可掀去绝缘层后,在短路处局部加热(指对浸过漆的线圈,可用电吹风加热),待漆膜软化后,用薄竹片轻轻挑起绝缘已破坏的导线，若线芯没损伤，可插入绝缘纸，裹住后按平；若线芯已损伤，应剪断，去除已短路的一匝或多匝导线，两端焊接后垫妥绝缘纸，按平。用以上两种方法修复后均应涂上绝缘漆，吹干，再包上外层绝缘。如果故障发生在无骨架线圈两边沿口的上下层之间，一般也可按上述方法修复。若故障发生在线圈内部，一般无法修理，需拆开重绕。

(3) 线圈对铁心短路。存在这一故障，铁心就会带电，这种故障在有骨架的线圈上较少出现，但在线圈的最外层会出现；对于无骨架的线圈，这种故障多数发生在线圈两边的沿口处，但在线圈最内层的四角处也比较常出现，在最外层也会出现。其原因通常是线圈外形尺寸过大而铁心窗口容纳不下，或绝缘裹垫得不佳，或遭到剧烈跌碰等。修理方法可参照匝间短路的有关内容。

(4) 铁心噪声过大。噪声有电磁噪声和机械噪声两种。电磁噪声通常是由设计时铁心磁通密度选用得过高，或变压器过载，或存在漏电故障等所造成的；机械噪声通常是由铁心没有压紧，在运行时硅钢片发生机械振动所造成的。

对于电磁噪声，属于设计原因的，可换用质量较佳的同规格硅钢片；属于其他原因的应减轻负载或排除漏电故障。如果是机械噪声，应压紧铁心。

(5) 铁心过热。铁心过热通常是由过载、设计不佳、硅钢片质量不佳或重新装配硅钢片时少插入片数等所造成的。

(6) 输出侧电压下降。输出侧电压下降通常是由一次侧输入的电源电压不足(未达到额定值)、二次绕组存在匝间短路、对铁心短路或漏电或过载等所造成的。

【思考与练习】

1. 变压器能否对直流电压进行改变?
2. 变压器的铁心的主要作用是什么? 其结构有何特点?
3. 变压器空载时为什么功率因数不会很高?
4. 变压器是怎样实现变压的? 为什么能变电压，而不能变频率?
5. 变压器铁心为什么要用 0.35 mm 厚、表面涂有绝缘漆的硅钢片叠成?

任务 3.2 三相变压器的结构与维护

【任务目标】

- 了解三相变压器和几种特殊变压器的结构和工作原理；
- 熟悉各种变压器的用途和使用注意事项；
- 掌握三相变压器参数的基本计算；
- 根据原理图完成三相变压器的空载试验和短路试验，测定三相变压器的变比和参数。

【任务描述】

现代电力系统均采用三相制，因而三相变压器的应用极为广泛。三相变压器可以用三个单相变压器组成，在对称负载下运行时，各相电压、电流大小相等，相位上彼此相差 120°。就其一相来说，和单相变压器没有什么区别。

本任务主要研究三相变压器和几种特殊变压器的工作原理，测试三相变压器的运行特性。

【相关知识】

1. 三相变压器的磁路系统和附属部件

在实际电力系统中常用的是三相变压器。在对称负载下运行的三相变压器，三相中任意一相就是一个单相变压器，每相是完全一样的，都由铁心和线圈组成，只是三相变压器还有一些附件。分析这样的三相变压器，只要分析其任意一相就可以了，分析单相变压器时所用的方法和所得的结论完全适用于对称负载运行时的三相变压器，但在计算时要注意三相和单相的换算。

三相变压器与单相变压器的工作原理完全相同，其不同之处在于它们的磁路系统、三相绕组的连接方式、变压器的并联运行方式等是有区别的。

1）三相变压器组的磁路系统

三相变压器组是由三个同样的单相变压器组合而成的，它的磁路特点是三相磁通各有自己单独的磁路，互不相关。

如果外加电压为三相对称电压，则三相铁心磁通也一定是对称的，如图 3-12 所示。如果三个铁心的材料和尺寸完全一样，即三相磁路的磁阻相等，那么按照磁路的欧姆定律，三相磁势或建立该磁势的三相空载电流也是对称的。

2）三相心式变压器的磁路

三相变压器的磁路是由三个同样的单相变压器的组合而成的。把组成变压器组的三个单相变压器的铁心按图 3-13 (a)所示的位置靠在一起，通过中间铁心柱的磁通为三相磁通的向量和，即 $\dot{\Phi}_A+\dot{\Phi}_B+\dot{\Phi}_C$。在对称的情况下，$\dot{\Phi}_A+\dot{\Phi}_B+\dot{\Phi}_C=0$，即在任何瞬间中间铁心柱的磁通等于零，可以省掉这个铁心柱，如图 3-13(b)所示。缩短 B 相铁轭的长度，将 B 相往里收缩；然后将 A 相和 C 相的铁心间角度由 120°变为 180°，使三个铁心柱排列在同一平面上，如图 3-13(c)所示。这就是目前我国大量生产的心式三相变压器铁心结构的实际形式。

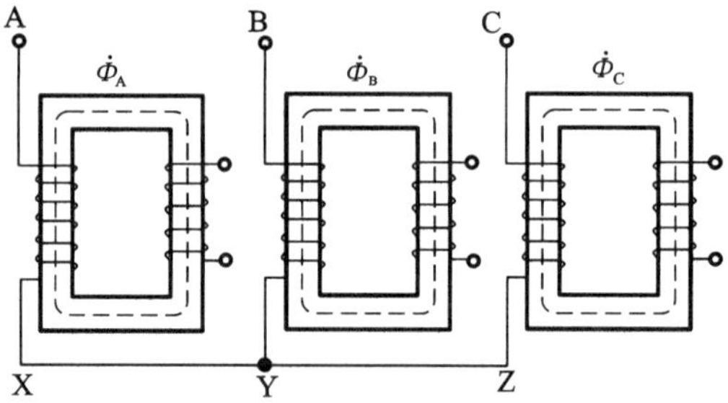

图 3-12　三相变压器组

由图 3-13(c)可见，心式三相变压器的磁路是连在一起的，其特点是各相磁路不是独立的，各相磁通都以另外两相的磁路作为自己的回路。因为中间的 B 相磁路比两边的 A 相和 C 相短，即 B 相磁阻较小，由磁路欧姆定律可知，B 相的磁势就比其他两相的小，而三相绕组匝数一样多，所以 B 相的空载电流 I_{0B} 就比其他两相的小。但由于空载电流 I_0 只占额定电流的百分之几(中小型为 5%左右，大型在 3%以下)，所以空载电流的不对称，对变压器运行的影响很小，可以不考虑。在工程上取三相空载电流的平均值作为空载电流值，即

$$I_0=\frac{I_{0A}+I_{0B}+I_{0C}}{3} \tag{3-16}$$

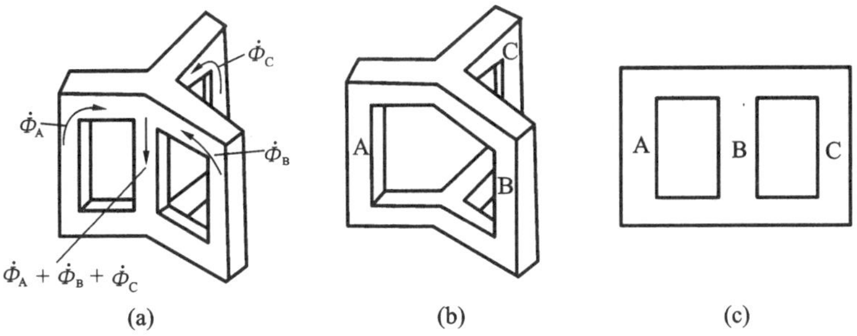

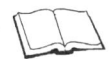

图 3-13　三相心式变压器的磁路

(a)三个铁心靠在一起;(b)省去中间铁心柱;(c)三个铁心柱在同一平面

3）附件

三相油浸式电力变压器如图 3-14 所示,除了主要部件绕组和铁心外,它还有一些附件。

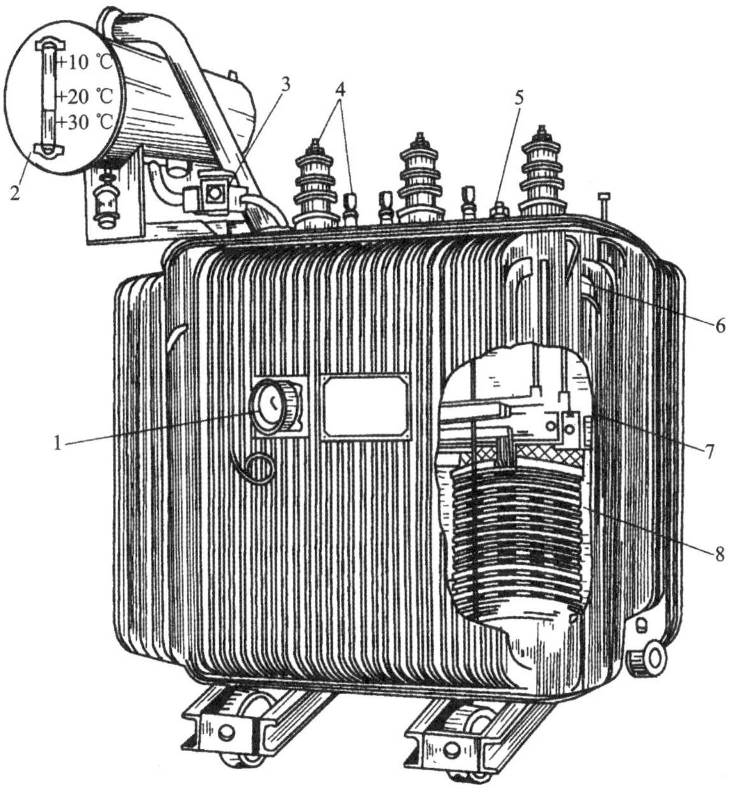

图 3-14　三相油浸式变压器

1—信号温度计;2—储油柜;3—气体继电器;4—高低压套管;

5—分接开关;6—油箱;7—铁心及绕组;8—散热肋片

(1) 油箱及储油柜。

变压器的冷却方式可分为空气自冷式或吹冷式、油浸自冷式、油浸风冷式和强迫油循环式。油浸风冷式带有吹冷风装置;强迫油循环式用油泵强迫油循环,将油抽送到冷却器冷却后再送回油箱。

中小型的电力变压器多采用油浸自冷式,即将器身放入油箱内,通过油的对流作用将绕组及铁心上的热量带给油箱表面,散发到空气中。变压器油是一种从石油中提炼出来的绝缘油,它既是绝缘介质,又是散热的媒介。小容量变压器的油箱做成平面式油箱;中等容量变压器的油箱为了增加散热的表面积,采用管式油箱。

为了使油箱内的油发热时能够自由膨胀,小容量变压器在油箱内留出一定的空间,发热时,空气从油箱内经特殊阀门挤出。此阀门同时也可用来注入变压器油。容量较大的变压器(容量大于 75 kV·A,高压侧电压大于 6 kV)都装有储油柜(或称油枕),以避免油箱中的油和空气直接接触。储油柜装在油箱盖上面,通过油管和油箱相连,油枕内的油面高度随变压器的温度而变化,为了观察油枕内部的油面,在它的一端装有油位表。油枕上部设置呼吸器用于排出内部空气,呼吸器的空气进出口内装有吸潮剂,当油枕油面下降时,空气进入油枕前先被吸去水分。

(2) 绝缘套管。

变压器的绝缘套管装在变压器的油箱盖上,多用瓷质绝缘套管。其作用是把绕组的引线端头从油箱中引出,并使引线与油箱绝缘。

(3) 气体继电器。

气体继电器(又称瓦斯继电器)装在油箱与储油柜的连通导管中,对变压器的短路、过载、漏油等故障起到保护作用。

(4) 安全气道。

安全气道(又称为防爆管)是装在较大容量变压器油箱顶上的一个钢质长筒,下筒口与油箱连通,上筒口以玻璃板封口。当变压器内部发生严重故障又恰逢气体继电器失灵时,油箱内的高压气体便会沿着安全气道上冲,冲破玻璃封口,这样可以避免油箱受力变形或爆炸。

(5) 分接开关。

分接开关装在变压器油箱盖上,通过调节分接开关来改变原绕组的匝数,从而使副绕组的输出电压可以调节,这样可以避免副绕组的输出电压因负载变化而过分偏离额定值。

分接开关有无载分接开关和有载分接开关两种,一般的分接开关有三个挡位,+5%挡、0 挡和-5%挡。若要副绕组的输出电压降低,应将分接开关调至原绕组匝数多的一挡,即+5%挡;若要副绕组的输出电压升高,应将分接开关调至原绕组匝数少的一挡,即-5%挡。

2. 三相变压器的连接方式和连接组别

1) 变压器绕组的标记和极性

变压器绕组的首端常用 A、B、C,a、b、c 标记,而其末端常用 X、Y、Z,x、y、z 标记。大写字母用于高压绕组,小写字母用于低压绕组。当三相绕组接成星形具有中线连接时,高压和低压方面的中点用 O 和 o 表示。

由于单相变压器的原绕组和副绕组是绕在同一个铁心柱上的,它们被同一主磁通 Φ_m 所交链。当主磁通 Φ_m 交变时,在原绕组和副绕组中感应的电势有一定的极性关系,即任一瞬间,一个绕组的某一端点的电位为正时,另一绕组必有一个端点的电位也为正。这两个对应的同极性的端点称为同极性端,也称为同名端,在对应的两个端点旁边加一黑点"·"来表示。同极性端可能在绕组的相同端,也可能在绕组的不同端。

2) 三相绕组的接法

(1) 星形(Y)接法。这种接法和相电压的相量如图 3-15(a)所示。图中以有向线段$\overrightarrow{AX}$表示$\dot{U}_A$ 的正方向,同理,有向线段$\overrightarrow{BY}$、$\overrightarrow{CZ}$分别表示相电压$\dot{U}_B$、$\dot{U}_C$。

(2) 三角形(△)接法。这种接法又可分为两种:一是按 AX－CZ－BY 的顺序连接,如图 3-15(b)所示,另一种按 AX－BY－CZ 的顺序连接,如图 3-15(c)所示。

3) 三相变压器的连接组别

三相变压器的连接组别有 Y/Y_0、Y/△和△/Y_0等连接组合方式。例如△/Y_0的组合形式表示原边的三相接成△形,副边的三相接成 Y 形且引出中线。为了表明原副绕组对应线电压的相位关系,还应标明其连接组别的标号。三相变压器的连接组别标号采用时钟表示法:把原绕组线电压的相量作为钟表上的长针,始终指着"12",而以副绕组线电压的相量作为短针,它所指的数字即表示三相变压器的连接组别。

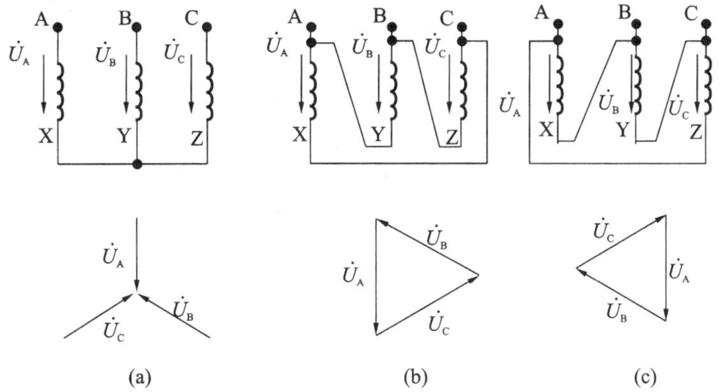

图 3-15　三相绕组连接法

(a)星形接法;(b)三角形接法一;(c)三角形接法二

可以根据三相变压器的接线图,确定其连接组别标号。例如已知三相变压器的接线图如图 3-16 所示,确定其连接组别标号的步骤如下:

① 先作出原边各相的线电压相量$\dot{U}_A$、$\dot{U}_B$、$\dot{U}_C$,它们互差 120°,然后作出原边一个线电压相量$\dot{U}_{AB}=\dot{U}_B-\dot{U}_A$,如图 3-16 所示。

② 由图 3-16 所标明的同名端可知,$\dot{U}_a$、$\dot{U}_b$、$\dot{U}_c$ 分别与$\dot{U}_A$、$\dot{U}_B$、$\dot{U}_C$ 的相位相反,然后作出副绕组对应线电压相量 $\dot{U}_{ab}=\dot{U}_b-\dot{U}_a$,如图 3-16 所示。

③ 将$\dot{U}_{AB}$固定指向时钟的"12"处,发现 $\dot{U}_{ab}$正好与$\dot{U}_{AB}$相反,指向同一时钟的"6"处,则可以确定该三相变压器接线图的连接组别标号为 Y/Y-6。

图 3-17 所示为 Y/△接法的三相变压器,其中原绕组、副绕组同极性端标为首端,副绕组三角形连接次序为 AX－CZ－BY。由于原绕组、副绕组首端为同极性端,它们对应相的相电压同相位,但副绕组线电压$\dot{U}_{ab}$等于相电压$-\dot{U}_b$,因此原绕组线电压$\dot{U}_{AB}$与副绕组线电压$\dot{U}_{ab}$的相位差为 330°＝30°×11。$\dot{U}_{AB}$指向时钟的"12"处,则$\dot{U}_{ab}$指向时钟的"11"处,这种连接组别为Y/△-11。

综上所述可以看出,用改变绕组极性连接方式可以得到不同的连接组。实际上,三相变压器的连接组别有很多,但从原、副边线电压之间相位差的关系来看,只有 12 种。Y/Y 连接可以得到时钟表面上偶数的连接组别,Y/△连接则得到奇数的连接组别。请读者自己分析。

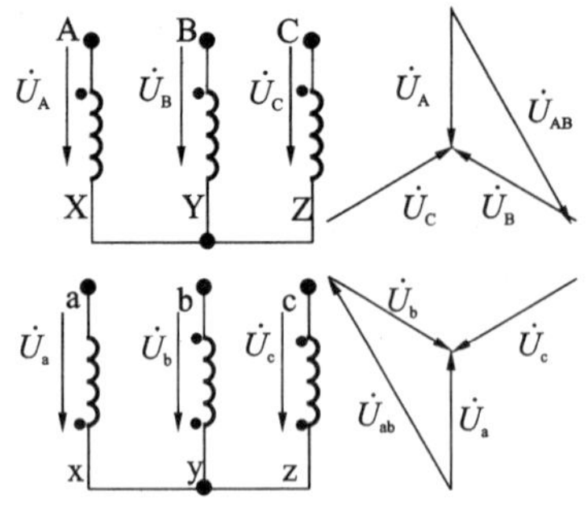

图 3-16　Y/Y-6 连接组

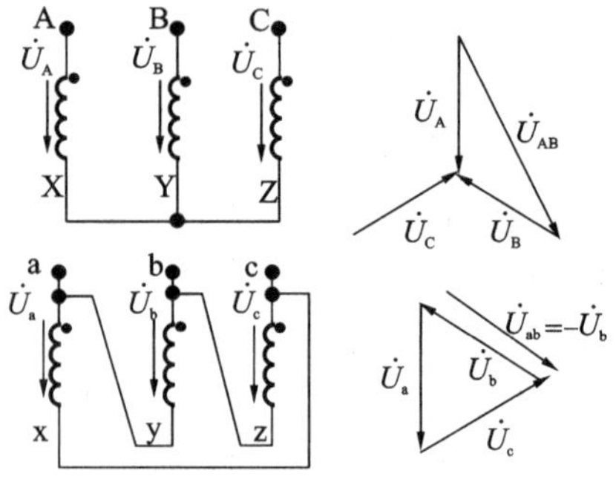

图 3-17　Y/△-11 连接组

目前，在电力变压器中大都采用国际标准所规定的几种连接组别，即 Y/Y0-12、Y0/Y-12、Y/Y-12、Y/△-11、Y0/△-11。使用时注意，三相变压器组不能采用 Y/Y 连接，因为绕组中尖顶波形的相电动势很大，可能会破坏绕组的匝间绝缘；容量大于 1600 kV·A 的三相心式变压器不能采用 Y/Y 连接，因为这可能使大容量变压器的工作温度较高而缩短其使用寿命。

例 2　某三相变压器采用 Y/Y0 连接，额定电压为 6/0.4 kV，向功率为 50 kW 的白炽灯供电，此时负载线电压为 380 V，求原边电流 I_1 和副边电流 I_2。

分析　因为白炽灯为纯电阻元件，所以 $\cos\varphi_2=1$。

解

$$I_2=\frac{P_2}{\sqrt{3}U_2\cos\varphi_2}=\frac{50\times10^3}{\sqrt{3}\times380\times1}\ \text{A}=76\ \text{A}$$

$$I_1=\frac{U_{2N}}{U_{1N}}I_2=\frac{400}{6000}\times76\ \text{A}=5.07\ \text{A}$$

3. 三相变压器的并联运行

在发电厂和变电站，常采用两台以上的变压器并联运行的方式供电。所谓变压器并联运行，就是将变压器的原绕组、副绕组相同标号的出线端联在一起，分别接到公共的电源母线和负载母线上，如图 3-18 所示。其中图(a)所示为两台变压器并联运行时的接线图，图(b)为其简化的表示形式。

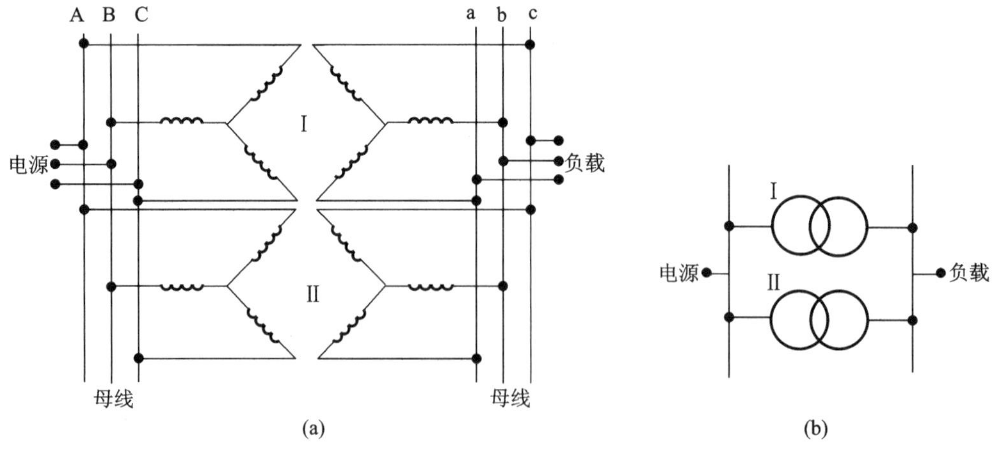

图 3-18　三相变压器的并联运行

(a)两台变压器并联运行时的接线图；(b)并联运行简化图

通常情况下，变压器并联运行的台数是随负载而逐步增加的。实际运行时根据负载的变化投入相应的容量和台数，尽量使运行着的变压器接近满载，提高系统的运行效率和改善系统的功率因数。如果某台变压器发生故障需要检修，可以从电网上切除，其他变压器继续运行，保证电网正常供电。并联运行的台数也不宜过多，否则会增加设备的成本和安装面积。

4. 其他变压器

1）仪用互感器

仪用互感器是专供电工测量和自动保护的装置。使用仪用互感器的目的在于扩大测量表的量程，为高压电路中的控制设备及保护设备提供所需的低电压或小电流，并使它们与高压电路隔离，以保证安全。仪用互感器包括电流互感器和电压互感器两种。

（1）电流互感器。

①构造。电流互感器是用来将大电流变为小电流的特殊变压器，它的副边额定电流一般设计为标准值5 A，以便统一电流表的表头规格。其接线图如图3-19所示。

②电流比。电流互感器的原绕组与副绕组电流的比为其匝数的反比，即

$$\frac{I_1}{I_2}=\frac{N_2}{N_1}=\frac{1}{K_u} \tag{3-17}$$

若安培表与专用的电流互感器配套使用，则安培表的刻度就可按大电流电路中的电流值标出。

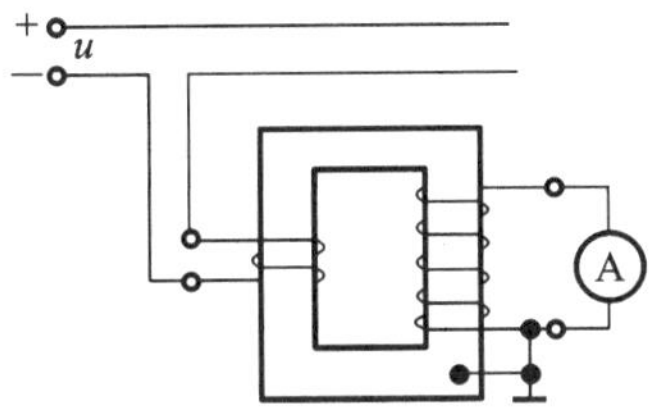

图3-19 电流互感器接线图

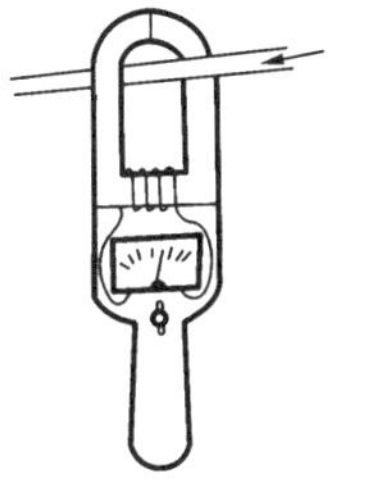

图3-20 钳形电流表

电流互感器和一个安培表组合成一个整体就是钳形电流表，如图3-20所示。电流互感器的铁心由两块组成，可以张开、闭合，像一把钳子一样。绕在铁心上只有一个副绕组，经安培表构成短接回路。测量时，被测电流导线即为原绕组，只有一匝。这样从安培表上可直接读出被测电流的值。电流表一般有几个量程，使用时应注意，被测电流不能超过最大量程。为了减少测量误差，被测导线放入钳口后，钳口处两铁心应对齐并吻合，另外应避免外界磁场对钳形电流表铁心的影响。

电气设备运行时要检查某一相的电流，若使用钳形电流表，可免去停机接入一般电流表测电流的麻烦，很方便地测出电流。

（2）电压互感器。

① 构造。电压互感器的副边额定电压一般设计为标准值100 V，以便统一电压表的表头规格。其接线图如图3-21所示。

② 电压比。电压互感器原绕组与副绕组电压的比是其匝数比，即

$$\frac{U_1}{U_2}=\frac{N_1}{N_2}=K_u \tag{3-18}$$

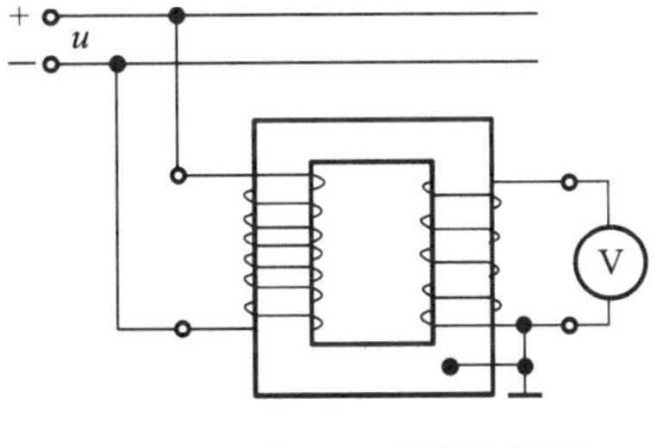

图3-21 电压互感器接线图

若电压互感器和电压表固定配合使用,则从电压表上可直接读出高压线路的电压值。

③ 使用注意事项。电压互感器副边不允许短路,因为短路电流很大,会烧坏线圈,为此,应在高压边将熔断器作为短路保护。

电压互感器的铁心、金属外壳及副边的一端都必须接地;否则万一高压绕组与低压绕组间的绝缘被破坏,低压绕组和测量仪表对地将出现高电压。这是非常危险的。

④ 电压互感器的作用与用途。电压互感器的作用是:把高电压按比例关系变换成 100 V 或更低的标准二次电压,供保护、计量、仪表装置使用。同时,使用电压互感器可以将高电压与电气工作人员隔离。电压互感器虽然也是按照电磁感应原理工作的设备,但它的电磁结构关系与电流互感器的正好相反。电压互感器二次回路是高阻抗回路,二次电流的大小由回路的阻抗决定。当二次负载阻抗减小时,二次电流增大,使得一次电流自动增大一个分量来满足一、二次侧之间的电磁平衡关系。可以说,电压互感器是一个被限定结构和使用形式的特殊变压器。

电压互感器是发电厂、变电站等输电和供电系统不可缺少的一种电器。精密电压互感器是电测实验室中用来扩大量限,测量电压、功率和电能的一种仪器。电压互感器和变压器很相像,都是用来变换线路上的电压的。但是变压器变换电压的目的是输送电能,因此容量很大,一般都是以千伏安或兆伏安为单位;而电压互感器变换电压的目的,主要是给测量仪表和继电保护装置供电,用来测量线路的电压、功率和电能,或者用来在线路发生故障时保护线路中的贵重设备、电机和变压器,因此电压互感器的容量很小,一般都只有几伏安、几十伏安,最大也不超过一千伏安。

线路上为什么需要变换电压呢?这是因为发电、输电和用电的情况不同,线路上的电压大小不一,而且相差悬殊,有的是低压 220 V 和 380 V,有的是高压几万伏甚至几十万伏。要直接测量这些低电压和高电压,就需要根据线路电压的大小,制作相应的低压和高压的电压表和其他仪表和继电器。这样不仅会给仪表制作带来很大的困难,而且更主要的是,直接制作高压仪表,直接在高压线路上测量电压是绝对不允许的。

如果在线路上接入电压互感器变换电压,那么就可以把线路上的低电压和高电压,按相应的比例,统一变换为一种或几种低电压,只需用一种或几种电压规格的仪表和继电器。例如,通用的电压为 100 V 的仪表,就可以通过电压互感器,测量和监视线路上的电压。

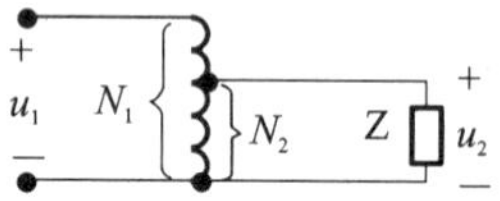

图 3-22 自耦变压器的构造

2) 自耦变压器

(1) 结构特点。自耦变压器的构造如图 3-22 所示。在闭合的铁心上只有一个绕组,它既是原绕组又是副绕组。低压绕组是高压绕组的一部分。

(2) 自耦变压器的电压比、电流比分别为

$$\frac{U_1}{U_2}=\frac{N_1}{N_2}=K \tag{3-19}$$

$$\frac{I_1}{I_2}=\frac{N_2}{N_1}=\frac{1}{K} \tag{3-20}$$

(3) 用途。自耦变压器主要用来调节电炉炉温、调节照明亮度、起动交流电动机等,也用于实验和小仪器中。

(4) 使用时的注意事项如下:

① 在接通电源前,应将滑动触头旋到零位,以免突然出现过高电压;

② 接通电源后应慢慢地转动调压手柄,将电压调到所需要的值;

③ 输入边、输出边不得接错，电源不准接在滑动触头侧，否则会引起短路事故。

3）交流弧焊机

交流弧焊机实际上是一种特殊的降压变压器。其用途特殊，在性能方面与普通变压器有很大的差别。

电弧焊是靠焊条与焊件之间电弧产生的热量将金属熔化而使两焊件焊接在一起的。焊接时的电弧电压为60～80 V；起弧后为维持电弧，电压降至30 V左右；焊接过程中，当焊条与焊件之间的距离发生变化时，焊弧电流应基本保持不变，这样可以保证电弧的稳定，确保焊接质量；当使用不同的焊条或焊接不同的焊件时，应有不同的焊接电流。为此，对电焊变压器有以下几个要求：

① 具有60～80 V的空载电压，以保证容易起弧。

② 具有陡降外特性，即副边直接短路时（引弧时），副绕组中电流不应太大，有负载时（起弧后）电压应急剧直降。

③ 副边电流应能调节，以适应不同焊条和不同焊件对焊接电流的要求。

为了满足上述要求，电焊变压器副边应有较大的电抗，而且电抗值可以人为调节。一般靠增加变压器本身的漏磁以获得较大的漏抗，或在普通变压器的副边串一个可变电抗器。交流弧焊机的原理如图3-23所示。当所串电抗足够大时，既可获得陡降的外特性，又可对焊接电流起稳定作用。例如在起弧时，焊条与焊件相碰，副边处于直接短路状态。由于副边串入了大电抗，所以副边电流不至于急剧增大，起弧后焊接电流在电抗器上产生较大的压降，使得电弧上的电压急剧下降。当焊条与焊件之间的距离发生变化时，电弧电阻也会变化，由于回路中电抗比电弧电阻大得多，因此焊接电流基本稳定。

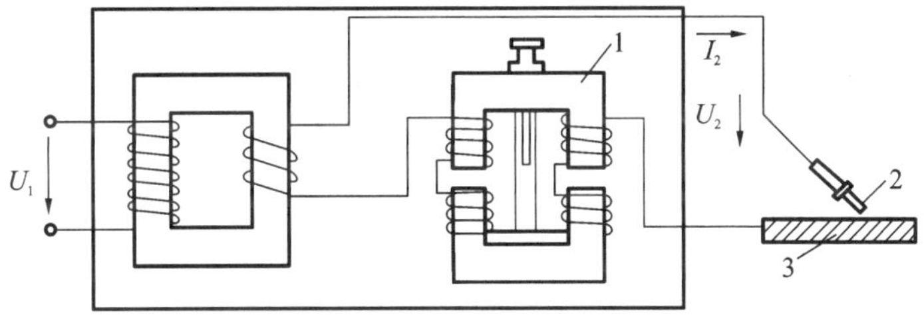

图3-23　交流弧焊机的原理图

1—电抗器；2—焊把；3—焊件

如需调节焊接电流，可通过调节电抗器铁心之间的气隙来实现。气隙调小，电抗增大，则电流减小；气隙调大，电抗减小，则电流增大。

【任务实施】

1. 任务

三相变压器变比测试的接线及变比测试。

按图3-24接线。选用MEC12型三相心式变压器，其额定容量$P_N=152$ V·A，$U_N=220/110$ V，$I_N=0.4/0.8$ A，Y/Y接法，低压线圈a、b、c端接电源，x、y、z端短接，高压线圈X、Y、Z端短接，A、B、C端开路；选用MEC23型交流电压表V1、V2。

（1）检查按图3-24的接线是否正确，变压器的接法是否正确。确认MEC01型电源总开关处于断开状态，将控制屏左侧的三相调压器逆时针方向旋转到底。

（2）开启控制屏上的电源总开关，按下“起动”按钮，顺时针调节控制屏左侧的三相调压器，缓慢升高三相交流输出电压使$U_1=U_N=110$ V。

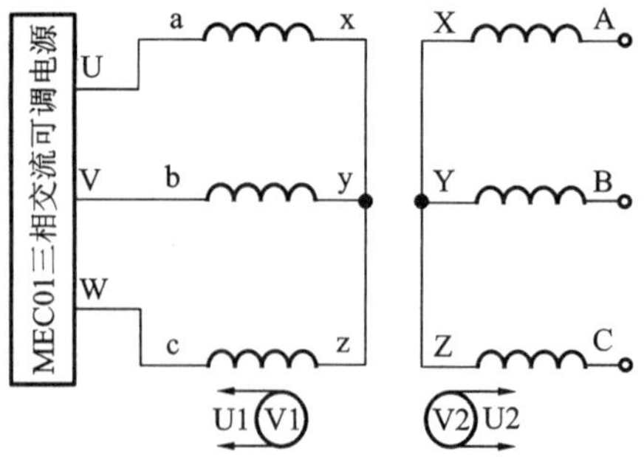

图 3-24　三相变压器变比测试接线图

(3) 测取三相变压器高压线圈的线电压 U_{AB}、U_{BC}、U_{CA} 及低压线圈的线电压 U_{ab}、U_{bc}、U_{ca}，记录于表 3-4 中。

表 3-4　测量数据和计算值

高压绕组线电压/V		低压绕组线电压/V		变比 K	平均变比
U_{AB}		U_{ab}		$K_{AB}=U_{AB}/U_{ab}=$	$K=\frac{K_{AB}+K_{BC}+K_{CA}}{3}=$
U_{BC}		U_{bc}		$K_{BC}=U_{BC}/U_{bc}=$	
U_{CA}		U_{ca}		$K_{CA}=U_{CA}/U_{ca}=$	

(4) 数据测取完后，将控制屏左侧的三相调压器逆时针方向旋转到底，按下"停止"按钮。

2. 三相变压器空载试验的接线及测取空载试验数据

按图 3-25 接线。图中三相变压器选用 MEC12，Y 接法，即三相变压器的低压线圈 a、b、c 端接电源，x、y、z 端短接(Y 接法)，高压线圈 X、Y、Z 端短接，A、B、C 端开路；选用 MEC23 型交流电压表 V1、V2、V3；选用 MEC22 型交流电流表 A1、A2、A3；选用 MEC24 型三相功率表，功率因数 W1、W2。

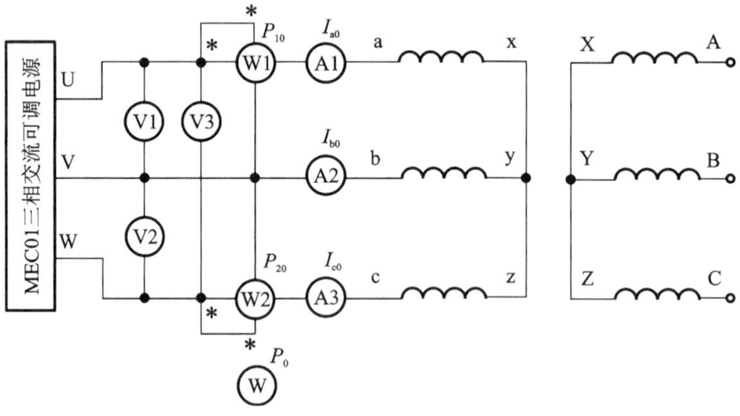

图 3-25　三相变压器空载试验接线图

(1) 检查按图 3-25 的接线是否正确，交流电压表、电流表、三相功率表及变压器的接法是否正确。确认控制屏左侧的三相调压器已逆时针方向旋转到底。

(2) 按下"起动"按钮，顺时针调节控制屏左侧的三相调压器，逐渐升高三相交流输出电压

(用 V1、V2、V3 任意一只表观察),使三相交流输出电压 $U_{OL}=1.2U_N$。

(3) 从 $U_{OL}=1.2U_N$ 开始,逆时针调节控制屏左侧的三相调压器,逐次降低三相交流输出电压 U_{OL},直至 $U_{OL}=0.2U_N$,在 $(1.2\sim0.2)U_N$ 的范围内,测取三相变压器的空载线电压 U_{0L}、空载线电流 I_{0L}、空载功率 P_0,共测取数据 7～9 组,并记录于表 3-5 中。其中 $U_{OL}=U_N$ 点必须测,并在该点附近多测几点。

表 3-5　测量数据和计算数据

序号	测量数据							计算数据		
	U/V			I/A			P_0/W	U_{0L}/V	I_{0L}/A	$\cos\varphi_0$
	U_{ab}	U_{bc}	U_{ca}	I_{a0}	I_{b0}	I_{c0}				

注:$U_{0L}=(U_{ab}+U_{bc}+U_{ca})/3$,$I_{0L}=(I_{a0}+I_{b0}+I_{c0})/3$,$\cos\varphi_0=P_0/1.7321\cdot U_{0L}\cdot I_{0L}$。

(4) 试验结束后,将控制屏左侧的三相调压器逆时针方向旋转到底,按下"停止"按钮。

【任务检查与评价】

1. 考核任务

三相变压器的空载及负载工作特性。

(1) 按原理图所示配齐所有元器件并进行检验。

① 元器件的技术数据(型号、规格、额定电压、额定电流等)应完整并符合要求,外观无损伤。

② 检测可调电阻器的实际阻值范围是否符合实验标准。

③ 检测电流表、电压表量程是否正确,能否正常工作,是否需要调零。

(2) 按试验步骤进行电路的连接,调节电路完成各参数值的测量并填表,对结果进行分析。

2. 考核要求及评分标准

任务检查与评分标准如表 3-6 所示。

表 3-6　任务检查与评分标准

主要内容	评分标准	配分
小组代表汇报讲解	(1) 讲解全面; (2) 条理清晰	20
测试电路的连接	(1) 看懂电路图,正确连接电源电路; (2) 正确连接变压器	30
性能参数的测试与计算	(1) 正确使用电压表、电流表等; (2) 能正确计算参数值	30
安全文明生产、团队合作精神	(1) 小组分工良好; (2) 生产过程安全文明	20
备注	各项扣分最高不超过该项配分	

【拓展知识】

1. 三相变压器的维护

(1) 检查套管和磁裙的清洁程度并及时清理,保持磁套管及绝缘子的清洁。

(2) 冷却装置运行时应进行检查,冷却器进、出油管的蝶阀应在开启位置;散热器应进风通畅,入口干净无杂物;潜油泵应转向正确,运行中无异常声音及明显振动;风扇应运转正常;冷却器控制箱内分路电源自动开关应闭合良好,无振动及异常声音;冷却器应无渗漏油现象。

(3) 保证电气连接的紧固可靠。

(4) 定期检查分接开关,并检查触头是否紧固,是否有灼伤、疤痕,转动是否灵活及接触定位是否准确。

(5) 每三年应检测一次变压器的线圈、套管以及避雷器。

(6) 每年都要检查避雷器接地的可靠性。避雷器接地必须可靠,而引线应尽可能短。旱季应检测接地电阻,其值不应超过 5 Ω。

(7) 应定期更换呼吸器的干燥剂和油浴用油。

(8) 应定期试验消防设施。

2. 变压器的故障分析及处理

(1) 绝缘程度降低。变压器在运行中,往往会出现绝缘程度降低的现象,其最基本的特征是绝缘电阻下降,造成运行泄漏电流增加,发热严重,温升增高,从而进一步促进绝缘层老化。若延续下去,后果非常严重。绝缘程度下降的原因:一是绝缘层受潮;二是绝缘层老化(一些年久失修的老变压器,最容易出现这类故障);三是油质劣化,绝缘性变差。

(2) 温升过高。温升过高最明显的特征是电流表指针超过了预定界限。温升过高的原因有:① 电流过大,负载过重,超过变压器容量允许限度;② 通风不良;③ 变压器内部的损坏。

(3) 变压器内部的损坏包括线圈损坏、短路、油质不良等,应当针对损坏情况进行修理。

(4) 声响异常。

① 变压器运行正常时发出连续匀称的"嗡嗡"声。

② 变压器发出"吱吱"声时,应检查套管。

③ 变压器有"哔剥"声,说明有击穿现象,可能发生在线圈间或铁心与夹件间。

(5) 气体继电器动作。

① 油位降低,属二次回路的故障,由外部检查可确定。

② 滤油,原因是加油或冷却系统不严密,使空气进入变压器。

(6) 变压器自动装置跳闸。此时应检查外部有无短路、过载和二次线路等故障。若故障原因不在外部,则需要检查绝缘电阻。若失火,则需要拉闸放油,使油面低于着火处,并进行灭火。

【思考与练习】

1. 如何用双瓦特计法测三相功率？空载和短路试验应如何合理布置仪表？
2. 三相心式变压器的三相空载电流是否对称？为什么？
3. 如何测定三相变压器的铁耗和铜耗？
4. 变压器空载和短路试验应注意哪些问题？电源应加在哪一方较合适？

项目4　交流异步电动机的结构与运行

交流异步电动机是一种将电能转化为机械能的电力拖动装置。它主要由定子、转子和定转子之间的气隙组成。定子绕组通三相交流电源后，产生旋转磁场并切割转子，获得转矩。

三相异步电动机具有结构简单、运行可靠、价格低廉、过载能力强，以及使用、安装、维护方便等优点，被广泛应用于各个领域。

【项目教学目标】

知识目标	技能目标
了解三相异步电动机的结构及用途； 掌握三相异步电动机的工作原理； 掌握三相异步电动机的机械特性； 掌握三相异步电动机的运行特性； 掌握三相异步电动机的起动、制动、调速方法。	能正确识别三相异步电动机的铭牌，并能正确接线； 能理解三相异步电动机起动、制动与调速的原理及种类，正确识读三相异步电动机起动控制、制动控制、调速电路，能绘制相应的电气原理图； 能对三相异步电动机直接起动控制线路进行接线和调试； 会排除简单的电气故障，根据三相异步电动机的工作异常现象进行简单修理。

任务4.1　三相异步电动机的结构与运行

【任务目标】

- 了解三相异步电动机的特点、结构及用途；
- 正确识别三相异步电动机的铭牌；
- 掌握三相异步电动机的工作原理；
- 能识读并分析三相异步电动机的机械特性曲线；
- 能进行接线图的识读和绘制；
- 能使用万用表对元器件进行检测；
- 能使用万用表对电路进行通电前的检查；
- 能正确安装并调试电路。

【任务描述】

试令三相异步电动机空载运行，并绘制其空载特性曲线。

【相关知识】

1. 三相异步电动机的用途与铭牌

三相异步电动机又称三相感应电动机，它具有结构简单、坚固耐用、运行可靠、价格低廉、维护方便等优点，被广泛用来驱动各种金属切削机床、起重机、锻压机、传送带、铸造机械、功率不大的通风机及水泵等。

三相异步电动机的铭牌标明了该电动机的一些主要技术参数，包括电动机的型号、额定功率、额定电压、额定电流、转速、接线方法、防护等级数据，如图 4-1 所示。

(1) 型号。为了适应不同用途和不同工作环境的需要，电动机制成不同的系列，每种系列用各种型号表示，如图 4-2 所示。

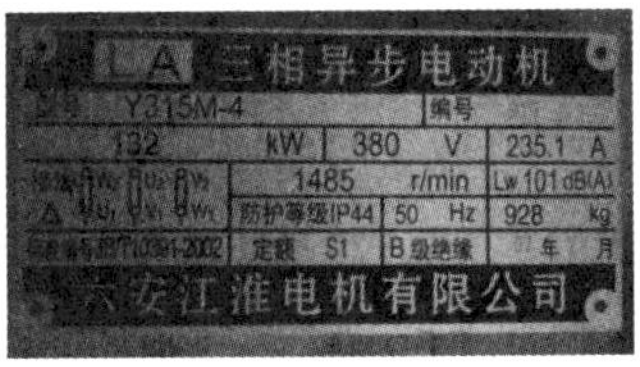

图 4-1　三相异步电动机的铭牌

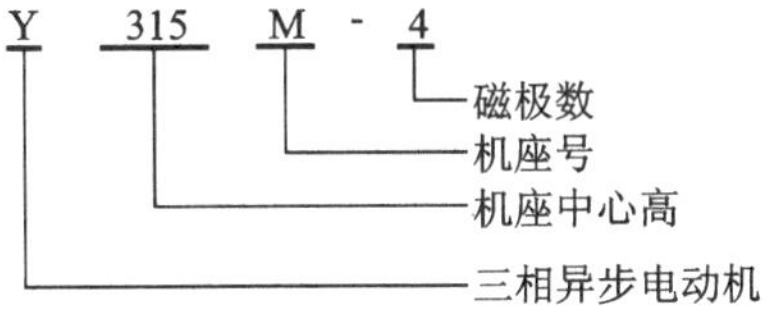

图 4-2　三相异步电动机的型号

(2) 额定功率。铭牌上所标的功率值是指电动机在额定运行时轴上输出的机械功率值，单位为 kW。

(3) 额定电压。铭牌上所标的电压值是指电动机在额定运行时定子绕组上应加的线电压，单位为 V。

(4) 额定电流。铭牌上所标的电流值是指电动机在额定运行时定子绕组的线电流，单位为 A。

(5) 额定转速。铭牌上所标的额定转速是指电动机在额定电压、额定频率下，输出端有额定功率输出时转子的转速，单位为 r/min。

(6) 额定频率。铭牌上所标的额定频率是指电动机所接交流电源的频率。我国电力系统频率规定为 50 Hz。

(7) 接线方法。定子三相绕组的接法，分为星形(Y)和三角形(△)接法。

2. 三相异步电动机的结构与原理

1) 三相异步电动机的结构

三相异步电动机由定子、转子和气隙组成，其结构如图 4-3 所示。

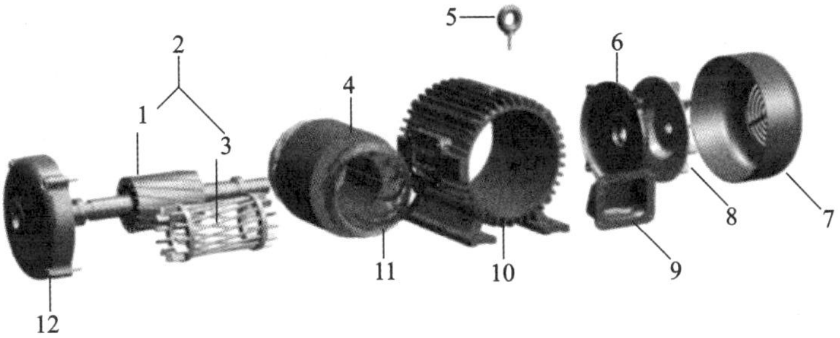

图 4-3　三相异步电动机的结构

1—转子铁心；2—转子部分；3—转子绕组；4—定子铁心；5—吊环；6—后端盖；7—风罩；8—风扇；9—出线盒；10—机座；11—定子绕组；12—前端盖

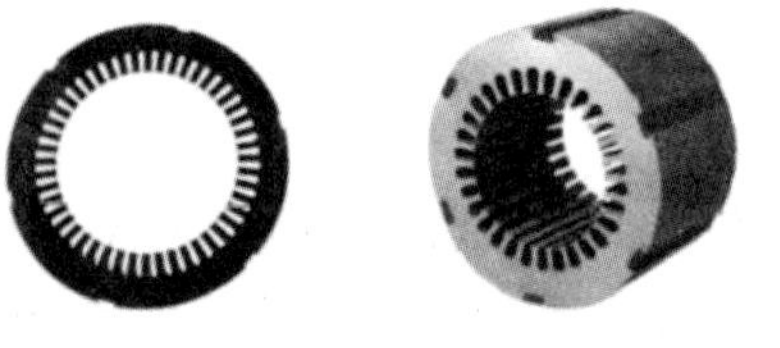

图 4-4 定子铁心冲片

(1) 定子。

定子主要由定子铁心、定子绕组、机座、端盖等组成。

① 定子铁心。定子铁心是磁路的组成部分,用来嵌放定子绕组,一般用 0.5 mm 的硅钢片叠成。定子铁心冲片如图 4-4 所示。

② 定子绕组。定子绕组是定子的电路部分,由绝缘铜(或铝)线绕成,其作用是感应电动势、流过电流,实现机电能量转换。定子绕组分成三组,分布在定子铁心槽内。定子绕组有六个出线端子。根据实际使用需要,可以通过接线盒上的六个端头接成星形或三角形。其接线方法如图 4-5 所示。

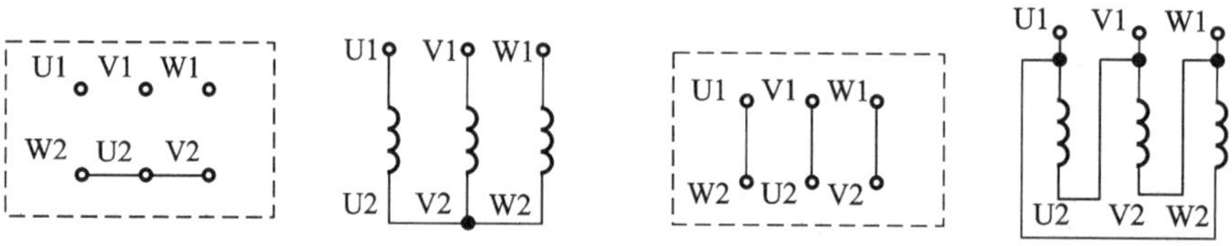

图 4-5 定子三相绕组的接线方法

(a)Y 接法;(b)△接法

③ 机座。机座(见图 4-6)用来支承整个电动机。中小型异步电动机采用铸铁机座,大型异步电动机一般采用钢板焊接机座。

(2) 转子。

转子主要由转子铁心、转子绕组、转轴、风扇等组成。

① 转子铁心。转子铁心是主磁路的组成部分,由 0.5 mm 的硅钢片叠成,用来放置绕线式转子绕组或浇注转子绕组。

② 转子绕组。转子绕组的作用是感应电动势、流过电流和产生电磁转矩。转子绕组有鼠笼式和绕线式两种。

鼠笼式转子绕组。鼠笼式转子的铁心上均匀分布着许多槽,槽中插有裸铜导条,在转子铁心两端用端环焊接。如果去掉铁心,整个绕组形似鼠笼,故称鼠笼式绕组。鼠笼式转子绕组分为直条形式和斜条形式,如图 4-7 所示。

图 4-6 机座

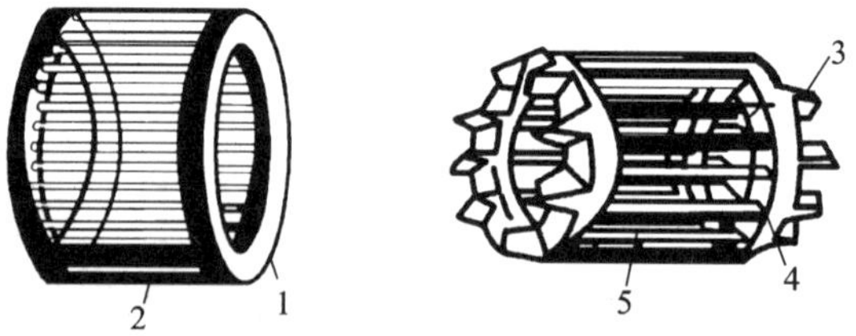

图 4-7 鼠笼式转子绕组的形式

(a)直条形式;(b)斜条形式

1、4—端环;2—铜导条;3—风叶;5—铝导条

绕线式转子绕组。与定子绕组相似的三相对称绕组一般接成星形。三个出线端分别接到三个滑环上,再通过电刷引出,如图 4-8 所示。

③ 转轴。转轴由低碳钢或合金钢制成,其作用是支承转子铁心,传递机械功率。

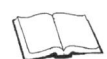

（3）气隙。

气隙指的是异步电动机定子、转子之间的间隙。

定子和转子之间气隙的大小，对电动机性能影响很大。气隙过大则磁阻增大，励磁电流增大，使电动机的功率因数降低。但是气隙不能过小，过小会给装配造成困难，运行时定子与转子会发生摩擦或碰撞，使电动机工作不可靠。

2）三相异步电动机的工作原理

（1）旋转磁场。

以两极三相异步电动机为例，定子三相绕组布置如图 4-9 所示。

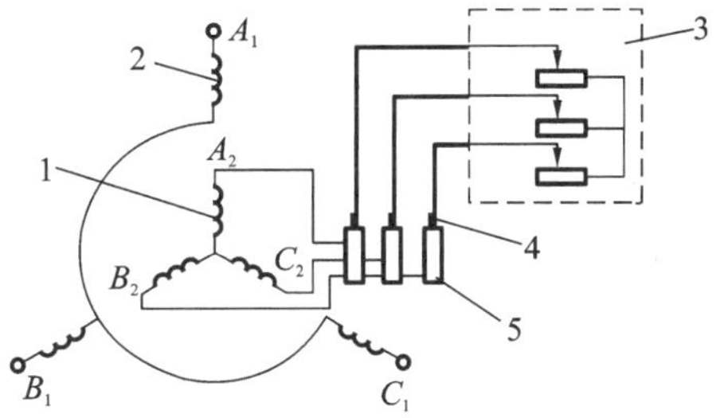

图 4-8　绕线式转子绕组

1—转子绕组；2—定子绕组；3—附加电阻；4—电刷；5—滑环

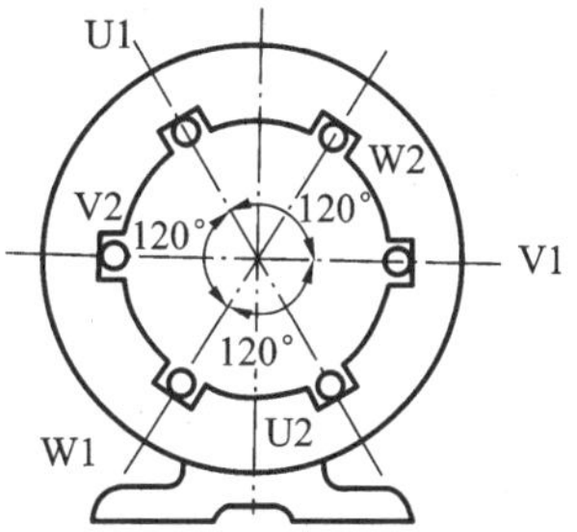

图 4-9　两极三相异步电动机定子三相绕组布置图

定子三相对称绕组通入三相对称电流会产生一个旋转的磁场。其电流随时间变化的规律如图 4-10 所示。

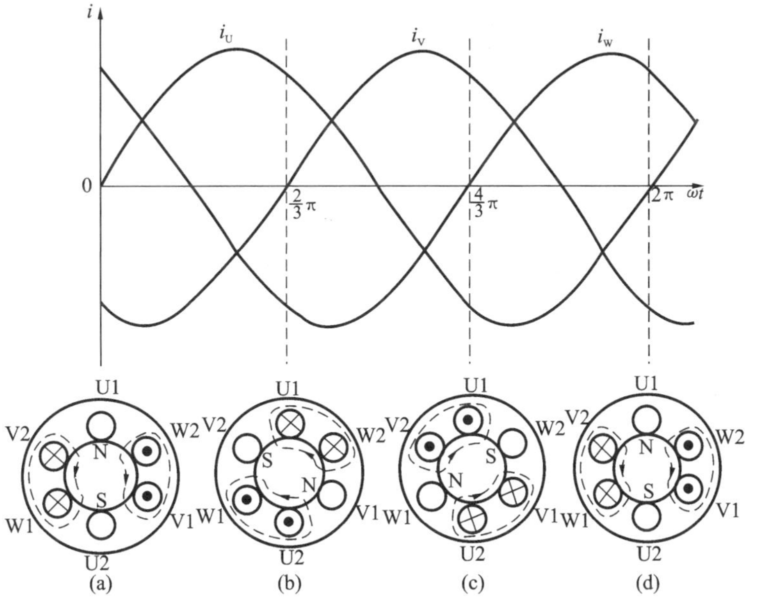

图 4-10　三相交流电产生旋转磁场示意图

(a)$\omega t=0$；(b)$\omega t=\frac{2\pi}{3}$；(c)$\omega t=\frac{4\pi}{3}$；(d)$\omega t=2\pi$

在 $\omega t=0$ 时，$i_U=0$，i_V 为负，即电流从 V2 端流入，从 V1 端流出；i_W 为正，即电流从 W1 端流入，从 W2 端流出。根据右手螺旋定则可以判定，此时定子电流产生的合成磁场，如图 4-10(a)所示，即相当于一个 N 极在上、S 极在下的两极磁场。

用同样的方法分析可得,在 $\omega t=2\pi/3$、$\omega t=4\pi/3$、$\omega t=2\pi$ 时,定子电流产生的合成磁场分别如图 4-10(b)、(c)、(d)所示。

由此可知,三相对称绕组中通入三相对称电流会产生圆形的旋转磁场。

两极三相异步电动机的电流变化一周,旋转磁场也刚好转过一周。旋转磁场的转速称为同步转速,大小为

$$n_1=\frac{60f_1}{p} \tag{4-1}$$

式中:n_1——同步转速,单位为 r/min;

f_1——电网频率,单位为 Hz;

p——极对数。

(2) 三相异步电动机的转动原理

三相异步电动机的转动原理如图 4-11 所示。根据电磁感应定律可知,转子导体切割旋转磁场,必然产生感应电动势(其方向可用右手定则判定)。因为导体两端是短路的,因此有电流通过。该载流导体受到磁场作用而产生电磁力(其方向可用左手定则判定),转子因产生了与旋转磁场方向相同的电磁转矩而转动起来。

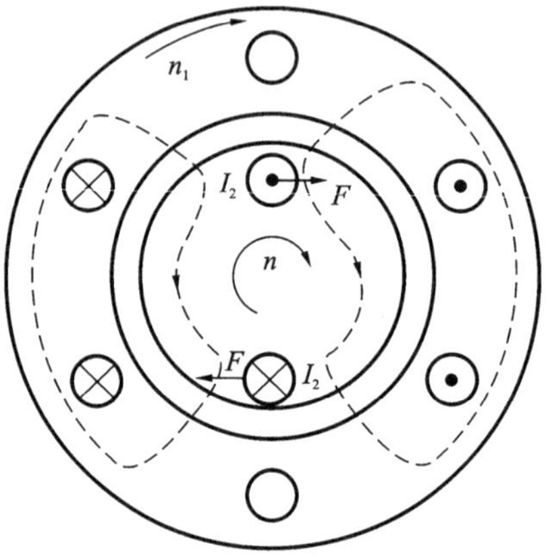

图 4-11 三相异步电动机的转动原理

(3) 转差率。

转子的转速 n 始终小于同步转速 n_1。只有这样,转子绕组与旋转磁场之间才会有相对运动从而切割磁力线,产生电磁转矩。

同步转速 n_1 与转子转速 n 之差,称为转差。转差与同步转速之比称为转差率,即

$$s=\frac{n_1-n}{n_1} \tag{4-2}$$

转差率 s 是三相异步电动机的一个基本物理量,它能反映异步电动机的各种运行状况。

电动机起动瞬间,$n=0$,$s=1$。空载运行时,$n\approx n_1$,$s\approx 0$,可以近似认为转子转速等于同步转速。电动机额定运行时,额定转差率 s_N 在 0.01~0.07 之间。

3. 三相异步电动机的机械特性与运行原理

三相异步电动机的定子和转子通过电磁感应联系起来。三相异步电动机的电磁转矩的大小决定了其拖动负载的能力。

1) 三相异步电动机的空载运行

三相异步电动机定子绕组接到对称三相电源上,电动机转子正常旋转且转轴上不带机械

负载时的运行状态称为空载运行状态。

空载运行时，由于电动机轴上没有带机械负载，转子转速 $n\approx n_1$，转子与定子磁场几乎无相对运动。因此，转子感应电动势 $E_2\approx0$，转子电流 $I_2\approx0$。此时气隙磁场只由定子空载磁动势产生，定子空载电流 I_0 近似等于励磁电流。励磁电流的主要作用是建立主磁场，同时也提供空载损耗，包含铁耗、定子铜耗、机械损耗等。

旋转磁场产生的每极磁通 Φ_m 在定子绕组中产生的感应电动势 $\dot{E}_1$ 为

$$\dot{E}_1=-j4.44f_1N_1K_1\Phi_m \tag{4-3}$$

式中：f_1——电网频率；

N_1——定子绕组每相绕组的串联匝数；

K_1——小于1的绕组系数；

Φ_m——每极磁通即旋转磁场产生的主磁通。

定子电流产生的磁通有两种：主磁通 Φ_m 和漏磁通 $\Phi_{\sigma1}$。除主磁通 Φ_m 在定子绕组中产生的感应电动势 $\dot{E}_1$ 外，定子漏磁通 $\Phi_{\sigma1}$ 在每相绕组中也产生感应漏感电动势 $\dot{E}_{\sigma1}$。若定子绕组的每相电阻为 R_1，可以列出电动机空载时每相的定子电压平衡方程式，即

$$\dot{U}_1=-\dot{E}_1+\dot{I}_0(R_1+jX_{\sigma1})=-\dot{E}_1+\dot{I}_0Z_1 \tag{4-4}$$

式中：$\dot{U}_1$——外加电压；

$X_{\sigma1}$——定子绕组每相漏电抗；

Z_1——定子绕组每相漏阻抗。

由于 $\dot{I}_0Z_1\ll\dot{E}_1$，所以

$$\dot{U}_1\approx-\dot{E}_1 \tag{4-5}$$

即当频率 f_1 一定时，电动机的每极磁通 Φ_m 仅与外加电压 U_1 成正比。由此可见，在三相异步电动机中，若外加电压一定，每极磁通 Φ_m 大体上也为一定值。

三相异步电动机的空载运行有如下特点：

① 空载转速接近同步转速，转差率 s 接近于零，电流很小；

② 空载电流（励磁电流）大小为额定电流大小的20%～50%，基本是无功电流，主要作用是建立主磁场；

③ 空载损耗主要包含铁耗、定子铜耗、机械损耗等；

④ 因为驱动作用的电磁转矩与制动作用的空载阻转矩相平衡，空载转矩较小；

⑤ 功率因数很低。

2）三相异步电动机的负载运行

当三相异步电动机轴上带有机械负载时，电动机处于负载运行状态。在负载运行状态下，电动机除了要克服机械摩擦、风阻的阻转矩以外，还要克服外加负载在电动机轴上所产生的阻转矩。此时，电动机的转子转速 n 要下降，以同步转速 n_1 旋转的旋转磁场与转子绕组之间的相对转速增大，于是转子绕组中的感应电动势和感应电流都增大了。受其影响，电动机定子电流 I_1 也要增大，电动机的电磁转矩随之增大，直到电磁转矩等于负载转矩，转子在较低转速下稳定运行。

（1）转子各物理量与转差率的关系。

电动机负载运行时，转子转速 $n<n_1$。旋转磁场以相对转速 $n_2=n_1-n$ 切割转子绕组，产生电动势 E_{2s}，E_{2s}的大小、频率，转子电流 I_2，转子的功率因数 $\cos\varphi_2$，转子电抗 X_{2s}都将随着转

差率 s 的变化而变化。转子各物理量与 s 的关系如图 4-12 所示。

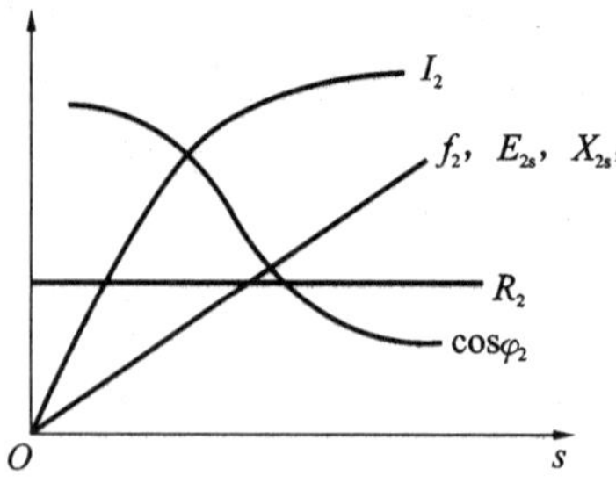

图 4-12 转子各物理量与转差率的关系

(2) 负载运行时的基本方程式。

三相异步电动机负载运行时,气隙合成旋转磁场的主磁通,是由定子磁通势 $\boldsymbol{F}_1$ 和转子磁通势 $\boldsymbol{F}_2$ 共同产生的。定子磁通势 $\boldsymbol{F}_1$ 和转子磁通势 $\boldsymbol{F}_2$ 的转速是相同的,两者之间无相对运动。磁通势平衡方程为

$$\boldsymbol{F}_1+\boldsymbol{F}_2=\boldsymbol{F}_0 \tag{4-6}$$

式中:$\boldsymbol{F}_0$——定子绕组的空载磁通势。

定子电路的电动势平衡方程为

$$\dot{U}_1=-\dot{E}_1+\dot{I}_1(R_1+\mathrm{j}X_{\sigma1})=-\dot{E}_1+\dot{I}_1Z_1 \tag{4-7}$$

由于转子电流是闭合的,所以对外输出电压 $U_2=0$。转子电路的电动势平衡方程为

$$\dot{E}_{2s}=\dot{I}_{2s}(R_2+\mathrm{j}X_{2s})=\dot{I}_{2s}Z_{2s} \tag{4-8}$$

式中:Z_{2s}——转子绕组在转差率为 s 时的漏阻抗。

3) 三相异步电动机的工作特性

三相异步电动机的工作特性指的是:电动机定子的电压、频率为额定值时,电动机的转速 n、定子电流 I_1、功率因数 $\cos\varphi_1$、电磁转矩 T、效率 η 与输出功率 P_2 的关系。工作特性指标在国家标准中都有具体规定,设计和制造都必须满足这些性能指标。图 4-13 所示为三相异步电动机的工作特性曲线。

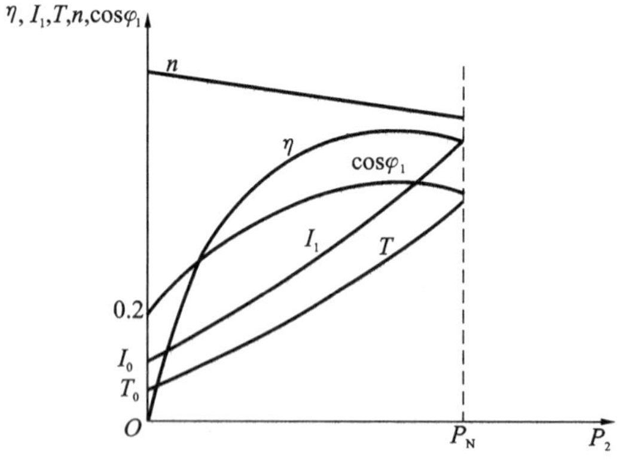

图 4-13 三相异步电动机的工作特性曲线

(1) 转速特性 $n=f(P_2)$。

电动机空载时,电动机的转速 n 近似等于同步转速 n_1。随着 P_2 的增大,电动机转速 n 略有下降。但是由于电动机转速变化范围很小,所以,转速特性曲线是一条稍微向下倾斜的曲线。

(2) 定子电流特性 $I_1=f(P_2)$。

电动机空载时，$P_2=0$，定子电流近似等于励磁电流 I_0。随着负载的增大，转速下降，转子电流增大，定子电流也增大。当 $P_2>P_N$ 时，由于此时转子功率因数 $\cos\varphi_2$ 降低，I_1 的增长更快些，所以 $I_1=f(P_2)$将向上弯曲。

(3) 功率因数特性 $\cos\varphi_1=f(P_2)$。

电动机空载时，定子电流近似等于励磁电流 I_0，功率因数很低，$\cos\varphi_1<0.2$。随着负载的增大，转子电流、定子电流的有功分量都增加，功率因数提高。当 $P_2>P_N$ 时，由于转速降低较多，转差率 s 增大，使得转子电流与电动势之间的相位角 φ_2 增大，转子功率因数 $\cos\varphi_2$ 降低引起定子电流的无功电流分量也增大，因此 $\cos\varphi_1$ 趋于下降。

(4) 转矩特性 $T=f(P_2)$。

电动机空载时，$P_2=0$，电磁转矩等于空载时的转矩 T_0。随着负载的增大，在转速不变的情况下，T_2 为一条过原点的直线。但是考虑到实际情况，P_2 增大时，转速 n 略有下降，所以 T_2 随着 P_2 增大略向上偏离直线。由于 $T=T_0+T_2$，而 T_0 很小，且与 P_2 无关。所以，$T=f(P_2)$将比 $T_2=f(P_2)$平行上移 T_0。

(5) 效率特性 $\eta=f(P_2)$。

电动机空载时，$P_2=0$，效率 $\eta=0$。当负载增加且数值较小时，定子、转子的铜耗很小，效率 η 随 P_2 迅速增加。当负载继续增大时，定子、转子的铜耗也增大，而铁耗和机械损耗基本不变，效率 η 反而减小。

4) 三相异步电动机的机械特性

三相异步电动机的机械特性是指电动机电磁转矩与转速或转差率的关系，即 $n=f(T)$或 $s=f(T)$。

机械特性可用函数表示，也可用曲线表示。用函数表示时，有三种表达式：物理表达式、参数表达式和实用表达式。

(1) 机械特性的函数表达式。

① 电磁转矩的物理表达式

$$T=C_T\Phi_m I_{2s}\cos\varphi_2 \tag{4-9}$$

式中：T——电动机的电磁转矩；

C_T——转矩常数，仅与电动机的结构有关；

Φ_m——主磁通；

I_{2s}——转子电流的有效值；

$\cos\varphi_2$——转子电路功率因数。

② 电磁转矩的参数表达式

$$T=C\frac{U_1^2}{f_1}\frac{sR_2}{R_2^2+(sX_2)^2} \tag{4-10}$$

式中：C——由电动机结构决定的常数；

U_1——定子相电压；

f_1——定子电源频率；

s——电动机转差率；

R_2——转子每相绕组电阻值；

X_2——转子不动时的每相漏电抗。

③ 电磁转矩的实用表达式

在工程计算上，利用转矩的参数表达式比较烦琐。为了使用方便，希望通过电动机产品目录或手册中的一些技术数据,如额定功率 P_N、额定转速 n_N、过载能力 λ_m 等求得机械特性,这就产生了电磁转矩的实用表达式,即

$$T=\frac{2T_m}{\frac{s_m}{s}+\frac{s}{s_m}} \tag{4-11}$$

式中:T_m——最大转矩,$T_m=\lambda_m T_N=9550\lambda_m P_N/n_N$;

s_m——临界转差率,$s_m=s_N(\lambda_m+\sqrt{\lambda_m^2-1})$;

s_N——额定转差率,$s_N=(n_1-n_N)/n_1$;

λ_m——电动机过载能力,$\lambda_m=T_m/T_N$。

(2) 固有机械特性曲线。

异步电动机在额定电压和额定频率下,定子绕组用规定的接线方式,定子和转子电路中不串联任何电阻或电抗时的机械特性称为固有(自然)机械特性。

三相异步电动机的固有机械特性曲线如图 4-14 所示。

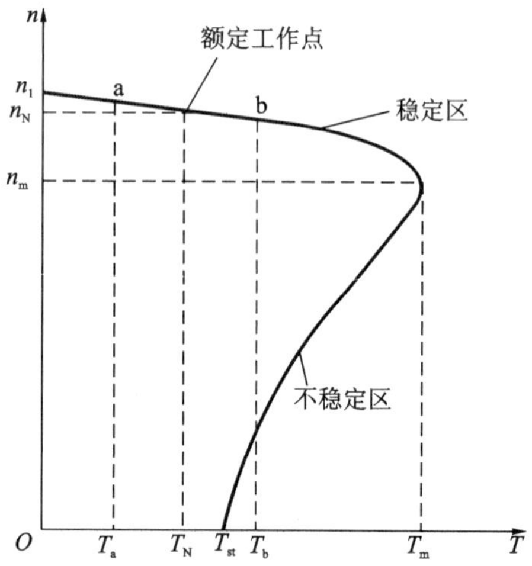

图 4-14 三相异步电动机的固有机械特性曲线

由图 4-14 可知,固有机械特性曲线上有四个特殊点可以决定它的基本形状和异步电动机的运行性能。这四个特殊点是:

① 理想空载工作点。此时

$$T=0,\quad n=n_1,\quad s=0$$

② 额定工作点。此时

$$T=T_N, n=n_N, s=s_N$$

$$T_N=\frac{9550P_N}{n_N}, s_N=\frac{n_1-n_N}{n_1}$$

式中:P_N——额定功率,单位为 kW;

n_N——额定转速,单位为 r/min;

s_N——电动机的额定转差率。

③ 起动工作点。将 $s=1$ 代入转矩公式,可得起动转矩 T_{st},即

$$T_{st}=C\frac{U_1^2}{f_1}\frac{R_2}{R_2^2+X_2^2} \tag{4-12}$$

由上式可以得知,异步电动机的起动转矩 T_{st} 与 U_1、R_2、X_2 有关:当施加在定子每相绕组上的

电压 U_1 降低时，起动转矩会明显减小；当转子电阻 R_2 适当增大时，起动转矩会增大；当转子电抗 X_2 增大时，起动转矩大为减小。

通常把在固有机械特性上起动转矩 T_{st} 与额定转矩 T_N 之比 λ_{st} 作为衡量异步电动机起动能力的一个重要数据。

④ 临界工作点。此时

$$T=T_m,\quad n=n_m,\quad s=s_m$$

最大转矩 T_m 是电动机能够提供的极限转矩。

电动机运行中的负载不可超过最大转矩，否则电动机的转速会越来越低，导致堵转。三相异步电动机堵转时的电流很大，通过定子绕组会引起电动机过热。

(3) 人为机械特性曲线。

人为机械特性曲线是指人为地改变电动机的某些参数或电源电压大小而得到的机械特性。

① 降低定子电压 U_1 的人为机械特性。

如果三相异步电动机的其他参数都与固有特性相同，仅仅降低定子电压 U_1，这样得到的人为特性称为降压人为机械特性，其特性曲线如图 4-15 所示。由图可以看出，降压人为机械特性有如下特点：

- 降压后同步转速 n_1 不变。不同定子电压 U_1 的人为特性都通过固有机械特性的同步点。
- 最大转矩 T_m 随着定子电压 U_1^2 成比例下降，但是临界转差率 s_m 不变。
- 起动转矩 T_{st} 随着定子电压 U_1^2 成比例下降。

由于异步电动机对电网电压的波动非常敏感，运行时，如电压降低太多，会大大降低它的过载能力与起动转矩，甚至使电动机发生带不动负载或者根本不能起动的现象。

② 转子回路串对称三相电阻的人为机械特性。

对于绕线转子异步电动机，如果其他参数都与固有特性一样，仅在转子回路串入对称三相电阻 R_P，所得的人为特性称为转子回路串电阻人为机械特性。其特性曲线如图 4-16 所示。

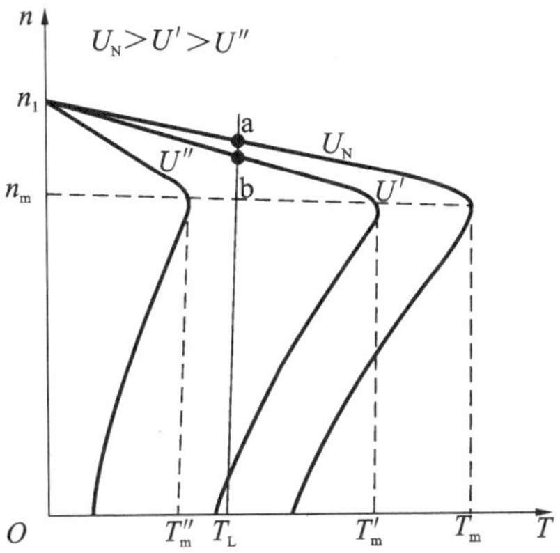

图 4-15　降压人为机械特性曲线

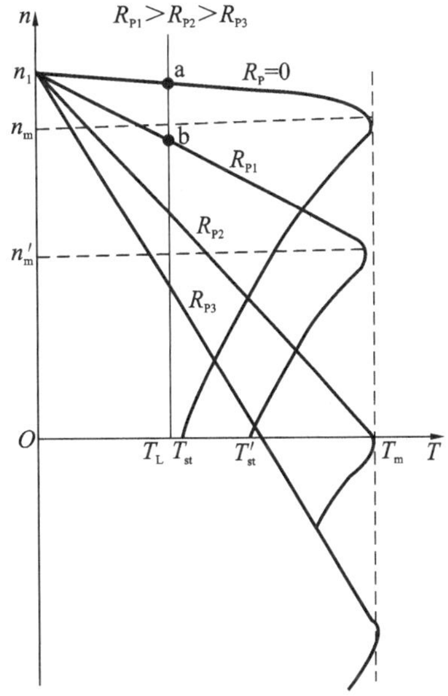

图 4-16　转子回路串电阻人为机械特性曲线

由图可以看出,转子回路串电阻人为机械特性的特点如下:

- 同步转速 n_1 不变。不同 R_P 的人为机械特性都通过固有机械特性的同步点。
- 临界转差率 s_m 随着转子电阻的增加而增加,但是最大转矩 T_m 不变。
- 转子串电阻后,s_m 增大。当 $s_m<1$ 时,起动转矩 T_{st} 随 R_P 的增大而增大;当 $s_m>1$ 时,起动转矩 T_{st} 随 R_P 的增大而减小。

【任务实施】

1. 绘制接线图

按任务要求绘制三相异步电动机空载试验接线图(见图 4-17)。

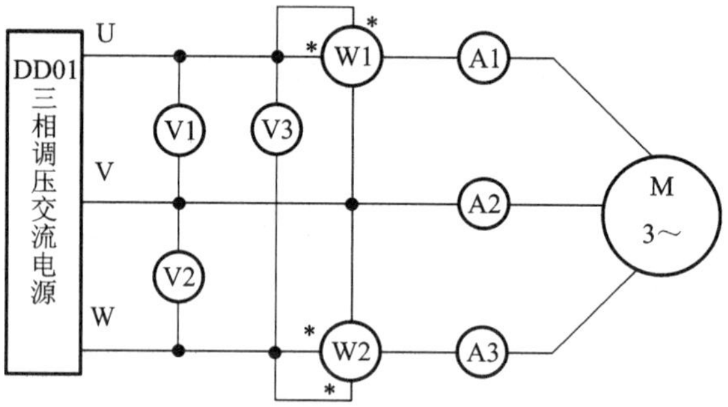

图 4-17 三相异步电动机空载试验接线图

2. 设备及仪表

按表 4-1 准备试验仪器和设备。

表 4-1 试验仪器和设备

序号	名称	数量
1	电源控制屏	1
2	数/模交流电压表	1
3	数/模交流电流表	1
4	智能型功率、功率因数表	1
5	涡流测功机导轨	1
6	三相笼型异步电动机	1

3. 方法及步骤

(1) 根据三相异步电动机空载试验接线图完成硬件连线。

(2) 通电前对硬件接线进行检查。

(3) 检查无误后经教师同意再通电运行。

(4) 根据要求实施任务步骤:

① 把交流调压器调至电压最小位置,按下控制屏上的起动按钮,接通电源,调节控制屏左侧的调压器旋钮,使电压为 220 V。

② 保持电动机在额定电压下空载运行数分钟,使机械损耗稳定后再进行试验。

③ 调节电压由 $1.2U_N$(264 V)开始逐渐降低,直至电流或功率显著增大为止。在这范围

内读取空载电压、空载电流、空载功率。

④ 在测取空载试验数据时，在额定电压附近多测几点，共取 7～9 组数据，记录于表 4-2 中。

表 4-2　三相异步电动机空载试验数据

序号	U/V				I/A				P/W			$\cos\varphi_0$
	U_{AB}	U_{BC}	U_{CA}	U_{0L}	I_A	I_B	I_C	I_{0L}	P_1	P_2	P_0	

注：$U_{0L}=\dfrac{U_{AB}+U_{BC}+U_{CA}}{3}$，$I_{0L}=\dfrac{I_A+I_B+I_C}{3}$，$P_0=P_1+P_2$，$\cos\varphi_0=\dfrac{P_0}{\sqrt{3}U_{0L}I_{0L}}$。

⑤ 计算励磁回路参数。

• 空载阻抗为

$$Z_0=\frac{U_{0\varphi}}{I_{0\varphi}}=\frac{\sqrt{3}U_{0L}}{I_{0L}} \tag{4-13}$$

式中：$U_{0\varphi}$——电动机空载时的相电压，单位为 V；

$I_{0\varphi}$——电动机空载时的相电流，单位为 A。

• 空载电阻为

$$r_0=\frac{P_0}{3I_{0\varphi}^2}=\frac{P_0}{I_{0L}^2} \tag{4-14}$$

式中：P_0——三相空载功率（△接法），单位为 W。

• 空载电抗为

$$X_0=\sqrt{Z_0^2-r_0^2} \tag{4-15}$$

【任务检查与评价】

三相异步电动机空载特性曲线的绘制，励磁回路参数空载阻抗、空载电阻、空载电抗的计算。

1. 考核任务

1）按原理图所示配齐所有电气元件并进行检验

(1) 电气元件的技术数据（型号、规格、额定电压、额定电流等）应完整并符合要求，外观无损伤。

(2) 检测电流表、电压表、功率表、功率因数表量程是否正确，能否正常工作，是否需要调零。

(3) 检测交流调压器是否正常工作。

(4) 对电动机的质量进行常规检查。

2）理解并熟练掌握他励直流电动机电枢串电阻降压起动方法

(1) 熟练绘制三相异步电动机空载试验接线图。

(2) 熟练掌握接线图中各部件的功能及特点，具备一定的组装及排除系统故障的能力。

(3) 熟练掌握三相异步电动机空载运行的原理。

2. 考核要求及评分标准

任务检查与评分标准如表 4-3 所示。

表 4-3　任务检查与评分标准

主要内容	评分标准	配分
小组代表汇报讲解	(1) 讲解不全面,扣 1～10 分; (2) 条理不够清晰,扣 1～10 分	20
布置图、接线图的绘制	(1) 元器件布置不整齐、不匀称、结构不合理,每处扣 1～5 分; (2) 尺寸标注不正确,每处扣 1 分; (3) 线号标注不准确、不齐全,扣 2 分; (4) 走线不合理,扣 2 分	10
元器件选用、检查和安装	(1) 元器件选择不合理,每只扣 1～5 分; (2) 元器件漏检或错检,扣 5 分; (3) 不按图安装,扣 10 分; (4) 元器件安装不牢固,每只扣 5 分; (5) 元器件安装不整齐、不匀称、不合理,每只扣 4 分; (6) 损坏元器件,扣 15 分; (7) 本项目不得负分	15
接线质量	(1) 不按接线图接线,扣 10 分; (2) 布线不美观、不平直、不整齐、不紧贴敷设面,主电路、控制电路每处扣 1 分; (3) 节点松动,露铜过长,压绝缘层,每处扣 1 分	10
通电前检测、通电试验	(1) 电路测量不正确,扣 5 分; (2) 一次试车不成功,扣 10 分; (3) 两次试车不成功,扣 15 分	20
安全文明生产、团队合作精神	(1) 小组分工不够好,扣 1～5 分; (2) 违反安全文明生产要求,扣 5～10 分	10
绘制空载特性曲线	(1) 不能正确绘制空载特性曲线,扣 10 分; (2) 不能根据空载试验数据求励磁回路的空载阻抗、空载电阻、空载电抗,扣 5 分	15
备注	各项扣分最高不超过该项配分	

【拓展知识】

三相异步电动机的堵转和负载试验方法。

三相异步电动机试验方法应根据国家标准《三相异步电动机试验方法》(GB/T 1032—2012)进行。

三相异步电动机的堵转试验方法,同三相异步电动机的空载试验方法基本相同,只是需要使电动机的转子不旋转。

三相异步电动机的负载试验方法如下。

负载试验的目的是测取电动机的工作特性曲线，即电动机在额定电压、额定频率下输入功率 P_1、定子电流 I_1、效率 η、功率因数 $\cos\varphi$ 及转差率 s 与输出功率 P_2 的关系曲线：

$$P_1, I_1, \eta, \cos\varphi, s = f(P_2)$$

试验采用直接负载法，用合适的设备(如以直流电机为负载电机或三相异步电动机为负载电机等)给电动机加负载。负载电机的轴线应与被试电动机轴线对中并保证安全运行。

(1) 开始读取并记录试验数据之前，定子绕组温度与额定负载热试验测得的温度差应不超过 5 K。

(2) 工作特性曲线应在电动机温度接近热状态时由负载试验测取。在 6 个负载点处给电动机加负载。4 个负载点大致均匀分布在 25%～100%额定负载之间(包括 100%额定负载)，在大于 100%但不超过 150%额定负载之间适当选取 2 个负载点。电机加负载的过程是从最大负载开始，依次降低到最小负载。试验应尽可能快地完成，以减少试验过程中电机温度变化对试验结果的影响。在每个负载点测取：三相电压、三相电流、输入功率及转差率或转速。

(3) 效率的间接测定法。效率的测量有间接法和直接法，采用间接法时各部分损耗按下面的方法计算：

① 额定电压下的铁耗 P_{Fe}(单位为 W)由空载试验求取；

② 机械损耗 P_{mec}(单位为 W)由空载试验求取；

③ 定子绕组铜耗为

$$P_{Cu1} = 3I_1^2 R_1 \tag{4-16}$$

而

$$R_1 = R_0 \frac{K_a + \theta_1}{K_a + \theta_0} \tag{4-17}$$

式中：I_1——定子相电流，单位为 A；

R_1——换算到基准工作温度时定子绕组相电阻，单位为 Ω。

R_0——实际冷状态绕组的相电阻(三相平均值)，单位为 Ω；

θ_0——实际冷状态时绕组的温度，单位为℃；

θ_1——基准工作温度，对 A、E、B 绝缘等级为 75 ℃，对 F、H 绝缘等级为 115 ℃；

K_a——常数，铜绕组的 $K_a = 235$，铝绕组的 $K_a = 228$。

④ 转子绕组损耗为

$$P_{Cu2} = (P_1 - P_{Cu1} - P_{Fe}) \cdot s \tag{4-18}$$

⑤ 杂散损耗 P_Δ。

对不实测杂散损耗的电机，额定功率时的杂散损耗值取其输入功率的 0.5%。对其他负载点，杂散损耗值按与定子电流二次方成正比确定(实际计算时可取电流接近铭牌上额定电流的某点的数据作为额定负载时的杂散损耗，以该值为参考值计算)。

【思考与练习】

1. 什么是三相异步电动机的转差率？额定转差率怎么计算？

2. 三相异步电动机旋转磁场的转速是由什么决定的？对于工频下的 2、4、6、8 极的三相异步电动机，其同步转速是多少？

3. 已知一台三相异步电动机的技术参数如下：额定功率为 30 kW，额定转速为 2940 r/min，$f_1 = 50$ Hz。试求：① 极对数 p；② 额定转差率 s_N；③ 额定转矩 T_N。

任务 4.2　三相异步电动机的起动、调速与制动

【任务目标】

- 掌握三相异步电动机常用的起动、制动、调速方法；
- 能绘制三相异步电动机的直接起动控制电气原理图；
- 能进行接线图的识读和绘制；
- 能根据工艺要求进行布线操作；
- 能使用万用表对元器件进行检测；
- 能使用万用表对电路进行通电前的检查。

【任务描述】

有一台三相笼型异步电动机，试采用直接起动的方式将其起动运行。

【相关知识】

1. 三相异步电动机的起动

电动机工作时，转子由静止状态到稳定运行的过程称为起动。三相异步电动机起动时的要求如下：

(1) 电动机有足够大的起动转矩；

(2) 在一定大小的起动转矩前提下，起动电流越小越好；

(3) 起动所需设备简单，操作方便；

(4) 起动过程中功率损耗越小越好。

1) 三相笼型异步电动机常用的起动方法

(1) 直接起动。

直接起动也称为全压起动，指的是将笼型异步电动机定子绕组直接接到额定电压的电源上，起动时加在电动机定子绕组上的电压为额定电压。

三相异步电动机直接起动的条件是(满足一条即可)：

① 容量在 7.5 kW 以下的电动机。

② 电动机在起动瞬间造成的电网电压降不大于电源电压正常值的 10%，对于不常起动的电动机可放宽到 15%。

③ 当电源容量较大，满足下式时，电动机也可直接起动。

$$\frac{I_{st}}{I_N} \leqslant \frac{1}{4}\left[3+\frac{\text{供电变压器容量(kV·A)}}{\text{电动机功率(kW)}}\right] \tag{4-19}$$

式中：I_{st}——起动电流，单位为 A；

I_N——额定电流，单位为 A。

(2) 降压起动。

降压起动是指在电动机起动时降低定子绕组上的电压，起动结束时加额定电压的起动方式。降压起动能降低电动机的起动电流，但由于电磁转矩与定子相电压的二次方成正比，因此降压起动时电动机的转矩减小较多，故降压起动只适用于空载或轻载起动。

降压起动常用的方法有:定子串电阻或电抗起动、自耦变压器降压起动、Y-△起动。这里仅介绍定子串电阻或电抗降压起动。

对笼型异步电动机可采用在起动时给定子电路中串联降压电阻(或电抗器)的办法来起动,待电动机起动结束后再将电阻(或电抗器)短接。这种起动方法简单,但起动耗能多,主要用于低压小功率电动机的起动;定子串电抗起动投资大,主要用于高压大功率电动机的起动。由于电阻上有热能损耗,用电抗器则体积大、成本较高,故此法很少用。串电阻降压起动的电路如图 4-18 所示。

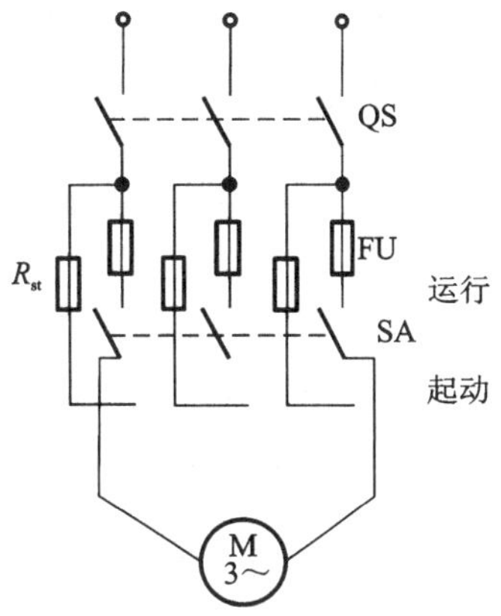

图 4-18　串电阻降压起动

2) 三相绕线转子异步电动机的起动方法

对于大功率重载起动的情况,不仅需要限制起动电流,而且要有足够大的起动转矩,这时可以采用三相绕线转子异步电动机,并在转子电路中串接电阻或频敏变阻器。

(1) 转子串电阻起动。

三相绕线转子异步电动机转子串电阻起动原理如图 4-19 所示,串接在三相转子回路中的起动电阻一般接成 Y 形。

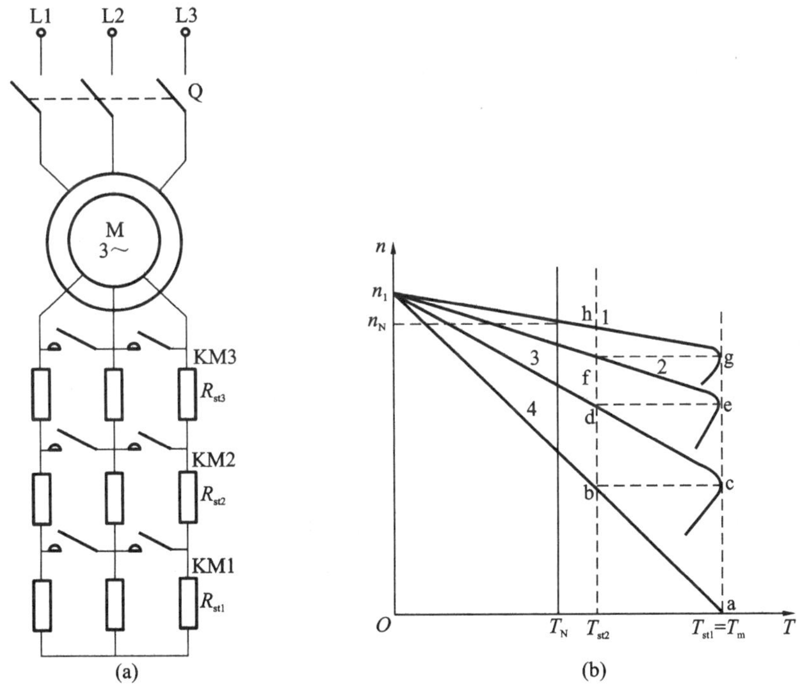

图 4-19　三相绕线转子异步电动机转子串电阻起动原理

起动前,三个接触器均断开,起动电阻全部接入电路,电动机开始起动。随着转速的升高,依次闭合 KM1、KM2、KM3,起动电阻被逐级短接,电动机转速上升到稳定运行点,起动过程结束。

这种方法的优点是不仅能减小起动电流,而且能使起动转矩保持较大范围,在重载起动的设备如龙门吊车、卷扬机等中得到广泛使用。其缺点是所需起动设备较多，一部分能量消耗在起动电阻上，起动级数也较少。

(2) 转子串频敏变阻器起动。

在工矿企业中，为了获得较平滑的起动过程，常常采用频敏变阻器代替起动电阻，来控制三相绕线转子异步电动机的起动。其起动原理如图 4-20 所示。

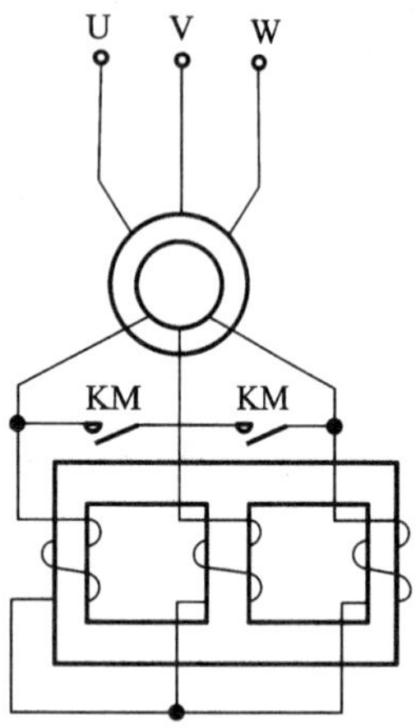

图 4-20 三相绕线转子异步电动机转子串频敏变阻器起动原理

频敏变阻器是一种阻抗值随频率明显变化，静止的无触点电磁元件，它本质上是一个铁耗非常大的三相电抗器。电流频率高时，频敏变阻器的阻抗值也高，电流频率低时，其阻抗值也低。

频敏变阻器与电动机的转子绕组相接。电动机起动时，电动机转子转速很低，故转子电流频率很高。随着转速的提高，频敏变阻器的阻抗随转子电流频率的降低而自动减小。起动完毕后，频敏变阻器应短路切除。

频敏变阻器起动结构简单，运行可靠，成本较低，起动平滑性较好。但是和转子串电阻起动相比，在同样的起动电流下，起动转矩要小一些。

2. 三相异步电动机的调速

在实际应用中，三相异步电动机需要拖动很多负载，如车床、风机、水泵等，往往需要不同的转速来满足负载的需要。

由三相异步电动机的转速公式

$$n=(1-s)n_1=(1-s)\frac{60f_1}{p} \tag{4-20}$$

可以看出，三相异步电动机的调速方法有：

① 变频调速，即通过改变电源的频率 f_1 来调速。

② 变极调速，即通过改变定子绕组的极对数 p 来调速。

③ 改变转差率调速，即通过改变转差率 s 来调速。其方法有降低定子电压、绕线转子电动机转子电路串电阻和串级调速等。

1) 变频调速

变频调速是利用电动机的同步转速随频率变化的特性，通过改变电动机的供电频率进行调速的方法。在异步电动机诸多的调速方法中，变频调速的性能最好，调速范围广，效率高，稳定性好。

由三相异步电动机每相电压公式

$$U_1 \approx E_1 = -\mathrm{j}4.44 f_1 N_1 K_1 \Phi_m$$

可知，若保持电源电压 U_1 不变，降低电源的频率 f_1，主磁通 Φ_m 将增大，导致铁心饱和，电动机温升过高。因此在许多场合，要求在变频调速的同时改变定子电压 U_1，以维持 Φ_m 接近不变。

额定频率称为基频，变频调速可以从基频向上调，也可以从基频向下调。

(1) 基频以下的恒磁通变频调速。

为了保持电动机的负载能力，应保持气隙主磁通 Φ_m 不变，这就要求在降低供电频率的同时降低感应电动势，通过保持电动势 E_1 与频率 f_1 之比值为常数进行控制，这种控制又称为恒磁通变频调速，属于恒转矩调速方式。其机械特性如图 4-21 所示。

由于 E_1 难以直接检测和直接控制，可以近似地保持定子电压 U_1 和频率 f 的比值为常数，即认为 $E_1 \approx U_1$，保持 U_1/f_1 之值为常数。这就是恒压频比控制方式，是近似的恒磁通控制。

(2) 基频以上的弱磁变频调速。

频率由额定值向上增大时，电压 U_1 不能大于额定电压，只能保持 $U_1=U_N$ 不变，这样必然会使主磁通 Φ_m 随着 f_1 的上升而减小。这相当于直流电动机弱磁调速的情况，即近似的恒功率调速方式。其机械特性如图 4-22 所示。

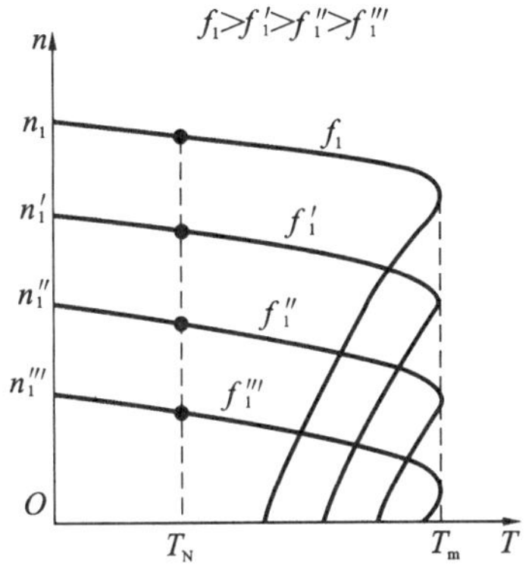

图 4-21　保持 E_1/f_1 之值为常数的变频调速的机械特性

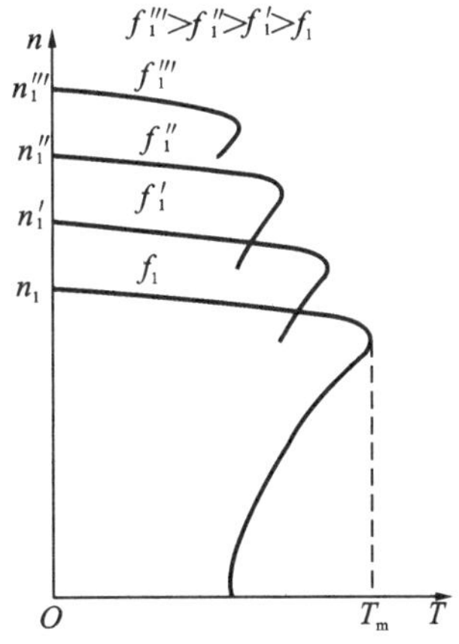

图 4-22　从基频向上变频调速的机械特性

采用通用变频器对笼型异步电动机进行调速控制，这种调速方式使用方便、可靠性高并且经济效益显著，所以逐步得到推广应用。通用变频器是指可以应用于普通的异步电动机调速控制的变频器，其通用性强。

2) 变极调速

变极调速是通过改变定子空间的极对数 p 的方式改变同步转速，从而达到调速的目的。如果电网频率不变，电动机的同步转速 n_1 与它的极对数 p 成反比。因此，改变电动机绕组的接线方式，使其在不同的极对数 p 下运行，其同步转速便会随之改变。显然，这种调速方法只能一级一级地改变转速，而不能平滑地调速。

异步电动机的极对数是由定子绕组的连接方法来决定的，这样就可以通过变换定子绕组的连接来改变异步电动机的极对数。改变极对数的调速方法一般仅适用于笼型异步电动机。双速电动机、三速电动机是变极调速中最常用的两种形式。

双速电动机的定子绕组的连接方法常有两种：一种是绕组从三角形改成双星形，即从如图 4-23(a)所示的连接方法转换成如图 4-23(c)所示的连接方法；另一种是绕组从星形改成双星形，即从如图 4-23(b)所示的连接方法转换成如图 4-23(c)所示的连接方法。这两种接法都能使电动机产生的极对数减少一半，即可使电动机的转速提高一倍。在改接绕组时，为了使电动机转向不变，应把绕组的相序改接一下。

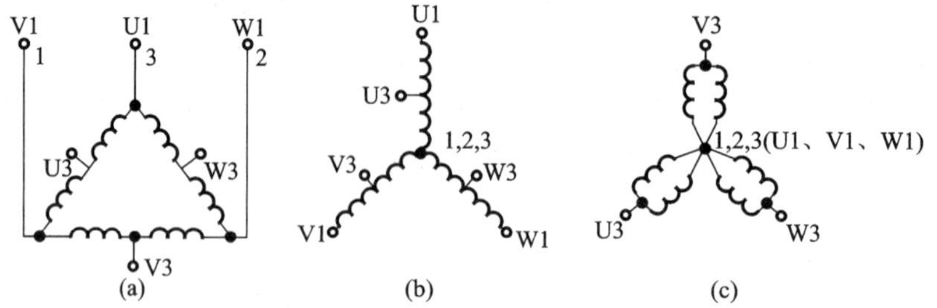

图 4-23　双速电动机的定子绕组接线图

(a)三角形接法;(b)星形接法;(c)双星形接法

3) 改变转差率调速

改变转差率调速的方法有很多,常用的有改变定子电压调速和转子电路串电阻调速。变转差率调速的特点是电动机同步转速不变。

(1) 改变定子电压调速。

改变定子电压调速是异步电动机调速系统中比较简便的一种。

对于转子电阻大、机械特性曲线较软的笼型异步电动机,若加在定子绕组上的电压发生改变,则负载转矩 T_L 对应于不同的电源电压 U_1、U_2、U_3,可获得不同的工作点,从而获得不同的转速。其机械特性曲线如图 4-24 所示。

改变定子电压调速的特点是:电动机的调速范围很宽,但低压时机械特性太软,转速变化大。

调压调速目前主要采用晶闸管交流调压器变压调速,是通过调整晶闸管的触发角来改变异步电动机端电压进行调速的一种方式。这种调速方式在调速过程中的转差功率损耗在转子里或其外接电阻上,效率较低,仅用于小容量电动机。

(2) 转子电路串电阻调速。

转子电路串电阻调速是在绕线转子异步电动机转子外电路上接入可变电阻,通过对可变电阻的调节,改变电动机机械特性曲线的斜率来实现调速的一种方式。其机械特性曲线如图 4-25 所示。

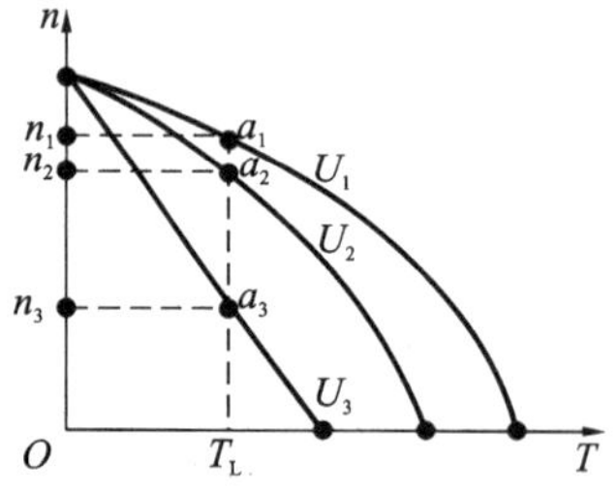

图 4-24　改变定子电压调速的机械特性

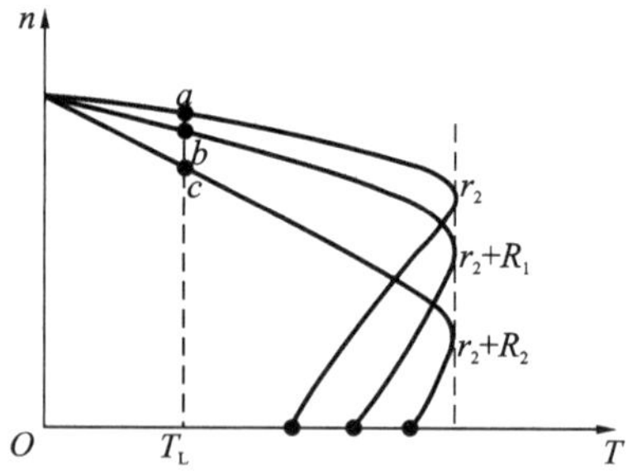

图 4-25　转子电路串电阻调速的机械特性

电动机转子电路串电阻时最大转矩不变,临界转差率增大。所串的电阻越大,运行段机械特性曲线的斜率越大。

转子电路串电阻调速的优点是简单方便,该方法在起重机的拖动系统中得到了广泛应用。

3. 三相异步电动机的制动

三相异步电动机的定子切除电源后,转子由于惯性总要转动一段时间才能停下来。而生产中起重机的吊钩或卷扬机的吊篮要求准确定位,万能铣床的主轴要求能迅速停下来,这些都需要对电动机进行制动。常用的制动方法有机械制动和电气制动。

机械制动是利用外加的机械力使电动机迅速停止的方法，通常利用电磁抱闸制动来实现。起重机常用这种方法制动。

电气制动是指在电动机转子中产生一个与电动机转动方向相反的电磁转矩，起到制动作用。常用的电气制动方法有反接制动、能耗制动和回馈制动三种。

1）反接制动

依靠改变电动机定子绕组的电源相序来产生制动力矩，迫使电动机迅速停转的方法称为反接制动。反接制动分为电源反接制动和倒拉反接制动两种。

（1）电源反接制动。

电源反接制动就是将接到电源的三根导线中的任意两根的一端对调位置，使旋转磁场反向旋转，而转子由于惯性仍然在按原方向转动。这时转矩方向与电动机的转动方向相反，起到制动作用。

电源反接制动的控制原理如图 4-26(a)所示。在反接制动前，接触器 KM1 的常开主触头闭合，KM2 的常开主触头断开，KM2 的常闭主触头闭合。反接制动时，断开 KM1 的常开主触头，KM2 的常开主触头闭合，KM2 的常闭主触头断开，转子电路串入电阻 $R2_b$。

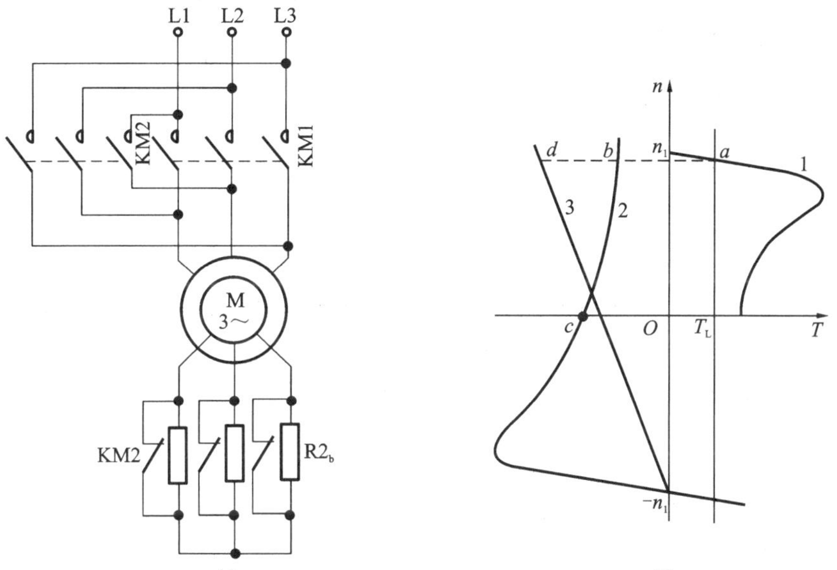

图 4-26　三相异步电动机电源反接制动

(a)原理图；(b)机械特性

电源反接制动的机械特性如图 4-26(b)所示，制动前，电动机工作在曲线 1 的 a 点，电源反接制动时，电动机的工作点由 a 点水平移到曲线 2 上的 b 点，电动机逐渐减速，直到 c 点时，$n=0$，此时应立即切断电源。否则，电动机将反向转动。

反接制动时，由于旋转磁场与转子相对转速很大，故转子绕组中感应电流很大，使定子绕组中的电流也很大，一般为电动机额定电流的 10 倍左右。因此反接制动适用于 10 kW 以下小容量电动机的制动。对 4.5 kW 以上的电动机进行反接制动时，需在定子回路中串入限流电阻 $R2_b$，以限制反接制动电流。

反接制动的优点是制动迅速，电路简单，不需要直流电源，缺点是能耗大，在制动过程中有冲击力。反接制动通常用于不频繁起动和制动的场合,如中小型车床、铣床。

(2) 倒拉反接制动。

当三相异步电动机拖动位能性负载时,在其转子回路中串入较大电阻 $R2_b$,其原理和机械特性如图 4-27 所示。

电动机原来运行在曲线 1 的 a 点,在串入电阻的瞬间,电动机转速由于惯性来不及变化,工作点由 a 点平移到曲线 2 上的 b 点。这时,电磁转矩小于负载转矩,系统开始减速。当电动机减速至 $n=0$ 时,电磁转矩仍小于负载转矩,电动机开始反转,直到电磁转矩等于负载转矩时,电动机才稳定工作于 c 点。

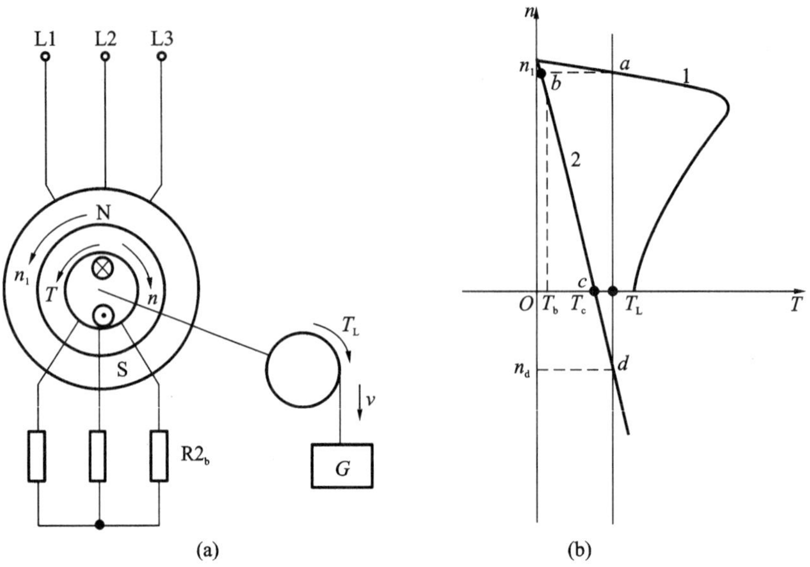

图 4-27 三相异步电动机倒拉反接制动

(a)原理图;(b)机械特性

倒拉反接制动的转差率是

$$s=\frac{n_1-(-n)}{n_1}=\frac{n_1+n}{n_1}>1$$

倒拉反接制动常用于起重机以任意低的转速下降重物的场合。

2) 能耗制动

能耗制动又称为动力制动,即把电动机的定子交流电源切断并迅速接入直流电源,使电动机制动。在需要制动时,将电动机的交流电源切断,同时将直流电源与定子绕组接通,流过定子绕组的直流电将产生一个静止的固定磁场。而转子由于惯性继续按原方向旋转,转子切割定子的固定磁场将产生感应电动势和感应电流,转子电流与定子磁场产生的电磁转矩与转子的旋转方向相反(符合左手定则),起制动作用。在制动转矩的作用下,转子转速迅速下降,直至 $n=0$,制动过程结束。这种方法是将转子的动能转化为电能,消耗在转子回路的电阻上,动能耗尽,制动结束,所以称为能耗制动。

能耗制动的原理如图 4-28 所示。

电动机原工作在曲线 1 的 a 点,定子绕组通直流电后,电磁转矩和转速与之前的工作状态相反,电动机由 a 点平移至曲线 2 上的 b 点,并逐渐减速到 O 点。

这种制动能量消耗小,制动平稳,但是需要一套直流电源。

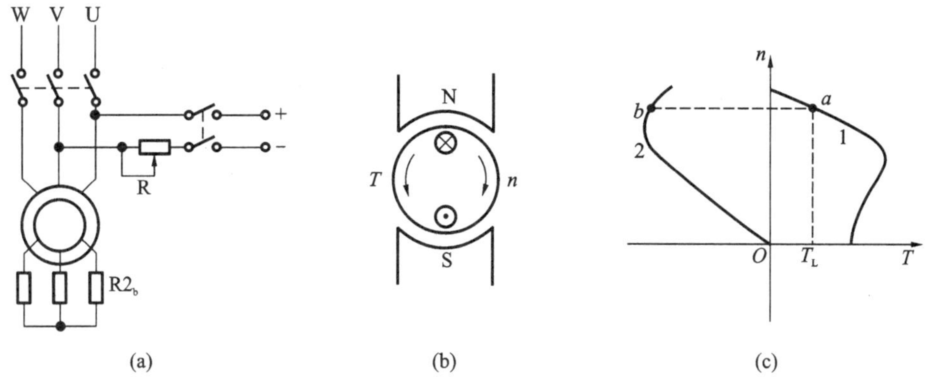

图 4-28　能耗制动

(a)原理图;(b)示意图;(c)机械特性

1—固有机械特性;2—能耗制动机械特性

3）回馈制动

回馈制动又称再生制动或发电制动。若三相异步电动机原工作在电动状态，由于某种原因(带位能性负载下降)，电动机的运行速度高于同步转速，电动机就进入发电状态，将原动机输入的机械功率转成电功率，回馈给电网，因此称为回馈制动。

4. 单相异步电动机

使用单相交流电源的异步电动机称为单相异步电动机。单相异步电动机具有使用方便、结构简单、成本低、噪声小等优点，因此它的应用非常广泛，如家用电器(洗衣机、电冰箱、电风扇)、电动工具(如手电钻)、医用器械、自动化仪表等。

1）单相异步电动机的结构

异步电动机主要由固定不动的定子和旋转的转子两部分组成，定子与转子之间有气隙。单相异步电动机定子上一般有两个绕组，即起动绕组和工作绕组，两个绕组的空间相位相差90°电角度。转子是鼠笼式结构。

由两相绕组在气隙中形成旋转磁场，转子导条感生电势产生电流，电流和磁场作用产生作用力使转子旋转。

由于单相异步电动机的起动转矩 $T_{st}=0$，所以需要采用其他途径产生起动转矩。按照起动方法与相应结构的不同，单相异步电动机可分为分相式和罩极式。

2）单相分相式异步电动机

单相分相式异步电动机的结构特点是定子上安放两套绕组，一个是工作绕组，一个是起动绕组，二者的空间相位相差 90°电角度。

如果通入两相对称相位相差 90°的电流，即

$$i_U = I_m \sin\omega t,\quad i_V = I_m \sin(\omega t + 90°)$$

就能实现单相异步电动机的起动。单相异步电动机的旋转磁场如图 4-29 所示。

由图 4-29 可以看出，当 ωt 经过 360°后，合成磁场在空间也转过了 360°，所以合成磁场是一个旋转的磁场。

单相分相式异步电动机按起动方法分为单相电阻分相式异步电动机、单相电容分相式异步电动机和单相电容运转电动机。

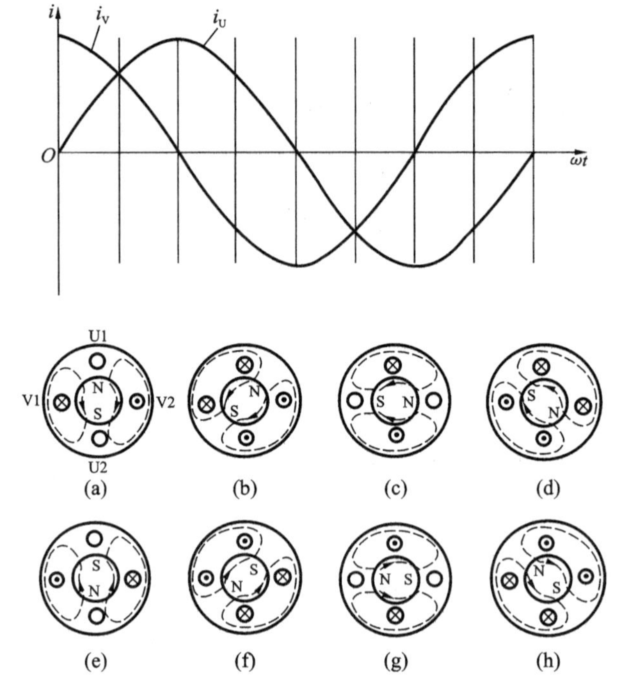

图 4-29　单相异步电动机的旋转磁场

(a)$\omega t=0$;(b)$\omega t=\frac{\pi}{4}$;(c)$\omega t=\frac{\pi}{2}$;(d)$\omega t=\frac{3\pi}{4}$;(e)$\omega t=\pi$;(f)$\omega t=\frac{5\pi}{4}$;(g)$\omega t=\frac{3\pi}{2}$;(h)$\omega t=\frac{7\pi}{4}$

(1) 单相电阻分相式异步电动机。

单相电阻分相式异步电动机的副绕组通过一个起动开关和工作绕组并联到单相电源上,如图 4-30 所示。起动开关的作用是:当转子速度达到额定转速的 75%～80%时,断开起动绕组电路,使电动机工作在只有工作绕组通电的情况下。常用的起动开关是离心开关,它装在电动机的转轴上,随着转子一同旋转。当转子转速达到一定值时,依靠离心块的离心力克服弹簧的拉力(或压力),离心开关触头断开,起动绕组从电源上切除,只有工作绕组继续运行。

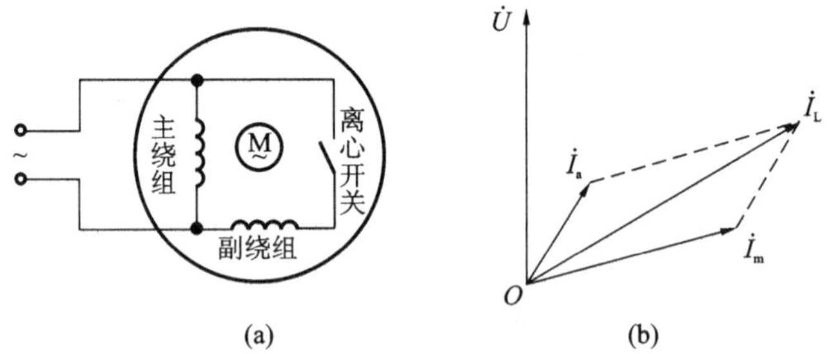

图 4-30　单相电阻分相式异步电动机原理图和向量图

(a)原理图;(b)向量图

(2) 单相电容分相式异步电动机。

单相电容分相式异步电动机,其起动绕组回路串联了一个电容器和一个起动开关,然后和主绕组并联在同一电源上,如图 4-31 所示。

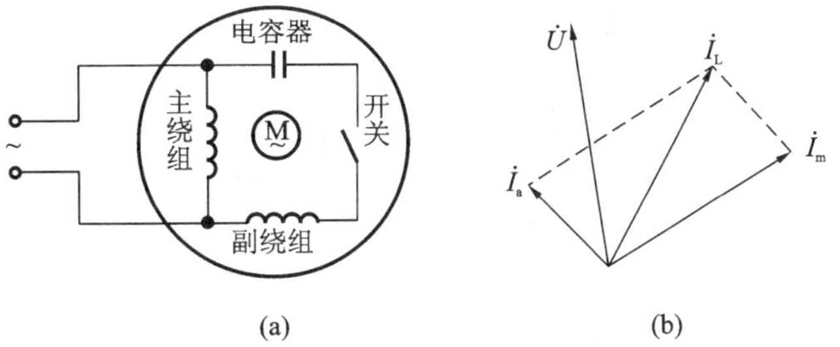

图 4-31　单相电容分相式异步电动机原理图和向量图

(a)原理图;(b)向量图

由于电容器的作用是使起动绕组回路的阻抗呈容性，进而使起动绕组在起动时的电流领先电源电压 U 一个相位角。由于工作绕组的阻抗是感性的，它的起动电流落后电源电压 U 一个相位角，因此，只要电容器容量选择适当，就可以使起动绕组的电流在时间和相位上超前主绕组电流 90°电角度。当转子速度达到额定转速的 75%～80%时，起动绕组通过开关自动断开，电动机工作在只有工作绕组通电的情况下。

(3) 单相电容运转电动机。

单相电容运转电动机中，起动绕组不仅在起动时起作用，而且在电动机运转时也起作用，长期处于工作状态，如图 4-32 所示。

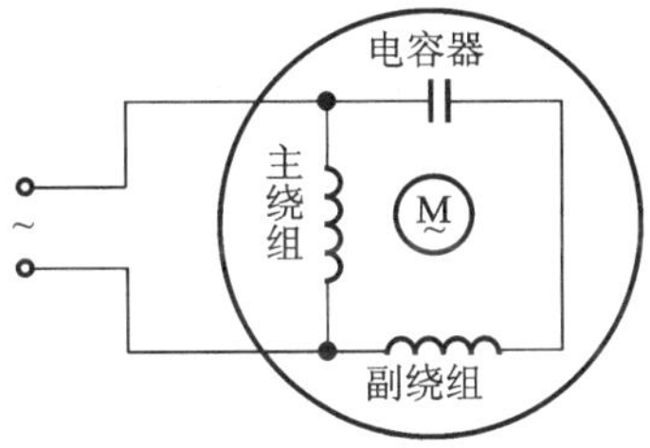

图 4-32　单相电容运转电动机原理图

单相电容运转电动机实际上是两相异步电动机。运行时电动机气隙中产生较强的旋转磁动势。其运行性能较好，功率因数、效率、过载能力都比电阻分相起动和电容分相起动的异步电动机要好。

3) 单相罩极式异步电动机

单相罩极式异步电动机的结构分为凸极式和隐极式，两者原理相同，其中凸极式最常见。凸极式异步电动机的定子、转子均由 0.5 mm 厚的硅钢片叠制而成。转子为鼠笼式，定子做成凸起形式，在磁极的 1/3 处套一个短路铜环。定子磁极穿过短路铜环的磁通和不穿过短路铜环的磁通不仅在空间上相差一定角度，而且在时间上存在相位差。这两个磁通形成一个移动磁场，使转子产生起动转矩。单相罩极式异步电动机结构简单，制造方便，常用于小型风扇等起动转矩要求不大的机器上。

【任务实施】

1. 绘制电气原理图

按任务控制要求绘制三相笼型异步电动机直接起动控制电气原理图，如图 4-33 所示。

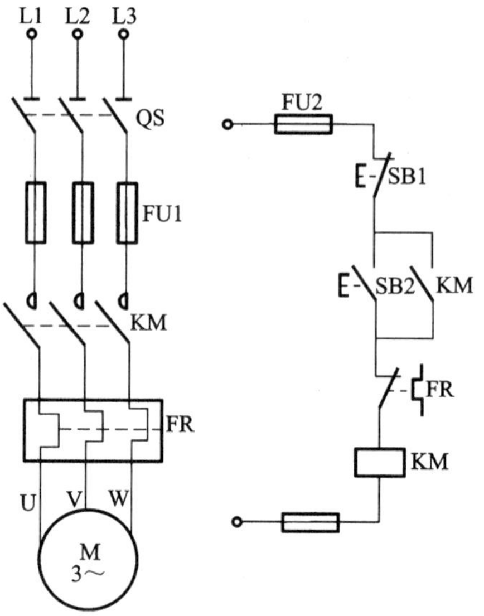

图 4-33 三相笼型异步电动机直接起动控制电气原理图

2. 元器件、工具、仪表、设备和材料

根据电动机型号和电气原理图,选择所需元器件的型号和数量,并列出所用的工具、仪表、设备和材料清单如表 4-4 所示。

表 4-4 元器件、工具、仪表、设备和材料明细表

序号	名　称	型号与规格	单　位	数　量	备　注
1	三相笼型异步电动机	Y100L2-4	台	1	表中所列型号与规格仅供参考,可根据实际情况自定
2	交流接触器	CJX1-16/22	个	1	
3	空气开关	DZ47-60	个	1	
4	熔断器	RT28N-32X	个	5	
5	热继电器	JR36-20	个	1	
6	常闭开关	BE 102	个	1	
7	常开开关	BE 101	个	1	
8	电工工具		套	1	
9	电阻表		个	1	
10	电阻三相交流电源 380 V			1	
11	导线			若干	

3. 方法及步骤

(1) 画出三相笼型异步电动机直接起动控制接线图,如图 4-34 所示。

(2) 配齐所用元器件,并进行质量检测。元器件应完好无损,各项技术指标符合技术要求,否则应予以更换。所需元器件如图 4-35 至图 4-39 所示。

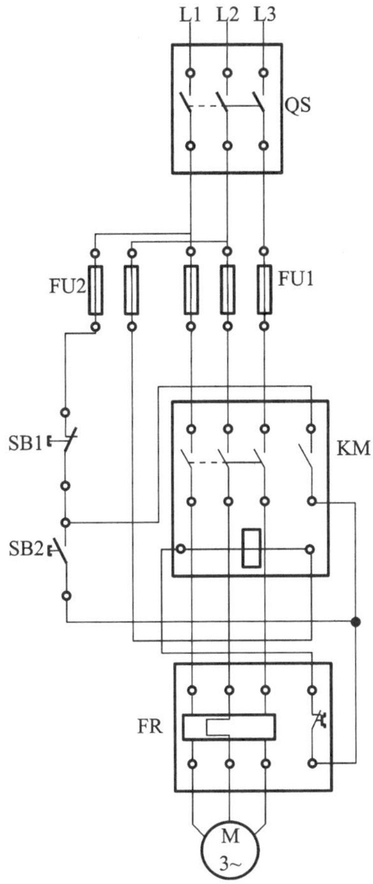

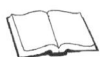

图 4-34　三相笼型异步电动机直接起动控制接线图

图 4-35　三相异步电动机

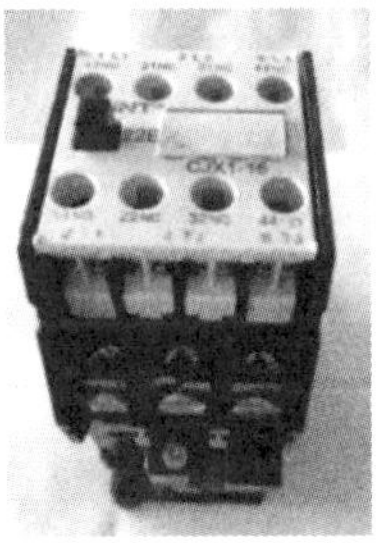

图 4-36　交流接触器

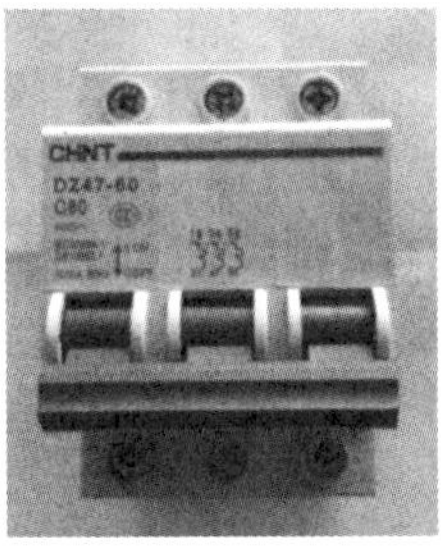

图 4-37　空气开关

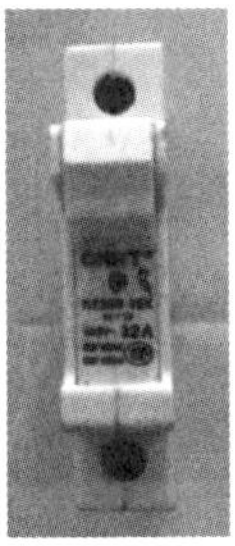

图 4-38　熔断器

图 4-39　热继电器

(3) 根据三相笼型异步电动机直接起动控制接线图完成硬件连线，如图 4-40 所示。步骤如下：

① 主电路的实物接线图(见图 4-41)。

② 控制电路的实物接线图(见图 4-42)。

图 4-40　三相笼型异步电动机直接起动实物连线

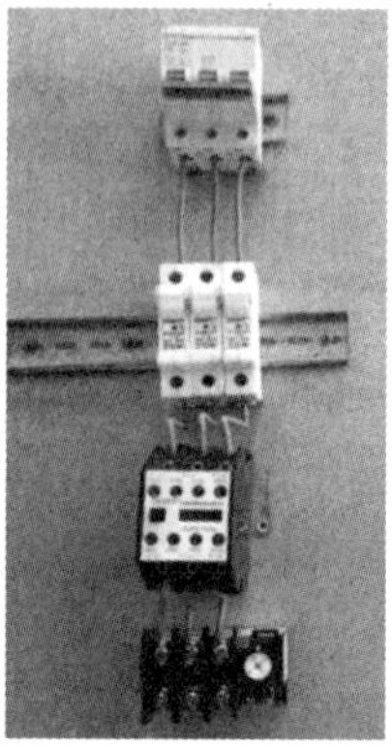

图 4-41　主电路的实物接线图

图 4-42　控制电路的实物接线图

(4) 通电前对硬件接线进行检查。

(5) 检查无误后经教师同意再通电运行。

(6) 根据要求实施任务步骤：

① 先接主回路，再接控制回路；

② 先接串联线路，再接分支部分；

③ 所有元器件布局及布线要安全、方便，同一相电源导线尽量用同种颜色；

④ 通电，按下 SB2，观察三相异步电动机连续转动的状况，按下 SB1 停止；

⑤ 断开控制回路中接触器的自锁触点 KM，按下 SB2，观察点动过程；

⑥ 对主电路缺相、控制电路的短路和断路故障进行正确分析和排除。

【任务检查与评价】

三相异步电动机的直接起动。

1. 考核任务

1) 按原理图所示配齐所有电气元件并进行检验

(1) 元器件的技术数据(型号、规格、额定电压、额定电流等)应完整并符合要求，外观无损伤。

(2) 检测电阻表量程是否正确，能否正常工作，是否需要调零。

(3) 检测交流电源工作电压是否合格，按钮的功能是否正常。

(4) 用电阻表检测电磁线圈的通断情况以及各触头的分合情况，以确定元器件的电磁机构动作是否灵活、有无衔铁卡阻等现象。

(5) 检测接触器的线圈电压和电源电压是否一致。

(6) 对电动机的质量进行常规检查。

2) 理解并熟练掌握三相异步电动机直接起动方法

(1) 熟练掌握电气原理图中三相异步电动机直接起动的原理。

（2）理解电气原理图中各元件的特点及表示方法，熟练绘制三相异步电动机直接起动控制电路的电气原理图。

（3）熟练掌握接线图中各部件的功能及特点，具备一定的组装及排除系统故障的能力。

2. 考核要求及评分标准

任务检查与评分标准如表4-5所示。

表4-5　任务检查与评分标准

主要内容	评分标准	配分
小组代表汇报讲解	（1）讲解不全面，扣1～10分； （2）条理不够清晰，扣1～10分	20
原理图控制	（1）主电路不符合标准，扣2分； （2）控制电路不符合标准，扣2分	10
布置图、接线图的绘制	（1）元器件布置不整齐、不匀称、结构不合理，每处扣1～5分； （2）尺寸标注不正确，每处扣1分； （3）线号标注不准确、不齐全，扣2分； （4）走线不合理，扣2分	15
元器件选用、检查和安装	（1）元器件选择不合理，每只扣1～5分； （2）元器件漏检或错检，扣5分； （3）不按图安装，扣10分； （4）元器件安装不牢固，每只扣5分； （5）元器件安装不整齐、不匀称、不合理，每只扣4分； （6）损坏元器件，扣15分； （7）本项目不得负分	15
接线质量	（1）不按接线图接线，扣10分； （2）布线不美观、不平直、不整齐、不紧贴敷设面，主电路、控制电路每处扣1分； （3）节点松动，露铜过长，压绝缘层，每处扣1分	10
通电前检测、通电试验	（1）主电路测量不正确，扣5分； （2）控制电路测量不正确，扣5分； （3）一次试车不成功，扣10分； （4）两次试车不成功，扣15分	20
安全文明生产、团队合作精神	（1）小组分工不够好，扣1～5分； （2）违反安全文明生产要求，扣5～10分	10
备注	各项扣分最高不超过该项配分	

【拓展知识】

三相异步电动机的Y-△起动与自耦变压器起动。

三相异步电动机的Y-△起动与自耦变压器起动是两种较常用的笼型异步电动机的降压起动方法。

1. 三相异步电动机的Y-△起动

Y-△起动是指电动机起动时，把定子绕组接成星形，以降低起动电压，限制起动电流；待电动机起动后，再把定子绕组改接成三角形，使电动机全压运行。

这种方法适用于在正常运行时定子绕组接成三角形的异步电动机，其原理如图 4-43 所示。

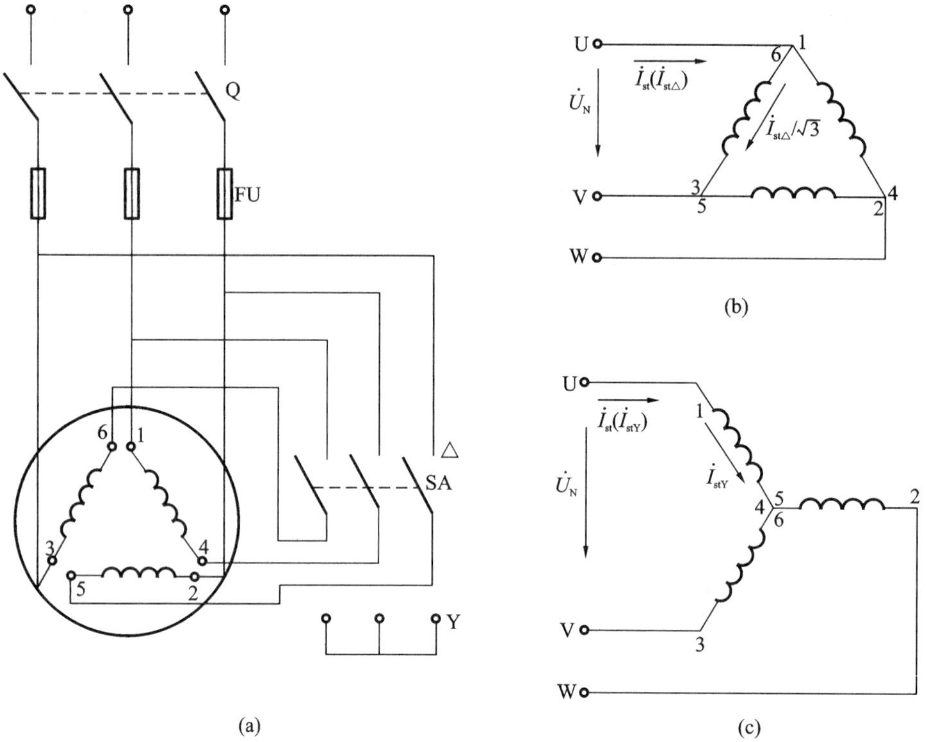

图 4-43　三相异步电动机的 Y-△起动原理图

合上 Q、SA，电动机定子绕组接成星形，电动机起动。当电动机的转速接近于额定转速时，断开 SA，电动机定子绕组接成三角形，电动机全压运转。

定子绕组接成星形起动时，定子绕组承受的电压是接成三角形时的$\frac{1}{\sqrt{3}}$，起动电流是接成三角形时的$\frac{1}{3}$，起动转矩也是接成三角形时的$\frac{1}{3}$。Y-△起动的优点是所需设备简单，成本低，运行比较可靠，但起动转矩也较小，因此这种方法适用于空载或轻载起动。

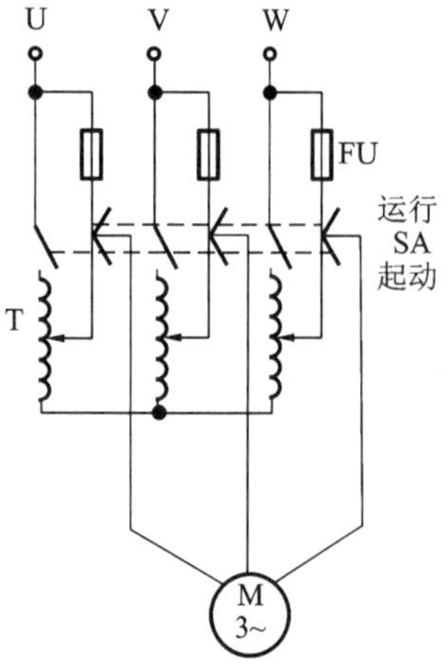

图 4-44　自耦变压器起动原理图

2. 自耦变压器起动

自耦变压器起动指的是电动机利用自耦变压器降低电动机定子绕组上的起动电压的起动方法。起动时，电源接自耦变压器的原边、电动机接副边，其原理如图 4-44 所示。

起动时，首先闭合总电源开关，再将控制把手(开关 SA)投向“起动”位置，这时经过自耦变压器降压后的交流电压加到电动机三相定子绕组上，电动机开始降压起动，等到电动机转速升高到一定转速后，再把 SA 投向“运行”位置，使从 SA 开关过来的电源直接和电动机相连，从而使其在全压下正常运行。这个时候自耦变压器从电网上切除。

若自耦变压器的电压比为 k，原边电压为 U_1(即电源电压)，原边电流为 I_1，副边电压为 U_2，副边电流为 I_2，则电动

机的电流为 $I_{st2}=I_{st}/k$。由于自耦变压器的一次侧接电网，故自耦变压器的一次电流为

$$I_{st1}=\frac{I_{st2}}{k}=\frac{I_{st}}{k^2}$$

式中：I_{st}——电动机全压起动时的起动电流。

起动转矩为

$$T'_{st}=\frac{T_{st}}{k^2}$$

自耦变压器的二次侧上备有几个不同的电压抽头，以供用户选择电压。

在自耦变压器降压起动过程中，起动电流与起动转矩的比值呈二次方关系降低。在获得同样起动转矩的情况下，采用自耦变压器降压起动从电网获取的电流，比采用电阻降压起动从电网获得的电流要小得多，对电网电流冲击小，功率损耗小。所以自耦变压器被称为起动补偿器。换句话说，若从电网取得同样大小的起动电流，采用自耦变压器降压起动会产生较大的起动转矩。这种起动方法常用于容量较大、正常运行为Y形接法的电动机。其缺点是自耦变压器价格较高，相对电阻结构复杂，体积庞大，且是按照非连续工作制设计制造的，故不允许频繁操作。

【思考与练习】

1. 三相异步电动机直接起动必须满足什么条件？
2. 试叙述三相绕线转子异步电动机转子电路串电阻调速的原理及调速过程。
3. 为什么说变频调速是三相笼型异步电动机调速的发展方向？

项目5 控制电动机的分类与特点

【项目教学目标】

知识目标	技能目标
➕ 掌握常用特种电动机的基本知识； ➕ 熟悉常用特种电动机的组成、作用、类型、结构原理及工作特性； ➕ 掌握特种电动机的控制方式和应用情况； ➕ 学会分析控制电路的工作原理。	➕ 能正确识别和选用特种电动机； ➕ 能理解特种电动机的原理及种类，正确应用相应的控制电路； ➕ 能根据常用特种电动机的使用规范，按工艺要求完成电路的安装接线与调试； ➕ 能对所接电路进行检查，根据检查结果判断电路的性能； ➕ 会排除简单的电气故障，根据特种电动机工作异常现象进行简单修理。

在自动控制系统中，常常需要使用各种各样大量的控制元器件和设备，控制电动机就是一种非常典型和重要的控制设备，它能起转换和传递控制信号的作用。控制电动机本质上和普通电动机没有不同，但它特殊的用途，导致它在特性及性能上与普通电动机有非常大的区别。普通电动机重点关注的是起动、调速、制动及稳态运行的能力，而特种电动机需要满足控制系统的要求，完成控制信号的传递及转换的主要任务，因此，在性能指标上主要突出的是灵敏度、精度、可靠性、线性度、迟滞特性等。

控制电动机的容量一般较小，功率在 1 kW 以下，甚至在某些微控制过程中，控制电动机的功率只有几微瓦。当然也有较大功率的，在某些大功率控制系统中，控制电动机的容量可达到几千瓦。因此，根据控制系统的工作要求选择合适的控制电动机是非常重要的。

任务5.1 步进电动机的结构与运行

【任务目标】

- ➢ 掌握步进电动机的分类及工作原理；
- ➢ 了解步进电动机的类型、结构特点及作用；
- ➢ 熟悉步进电动机的工作特点及应用；
- ➢ 能进行步进电动机的常规接线；
- ➢ 能对步进控制系统进行常规故障的检查与排除。

【任务描述】

一个自动音乐喷泉如图 5-1 所示，其喷射由单片机控制的步进电动机来实现。该步进电动机的参数如下：

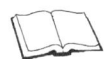

型号　70BF10C；
相数　三相；
每相绕组电阻　1.2 Ω；
每相静态电流　3 A；
直流励磁电压　24 V；
最大静力矩　6 kgf·cm(约 58.8 N·cm)。

图 5-1　自动音乐喷泉

请对它进行正确的接线与调试。要求是：

(1) 能进行单步操作运行，即每按下一次"执行"键，完成一拍的运行，若连续按下"执行"键，状态显示器的末位将依次循环显示"B→C→A→B…"。

(2) 能进行连续运行，即按下"设置"键，可进入连续运行的初态；此时可分别操作"拍数""转向"和"相数"三个键，以确定步进电动机当前所需的运行方式；最后按下"执行"键，即可实现连续运行。

(3) 采用按钮控制的形式实现起动及正反转运行过程，有转速显示和运行指示灯。

【相关知识】

1. 测速发电机

测速发电机在自动控制系统中的基本任务是将机械转速转换为电信号。它具有测速、阻尼及计算的功能，可以产生加速、减速信号等，在计算装置中作为计算元件，还有对电机作恒速控制等功能。

测速发电机的输出电压与转速必须有严格的线性关系，以达到较高的精确度；其次，转速变化所引起的电动势变化要尽可能显著，否则无法满足灵敏度的要求。在用作计算元件时，还要考虑其线性误差要尽可能小；用作一般测速或阻尼元件时，需要其具备较大的输出变化率。

测速发电机分为直流测速发电机和交流测速发电机，另外还有原理、结构新颖的霍尔效应测速发电机。

1) 直流测速发电机

根据定子磁极所用的材料，直流测速发电机可以分为永磁式直流测速发电机(代号为CY)和他励式直流测速发电机(代号为 CD)两种。其电枢形式可以分为无槽电枢、有槽电枢、空心杯电枢和圆盘印制绕组等几种。他励式直流测速发电机的原理与他励直流电动机的是一样的。直流测速发电机主要是一种微型他励直流发电机，它与直流伺服电动机基本相同，有独立的励磁磁场或永久磁铁作磁场，其工作原理与普通直流发电机一样，如图 5-2 所示。

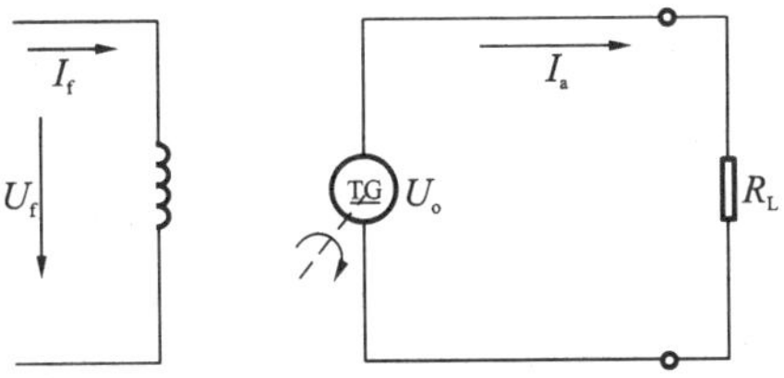

图 5-2　直流测速发电机的工作原理

在恒定的磁场中，当电枢以转速 n 旋转切割磁力线时，电枢会产生感应电动势，该电动势的大小为

$$E_a = C_e \Phi n = U_o + I_a R_a$$

空载时，直流测速发电机输出电流为零，输出空载电压与感应电动势相等，即 $U_o = E_a =$

$C_e\Phi n$。由此可以看出,直流测速发电机空载时,输出电压 U_o 与转速 n 成线性关系。若接上负载 R_L,输出电压为

$$U_o=\frac{C_e\Phi}{1+R_a/R_L}n$$

若电枢回路总电阻 R_a、负载电阻 R_L 和磁通 Φ 都保持不变,则可以得到,直流测速发电机的输出电压 U_o 与转速 n 也是成线性关系的,而其斜率为 $C_e\Phi/(1+R_a/R_L)$。这就是直流测速发电机的输出特性,如图 5-3 所示。当 R_L 值减小时,特性的斜率也减小。

电枢反应会使输出电压 U_o 不再与转速 n 成正比,导致输出特性向下弯曲,如图 5-3 中的虚线所示。

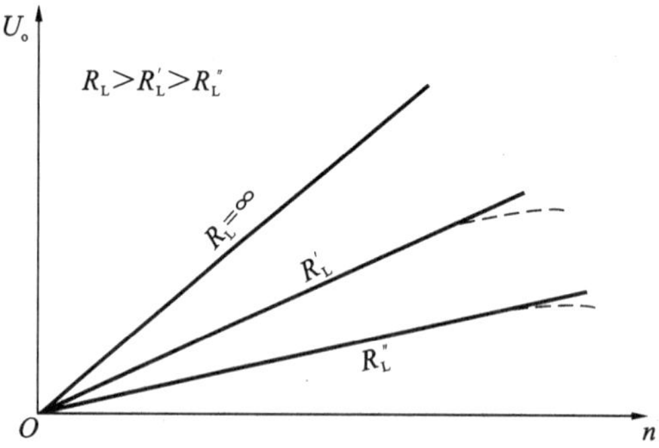

图 5-3 直流测速发电机的输出特性

为改善输出特性,削弱电枢的去磁作用,尽量使气隙磁通不变,可以采取以下措施:

① 对他励式直流测速发电机,可以在定子磁极上安装补偿绕组;

② 适当增加电动机的气隙;

③ 让负载电阻大于规定值。

2) 交流测速发电机

交流测速发电机可以分为同步交流测速发电机和异步交流测速发电机两种。

(1) 同步测速发电机。

同步测速发电机有永磁式、感应子式和脉冲式。永磁式和感应子式测速发电机的感应电动势随转速变化而变化,可以用来测速。永磁式多用作转速计,感应子式一般适用于低速系统的速度调节,或用于鉴频锁相稳速系统。

(2) 异步测速发电机。

异步测速发电机按结构可以分为鼠笼式转子交流异步测速发电机和杯形转子交流异步测速发电机。鼠笼式转子测速发电机相位差较大,线性度不好,一般用于对精度要求不高的场合。

杯形转子异步测速发电机有较高精度的输出特性,转子的转动惯量较小,一般有较好的相应特性,因此,目前广泛应用的交流异步测速发电机的转子都是杯形结构。测速发电机在运行时,经常需要与伺服电动机连在一起,为提高系统的快速性和灵敏度,采用杯形转子比采用鼠笼式转子的转动惯量要小且精度要高。在小型测速发电机中,定子槽内放置空间上相差 90°电角度的两组绕组,一组为励磁绕组 N1,另一组为输出绕组 N2;在较大的测速发电机中,常把励磁绕组放在外定子上,把输出绕组放在内定子上,以便调节内、外定子间的相对位置,使剩余电压较小。

图 5-4 是交流异步测速发电机的工作原理图,定子上励磁绕组接频率为 f_1 的单相电压 U_f,

转子不动时，励磁绕组与转子之间的电磁关系像变压器副边绕组短路一样，励磁绕组相当于变压器的原边绕组，杯形绕组就是短路的副边绕组（可以把杯形转子看做有无数导条的鼠笼式转子）。

励磁绕组在轴线上产生直轴脉振磁动势，磁通 Φ_d 以电压 U_f 的频率 f_1 脉振，在转子上产生感应电动势 E_d 和电流（涡流）I_{Rd}，I_{Rd} 形成反向磁动势，但合成磁动势不变，磁通仍是直轴（励磁绕组的轴线）脉振磁通 Φ_d，与交轴（输出绕组的轴线）上的输出绕组没有交链，因此输出绕组中不会产生感应电动势，输出电压为零。

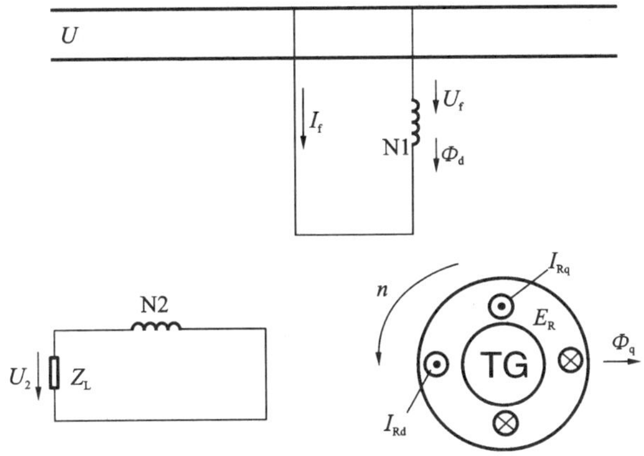

图 5-4　交流异步测速发电机工作原理图

当 $n=0$（转子不动）时，此磁动势只能在空心杯转子中感应出变压器电动势。因交轴与直轴在空间上相差90°的电角度，无感应电动势产生。

当 $n\neq 0$（转子转动）时，转子切割 Φ_d，产生切割电动势 E_R，其有效值为 $E_R=C_q n\Phi_d$。其中，C_q 为常数，Φ_d 为 d 轴每级磁通的幅值。若直轴每级磁通保持幅值不变，则电动势 E_R 与转速 n 成正比。杯形转子可被认为是短路绕组，E_R 必会产生电流 I_{Rq}，并在交轴方向上产生频率为 f_1 的交变磁通 Φ_q。由于 Φ_q 作用在交轴，将在定子输出绕组 N2 中感应变压器电动势 E_2，该电动势有效值与杯形转子测速发电机的输出电压 U_2 大致相等，即 $E_2\approx U_2$。

因此，杯形转子测速发电机的输出电压 U_2 与转速 n 成正比，并且输出电压的频率仅取决于 U_f 的频率，而与转速无关，当电动机反转时，输出电压也反相。

3）测速发电机的应用

测速发电机在自动控制系统中主要作为测速元件、计算元件、校正元件和加速度信号转换元件等。

自控系统对测速发电机的要求主要有以下几点：

(1) 线性度要好，即输出特性与输入特性成正比，且不应随外界条件的改变而变化；

(2) 转子的转动惯量尽量小，这样才能使系统有较好的快速响应特性；

(3) 灵敏度尽量高一点，即需要输出特性曲线的斜率较大。

此外，还要求它对外界电磁信号的抗干扰性能较好，工作噪声小，结构简单易维护，体积小，质量轻等。不同领域的自控系统及工作环境，对测速发电机还有其他特殊要求，在此不一一列举。

2. 步进电动机

步进电动机是一种将电脉冲信号转换为对应角位移的特殊电动机。步进电动机的控制绕组每接收到一个电脉冲信号，它的转轴都会转动一个固定的角度，角位移量与接收的电脉冲量成正比,其转速与电脉冲信号的频率亦成正比,因此,人们通常也将步进电动机称为脉冲电动机。在控制系统中,步进电动机常常作为执行元件。电脉冲信号可以由单片机、PLC 或 PC 提供,因此,可以将上述过程用图 5-5 来表示。

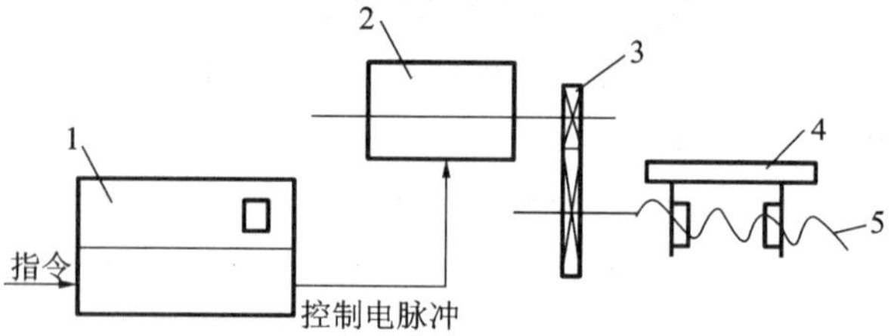

图 5-5　步进电动机驱动数控机床

1—微机及电源;2—步进电动机;3—传动齿轮;4—机床工作台;5—丝杠

步进电动机按照励磁方式分为磁阻式(又称为反应式,代号为 BF)、永磁式(代号为 BY)和混磁式(代号为 BYG)三种;按相数分为单相、两相、三相和多相等;按运行方式分为旋转式、直线式两种。下面以常见的三相磁阻式步进电动机为例,介绍步进电动机的结构及工作原理。

1) 磁阻式步进电动机的结构

磁阻式步进电动机又分为单段式和多段式两种形式。

(1) 单段式。

单段式又称径向分相式,是目前应用最多的形式。其定子磁极数通常为相数的 2 倍,即 $p=2m$,每个磁极上有一个控制绕组,并接成 m 相。定子磁极上均匀分布了许多小齿,转子沿圆周也均匀分布许多小齿,齿形和齿距相同。这种步进电动机功率较大,且断电无定位转矩。

(2) 多段式。

多段式又称为轴向分相式,按磁路特点它又可分为轴向磁路多段式和径向磁路多段式。对于相数多而直径和长度又受到限制的磁阻式步进电动机而言,多段式步进电动机形式灵活,步距较小,起动和运行频率也较高,但铁心分段和错位的工艺要求较为复杂。

三相磁阻式步进电动机的结构如图 5-6 所示。步进电动机的定子铁心、转子铁心都由薄硅钢片叠压而成,可抑制涡流损耗及磁滞损耗。因为是三相步进电动机,所以定子有六个磁极,分别为 U、U′、V、V′、W、W′。每两个相对的磁极上有同一相控制绕组,可以并联或串联;转子铁心上没有绕组,只有四个齿,齿宽的大小等于极靴的宽度。

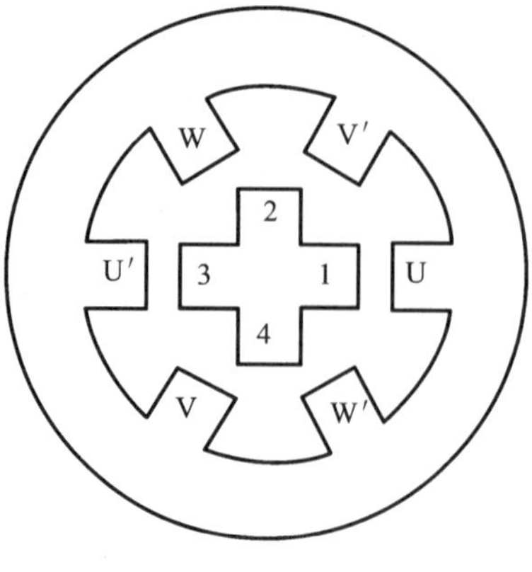

图 5-6　三相磁阻式步进电动机的结构

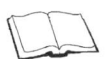

2）磁阻式步进电动机的工作原理

三相磁阻式步进电动机的工作原理如图 5-7 所示。当 U 相控制绕组通电，V、W 两相控制绕组不通电时，因为磁力线倾向于经过磁阻最小的路径闭合，转子将受到磁阻转矩的作用，使转子齿 1 和齿 3 与定子 U、U′相磁极轴线对齐，如图 5-7(a)所示。此时磁力线所经过的磁路磁阻最小，转子只受径向电磁力的作用而不受切向力作用，转子处于停止状态，不会转动。若此时变成 V 相控制绕组通电，U、W 两相控制绕组不通电，这时与 V、V′磁极最近的转子齿是齿 2 和齿 4，因此齿 2 和齿 4 会顺时针由图 5-7(a)所示的位置转动到图 5-7(b)所示的位置，转子的角位移为 30°。若继续变成 W 相控制绕组通电，U、V 两相控制绕组不通电，这时与 W、W′磁极最近的转子齿是齿 3 和齿 1，因此齿 3 和齿 1 会继续顺时针方向由图 5-7(b)所示的位置转动到图 5-7(c)所示的位置，转子的角位移仍然为 30°。依此类推，若按照 U→V→W→U→V→W 的顺序轮流给步进电动机的各相控制绕组通电，转子就会在磁阻转矩的作用下顺时针一步一步地转动下去。若按顺序给控制绕组通电的频率越高，则转子在磁阻转矩的作用下转速就越高，即输入脉冲的频率越高，步进电动机的转速就越高，它们之间成正比。步进电动机的转向取决于控制绕组轮流通电的顺序，如果将通电顺序变为 U→W→V→U→W→V，则步进电动机会逆时针转动。

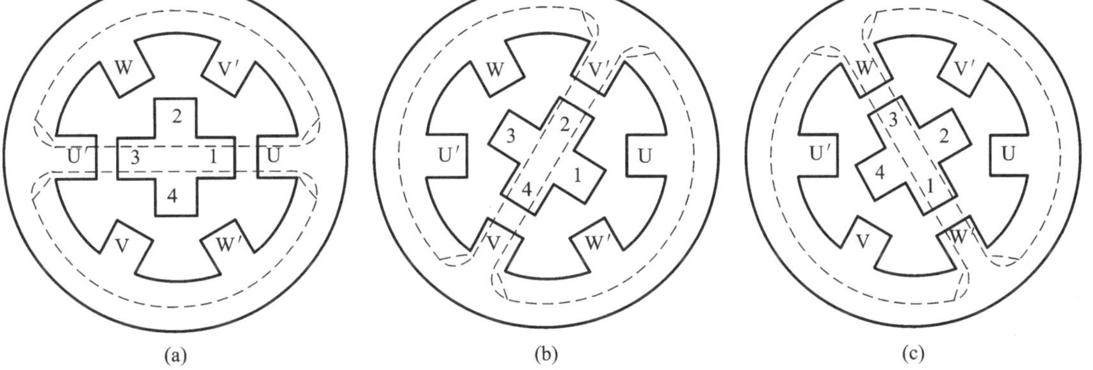

图 5-7　三相磁阻式步进电动机的工作原理图

(a)U 相通电，V、W 相不通电；(b)V 相通电，U、W 相不通电；(c)W 相通电，U、V 相不通电

定子绕组每改变一次通电方式，就称为一拍。电动机所转过的空间角度称为步距角 θ_b。上述通电方式称为三相单三拍，“单”指的是每次只有一相控制绕组通电；“三拍”指的是经过三次切换控制绕组的通电状态可以完成一个循环，此时的步距角 $\theta_b=30°$。此外还有双三拍，单、双六拍等通电方式。

三相单三拍控制方式由于每次只有一相通电，转子在平衡位置附近很容易发生来回摆动的现象，造成运行不稳定，而且在切换瞬间，转子失去自锁能力，容易失步(即转子转动步数与拍数不相等)，在平衡位置也容易产生振荡，因此实际应用中很少采用。三相步进电动机更多的是采用三相双三拍的控制方式和三相单、双六拍控制方式。

三相双三拍指的是，控制的通电顺序为 UV→VW→WU→UV，每次通电都由两相控制绕组同时通电，因此每完成一次循环需要切换通电状态三次，为三拍，这种方式的步距角 θ_b 与三相单三拍控制方式的步距角相同，也是 $\theta_b=30°$。

三相单、双六拍的控制方式指的是，控制绕组的通电方式为单、双结合的方式，完成一次循环需要切换通电状态六次。例如按照 U→UV→V→VW→W→WU→U 的顺序，首先给 U 相控制绕组通电，然后 U、V 两相控制绕组同时通电，再断开 U 相使 V 相单独通电，再使 V、W 两相控制绕组同时通电。按照这个规律不断轮流循环通电，完成一次整个循环需要通电六次，即六拍。三相单、双六拍控制方式的步距角只有单、双三拍控制方式的步距角的一半，即 $\theta_b=15°$。

三相双三拍和三相单、双六拍的控制方式在切换控制绕组通电状态的过程中，始终能保证有一相控制绕组持续通电，因此转子始终能在磁阻转矩的作用下保持平衡位置，工作过程比较稳定，不会出现三相单三拍工作方式的来回摆动现象，也因为转子有了自锁的能力，不容易出现失步的现象。

设转子的齿数为 Z_r，转子转过一个齿距需要的拍数为 N，则步距角 θ_b 为

$$\theta_b=\frac{360°}{Z_r N} \tag{5-1}$$

控制绕组每接收一个电脉冲，转子转过 $1/(Z_r N)$ 转，若脉冲电源的频率为 f，则步进电动机的转速为

$$n=\frac{60f}{Z_r N} \tag{5-2}$$

由此可见，磁阻式步进电动机的转速取决于脉冲频率、转子齿数以及拍数，与电压、负载等因素无关。若转子齿数一定，转速与输入脉冲频率成正比，与拍数成反比。

在上述分析过程中，步距角太大是无法满足实际生产加工中小位移量控制要求的。为了获得小步距角，实际中需要将转子和定子磁极都加工成多齿的结构。

图 5-8 是小步距角的三相磁阻式步进电动机的结构图，转子齿数为 $Z_r=40$，这些齿沿着转子圆周均匀分布，齿宽与槽宽相等，齿间夹角为 $360°/40=9°$。定子上总共有六个磁极，每个磁极的极靴上均匀分布有五个齿，齿宽与槽宽相等，因此齿间夹角也是 9°。磁极上装有控制绕组，相对的两个极的绕组串联起来并且连接成三相星形。每个定子磁极的极距为 60°，每个极距所占的齿距数不是整数，当 U、U′相控制绕组通电，U、U′相磁极下的定子与转子绕组齿对齐时，V、V′磁极及 W、W′磁极下对应的定子与转子齿就无法对齐，依次错开 1/3 齿距角，即 3°。一般来说，m 相异步电动机，依次错开的角度为 $1/m$ 个齿距角。

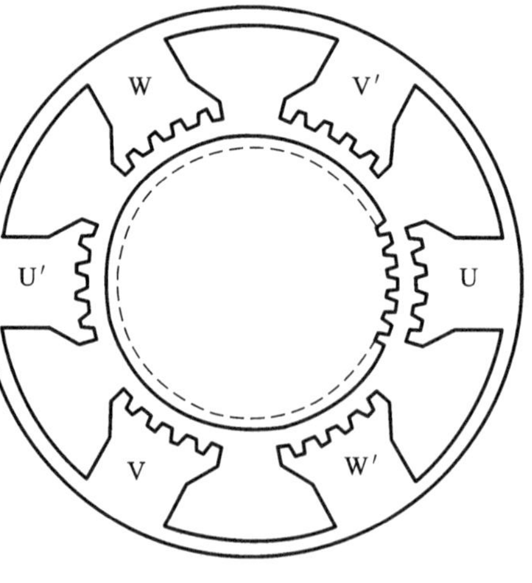

图 5-8　小步距角的三相磁阻式步进电动机结构图

图 5-8 所示的步进电动机的齿距角为 9°，若采用三相单三拍的方式给控制绕组通电，通电循环一轮需要三拍，则步距角 $\theta_b=3°$，步距角可由以下公式计算得到：

$$\theta_b=\frac{360°}{Z_r N}=\frac{360°}{40\times 3}=3°$$

如果采用三相单、双六拍的方式工作时，则步距角为

$$\theta_b=\frac{360°}{Z_r N}=\frac{360°}{40\times 6}=1.5°$$

电动机的相数和通电方式决定了转子转过一个齿距所需的运行拍数，增加相数也可以减小步距角。但相数越多，相应的驱动电路就越复杂。常用的步进电动机除了三相以外，还有四相、五相和六相电动机。

3）主要技术指标和运行特性

（1）步距角 θ_b。

每输入一个电脉冲信号转子转过的角度称为步距角。步距角的大小会直接影响步进电动机的起动和运行频率，步距角小的往往起动、运行频率较高。

（2）精度。

最大步距误差是指步进电动机旋转一周内相邻两步之间最大步距角与理想步距角的差值，用理想步距角的百分数表示。

最大步距累积误差是指任意位置开始，经过任意步之后，角位移误差的最大值。

静态步距角误差是指实际的步距角与理论步距角之间的差值，通常用理论步距角的百分数或绝对值大小来衡量。静态步距角误差小，表示电动机精度高。

（3）转矩 T。

保持转矩（定位转矩）是指步进电动机绕组不通电时电磁转矩的最大值，或转角不超过一定值时的转矩值。

静转矩是指步进电动机不改变控制绕组通电状态，即转子不转情况下的电磁转矩。

最大静转矩 T_{jmax} 是指步进电动机在规定的通电相数下矩角特性的转矩最大值。一般说来，最大静转矩较大的电动机可以带动较大的负载转矩。

负载转矩 T_L 与最大静转矩的比值通常取为 0.3～0.5。

动转矩是指步进电动机转子转动情况下的最大输出转矩值。它与运行频率有关。

（4）响应频率。

响应频率是指在某一频率范围内，步进电动机可以任意运行而不丢失一步的最大频率。通常用起动频率作为衡量指标。

（5）起动频率和起动矩频特性。

起动频率（突跳频率）是指步进电动机能够不失步起动的最高脉冲频率。产品目录上一般都有空载起动频率的数据，但在实际使用时，步进电动机大都要在带负载的情况下起动，这时负载起动频率是一个重要指标。

起动矩频特性是指步进电动机在一定的负载惯量下，起动频率随负载转矩变化的特性，通常以表格或曲线形式给出。

（6）运行频率和运行矩频特性。

运行频率是指步进电动机起动后，当控制脉冲频率连续上升时能不失步的最高频率，通常给出的是空载下的运行频率。

运行矩频特性是指当电动机带着一定负载运行时，运行频率与负载转矩的关系。

必须注意：步进电动机的起动频率、运行频率及矩频特性都与电源形式有密切关系，使用

者必须了解技术数据给出的性能指标是在怎样形式的电源下测定的。一般来说，高低压切换型电源其性能指标较高，如使用时改为单一电压型电源，则性能指标要相应降低。

（7）额定电流。

电动机不动时每一相绕组容许通过的电流为额定电流。当电动机运转时，每相绕组通过的是脉冲电流，电流表指示的读数为脉冲电流平均值。绕组电流太大，电动机温升会超过容许值。

（8）额定电压。

步进电动机额定电压指的是驱动电源应供给的电压，一般不等于加在绕组两端的电压。

4）步进电动机的控制

步进电动机是由电脉冲信号控制的数字式电动机，它将脉冲信号转变为角位移，因此非常适合用单片机控制或 PLC 控制。

步进电动机区别于其他控制电动机的最大特点是，它是由电脉冲信号控制的，电脉冲输入信号的数量决定了它的角位移，电脉冲的输入频率决定了它的运行速度。

步进电动机的驱动电路根据控制信号工作，控制信号由单片机产生。其基本作用如下：

（1）控制换向顺序。通电换相这个过程被称为脉冲分配。例如：三相步进电动机的三拍工作方式，其各相通电顺序为 A→B→C→A，那么，通电控制脉冲就必须严格按照这个顺序分别控制 A、B、C 相的通断。

（2）控制步进电动机的转向。通过对控制绕组通电顺序的变换，可以完成步进电动机的正转、反转切换。

（3）控制步进电动机的速度。如果对控制绕组发送控制电脉冲信号越快，步进电动机就转得越快。调整单片机发出的脉冲频率，就可以对步进电动机进行调速。

【任务实施】

1. 元器件、工具、仪表、设备和材料

根据电动机型号和电气原理图，选择所需元器件的型号和数量，并列出所用的工具、仪表、设备和材料清单如表 5-1 所示。

表 5-1　元器件、工具、仪表、设备和材料明细表

序号	名　　称	型号与规格	单位	数量	备　　注
1	步进电动机	型号：70BF10C	台	1	表中所列型号与规格仅供参考，可根据实际情况自定
2	步进电动机智能控制箱	天煌 D54(BSZ-1)	台	1	
3	步进电动机实验装置	天煌 BSZ-1	台	1	
4	三相可调电阻器	天煌 D41	件	4	
5	直流电压、毫安、安培表	天煌 D31	件	1	
6	交流电源	AC220 V±10%，50 Hz	台	1	
7	按钮	LAY39-11，LAY39-10	只	各 1	
8	导线	BVR1.0，1.0 mm^2（黄、绿、红、黑）	m	若干	
9	熔断器	RT14-20，380 V，24 A	套	若干	

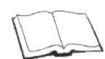

2. 动态自检

开启电源开关，面板上的三位数字频率计将显示“000”；由六位 LED 数码管组成的步进电动机运行状态显示器自动进入“9999→8888→7777→6666→5555→4444→3333→2222→1111→0000”动态自检过程，而后停显在系统的初态“┤.3”。

3. 观察控制键盘功能说明

设置键 手动单步运行方式和连续运行各方式的选择。

拍数键 单三拍、双三拍、三相六拍等运行方式的选择。

相数键 电动机相数（三相、四相、五相）的选择。

转向键 电动机正转、反转选择。

数位键 预置步数的数据位设置。

数据键 预置步数位的数据设置。

执行键 执行当前运行状态。

复位键 由于意外原因导致系统死机时可按下此键，经动态自检过程后返回系统初态。

4. 控制系统试运行

控制箱示意图如图 5-9 所示，暂不接步进电动机绕组，开启电源进入系统初态后，即可进入试运行操作。

（1）单步操作运行。每按下一次“执行”键，完成一拍的运行，若连续按下“执行”键，状态显示器的末位将依次循环显示“B→C→A→B…”；由五只发光二极管组成的绕组通电状态指示器的 B、C、A 将依次循环点亮，以示电脉冲的分配规律。

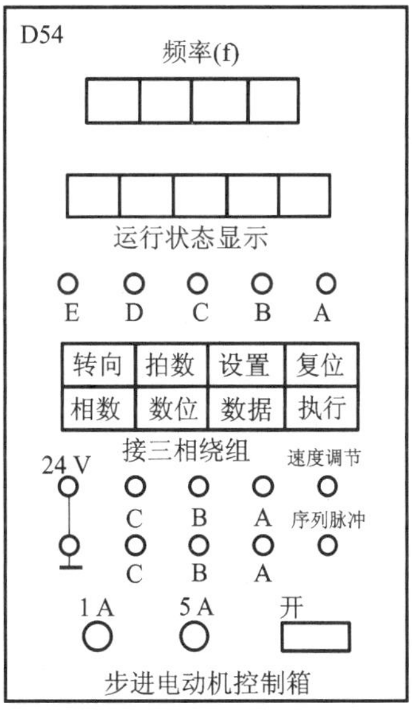

图 5-9 控制箱示意图

（2）连续运行。按下“设置”键，状态显示器显示“┤3000”，称此状态为连续运行的初态。此时，可分别操作“拍数”“转向”和“相数”三个键，以确定步进电动机当前所需的运行方式。最后按下“执行”键，即可实现连续运行。三个键的具体操作如下（注：在状态显示器显示“┤3000”状态下操作）：

① 按下“拍数”键，状态显示器首位数码管显示在“┤”“]”“ㅋ”之间切换，分别表示三相单拍、三相六拍和三相双三拍运行方式。

② 按下“相数”键，状态显示器的第二位，在“3”“4”“5”之间切换，分别表示三相、四相、五相步进电动机运行。

③ 按下“转向”键，状态显示器的首位在“┤”“├”之间切换。“┤”表示正转，“├”表示反转。

（3）预置数运行。设定“拍数”“转向”“拍数”后，可进行预置数设定，其步骤如下：

① 操作“数位”键，可使状态显示器逐位显示“0.”，出现小数点的位即为选中位。

② 操作“数据”键，写入该位所需的数字。

③ 根据所需的总步数，分别操作“数位”和“数据”键，将总步数的各位写入显示器的相应位。至此，预置数设定操作结束。

④ 按下“执行”键，状态显示器做自动减 1 运算，直到减至 0 后，自动返回连续运行的初态。

(4) 步进电动机转速的调节与电脉冲频率显示。

调节面板上的“速度调节”电位器旋钮，即可改变电脉冲的频率，从而改变步进电动机的转速。同时，由频率计显示出输入序列脉冲的频率。

(5) 脉冲波形观测。

在面板上设有序列脉冲和步进电动机三相绕组驱动电源的脉冲波形观测点，分别将各观测点接到示波器的输入端，即可观测到相应的脉冲波形。

经控制系统试运行无误后，即可接入步进电动机的实验装置，以完成任务实施内容。

5. 实施步骤

(1) 本装置已将步进电动机紧固在实验架上，步进电动机的绕组已接成星形并已将四个引出线接在装置的四个接线端上。运行时需将这四个接线端与智能控制箱的对应输入端相连接，如图 5-10 所示。

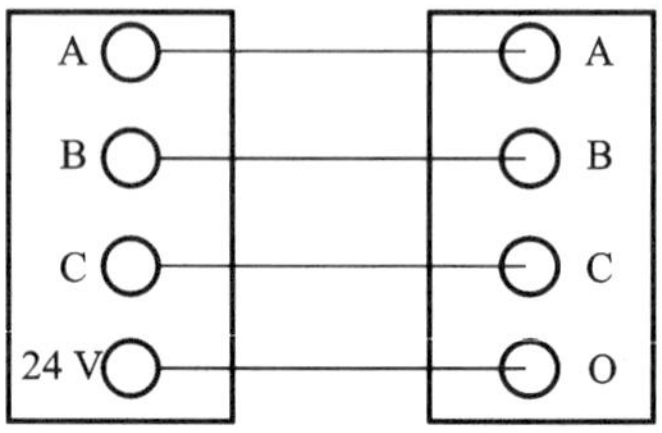

图 5-10　步进电动机外部接线示意图

(2) 步进电动机转轴上固定有红色指针及力矩测量盘，底面是刻度盘(刻度盘的最小分度为 1°)。

(3) 本装置门形支架的上端，装有定滑轮和一固定支点(采用卡簧结构)，20 N 的弹簧秤连接在固定支点上，30 N 的弹簧秤通过丝线与下滑轮、测量盘、棘轮机构等连接。装置的下方设有棘轮机构。整套系统由丝线把棘轮机构、定滑轮、弹簧秤、力矩测量盘等连接起来构成一套完整的力矩测量系统。

(4) 单步运行状态。

接通电源，将控制系统设置于单步运行状态，或复位后，按下“执行”键，步进电动机走一步距角，绕组相应的发光管发亮，再不断按下“执行”键，步进电动机转子也不断做步进运动。改变电动机转向，电动机做反向步进运动。

(5) 角位移和脉冲数的关系。

控制系统接通电源，设置好预置步数，按下“执行”键，电动机运转，观察并记录电动机偏转角度，记于表 5-2 中。再重设置另一预置步数，按下“执行”键，观察并记录电动机偏转角度，记于表 5-3 中。利用公式计算电动机偏转角度，看其是否与实际值一致。

表 5-2　观察数据(一)　　步数＝____步

序　号	电动机实际偏转角度	电动机理论偏转角度

表 5-3　观察数据(二)　　步数＝____步

序　号	电动机实际偏转角度	电动机理论偏转角度

(6) 空载突跳频率的测定。

控制系统置连续运行状态，按下“执行”键，电动机连续运转后，调节速度调节旋钮使频率提高至某频率(自动指示当前频率)。按下“设置”键让步进电动机停转，再重新起动电动机(按下“执行”键)，观察电动机能否正常运行。如正常，则继续提高频率，直至电动机不失步起动的最高频率，该频率为步进电动机的空载突跳频率(单位为 Hz)。

(7) 空载最高连续工作频率的测定。

步进电动机空载连续运转后缓慢调节速度调节旋钮使频率提高，仔细观察电动机是否失步。如不失步，则再缓慢提高频率，直至电动机能连续运转的最高频率，该频率为步进电动机空载最高连续工作频率(单位为 Hz)。

(8) 转子振荡状态的观察。

步进电动机空载连续运转后，调节并降低脉冲频率，直至步进电动机声音异常或出现电动机转子来回偏摆即为步进电动机的振荡状态。

(9) 定子绕组中电流和频率的关系。

在步进电动机电源的输出端串接一只直流电流表(注意区分＋、－端)，使步进电动机连续运转，由低到高逐渐改变步进电动机的频率，读取 5 组或 6 组频率值和电流表的示值并记于表 5-4 中。观察示波器波形，并做好记录。

表 5-4　定子绕组中电流和频率的关系

序　号	f/Hz	I/A

(10) 平均转速和脉冲频率的关系。

接通电源，将控制系统设置于连续运行状态，再按下“执行”键，电动机连续运转。调节速度调节旋钮，测量频率 f 与对应的转速 n。读取 5 组或 6 组 f 和 n 的数据，并记于表 5-5 中。

表 5-5　平均转速和脉冲频率的关系

序　号	f/Hz	n/(r/min)

【任务检查与评价】

注意事项：步进电动机驱动系统中控制信号部分电源和功放部分电源是不同的，绝不能将电动机绕组接至控制信号部分的端子上,或将控制信号部分端子和电动机绕组部分端子以任何形式连接。

1. 按元器件明细表配齐所有元器件并进行检验

(1) 元器件的技术数据(型号、规格、额定电压、额定电流等)应完整并符合要求,外观无损伤。

(2) 检测可调电阻器的实际阻值范围,看其是否符合实验标准。

(3) 检测电流表、电压表量程是否正确,能否正常工作,是否需要调零。

(4) 检测交流电源工作电压是否合格,按钮的功能是否正常。

(5) 对电动机的质量进行常规检查。

2. 按实验示意图的走线方法进行硬件接线

(1) 布线时,严禁损伤线芯、导线绝缘层。

(2) 各元器件接线端子引出导线的走向,以元器件的水平中心线为界,在水平中心线以上的接线端子引出的导线,必须进入元器件上面的走线槽;在水平中心线以下的接线端子引出的导线,必须进入元器件下面的走线槽。任何导线都不允许从水平方向进入走线槽内。

(3) 各元器件接线端子上引出或引入的导线,除间距很小和元器件机械强度很低的允许直接架空敷设外,其他导线必须经过走线槽进行连接。

(4) 进入走线槽的导线要完全置于走线槽内,并应尽可能避免交叉,装线不要超过其容量的70%,以便能盖上线槽盖,便于以后的装配及维修。

(5) 各元器件与走线槽之间的外露导线,应走线合理,并尽可能做到横平竖直,变换走向要垂直。同一个元器件上位置一致的端子和同型号元器件中位置一致的端子上引出或引入的导线,要敷设在同一平面上,并应做到高低一致和前后一致,不得交叉。

(6) 所有接线端子、导线接头上都应套有与线路图上相应接点线号一致的编码套管,并按线号进行连接,连接必须牢靠,不得松动。

(7) 在任何情况下,接线端子必须与导线截面积和材料性质相适应。当接线端子不适合连接软线或较小截面积的软线时,可以在导线端头穿上针形或叉形轧头并压紧。

(8) 一般一个接线端子只能连接一根导线,如果采用专门设计的端子,可以连接两根或多根导线,但导线的连接方式必须是公认的、在工艺上成熟的方式,如夹紧、压接、焊接、绕接等,并应严格按照连接工艺的工序要求进行。

3. 考核要求及评分标准

任务检查与评分标准如表5-6所示。

表5-6 任务检查与评分标准

主要内容	评分标准	配分
小组代表汇报讲解	(1) 讲解不全面,扣1～10分; (2) 条理不够清晰,扣1～10分	15
元器件选用、检查和安装	(1) 不按布置图安装,扣15分; (2) 元器件安装不牢固、不整齐、不合理,扣2分; (3) 损坏元器件,扣15分	15

续表

主要内容	评分标准	配分
接线质量	(1) 不按接线图接线，扣 20 分； (2) 布线不美观、不平直、不整齐、不紧贴敷设面，主电路、控制电路每处扣1 分； (3) 节点松动、露铜过长、压绝缘层，每处扣 1 分； (4) 损伤导线绝缘或线芯，每根扣 5 分	30
通电前检测、通电试验	(1) 热继电器未整定或整定不正确，扣 15 分； (2) 熔断体规格选用不正确，扣 10 分； (3) 一次试车不成功，扣 10 分； (4) 两次试车不成功，扣 20 分； (5) 三次试车不成功，扣 30 分	30
安全文明生产、团队合作精神	(1) 小组分工不够好，扣 1～5 分； (2) 违反安全文明生产要求，扣 5～10 分	10
备注	各项扣分最高不超过该项配分	

【拓展知识】

步进电动机的驱动。

步进电动机与相应的驱动电源总是搭配使用的，缺一不可，步进电动机的控制必须要有专用的驱动电源，否则是无法正常工作的。这是因为，控制步进电动机的指令是一系列的方波脉冲信号，这些信号无法形成连续的旋转磁场，但步进电动机要能旋转或步进，就必须产生旋转磁场，所以就要借助于脉冲分配器。

脉冲分配器有多种形式，过去主要使用环形分配器，随着计算机技术的快速发展，目前已逐步被单片机所取代，在前述任务实施过程中所使用的控制箱，其主要控制元件就是单片机，它的重要作用就是进行脉冲分配。图 5-11 所示为步进电动机的系统控制图。

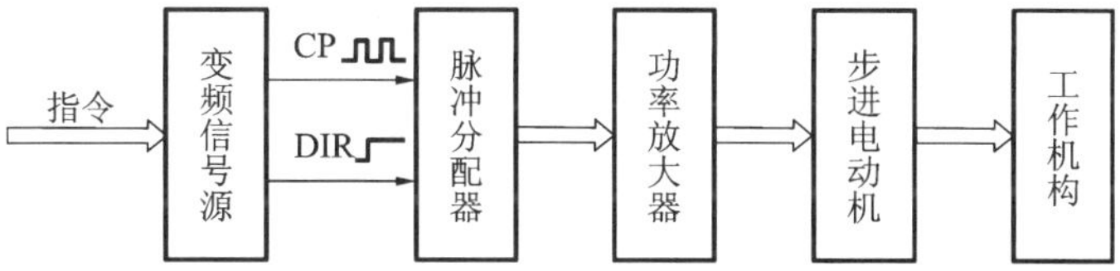

图 5-11　步进电动机的系统控制图

驱动电源的基本部分包括变频信号源、脉冲分配器(环形分配器或单片机)和功率放大器三部分。图 5-11 中，CP 为控制系统输出的脉冲信号，DIR 为方向控制信号。CP 控制信号的脉冲数决定了步进电动机转动的角度，CP 控制信号的频率决定了步进电动机旋转的速度；DIR 控制信号决定了步进电动机的转动方向。

步进电动机的控制脉冲信号一般都很弱，无法直接驱动步进电动机，因此需要功率放大器。功率放大器的作用就是将脉冲分配器输出的信号进行放大。目前应用较多的步进驱动主要有高低压驱动、恒流斩波驱动、调频调压驱动、细分控制驱动等。

功率放大器又称为步进驱动器，其性能主要取决于以下几个方面：① 能否提供足够幅值、前后沿稳定的励磁电流；② 功耗低、变换频率高；③ 稳定性、可靠性较好；④ 成本较低、维护容易。

近年来出现了将控制信号形成和功率放大电路合为一体的集成控制电源。

【思考与练习】

1. 简述测速发电机的分类及工作原理。
2. 造成测速发电机线性误差的因素有哪些?
3. 简述步进电动机的分类及工作原理。
4. 步进电动机的主要性能指标有哪些?
5. 简述步进电动机的系统控制过程。

任务 5.2　伺服电动机的结构与运行

【任务目标】

- 掌握伺服电动机的分类及工作原理;
- 了解伺服电动机的类型、结构特点及作用;
- 熟悉伺服电动机的工作特点及应用;
- 能进行伺服电动机的常规接线;
- 能对伺服控制系统进行常规故障的检查与排除。

【任务描述】

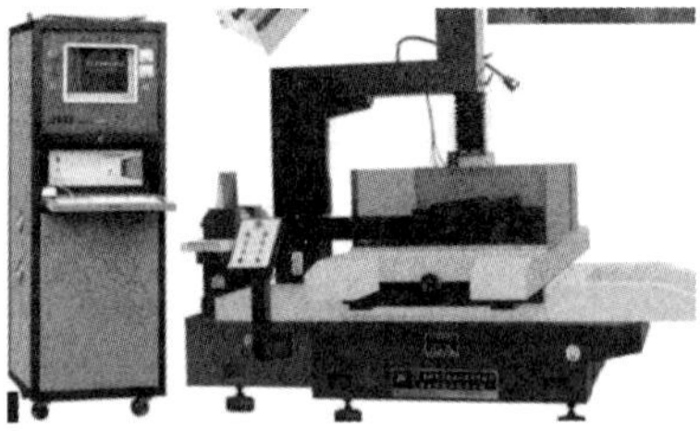

图 5-12　数控机床

数控机床(见图 5-12)加工工件时速度或位移量按设定要求随时间的变化而变化,加工过程中的速度由交流伺服电动机控制。试利用天煌 DDSZ—1 型电动机及电气控制实验装置所提供的交流伺服电动机系统(包括 D57 交流伺服电动机控制箱、JSZ—1 交流伺服电动机实验装置等),通过实验的方法配圆形磁场,测量交流伺服电动机幅值控制及幅相控制时的机械特性和调节特性,观察控制电压对交流伺服电动机转速的控制影响,观察自转现象的产生及消除。读者有其他相关组配件(如伺服电动机、伺服驱动器、变压器、交流电压表、交流电流表、测力矩装置等)也可自行搭配实验系统,观察实验现象。

【相关知识】

1. 自整角机

自整角机是一种控制电机,也是自动控制系统中的同步元件。它可以将运行过程中出现的角位移或角速度偏差进行自动整步,在自动控制系统中,通常将两个以上的自整角机组合起来使用。自整角机组合起来,既可以将系统转轴的角位移或角速度转换为电信号,又可以将电信号转换为系统转轴的角位移或角速度。自整角机的组合使用,可以使机械系统中互不相连的两根或几根转轴实现同步旋转或偏转。总的来说,自整角机的作用就是实现角位移的变换、传输与接收。利用两台或多台自整角机在电路上的联系,将转轴的转角变换为电信号,或将电信号变换为转轴的转角,可使相隔一定距离且机械上互不相连的两根或多根转轴保持同步旋转或产生相同的转角变化,以实现角度的变换、传输和接收。与发送轴(即主动轴)耦合的自整角机称为发送机,与接收轴(即被动轴)耦合的自整角机称为接收机,如图 5-13 所示。

图 5-13　自整角机外形图

自整角机的基本结构类似于小型同步电机，定子铁心上也嵌有一套三个互成 120°电角度的绕组，称为同步绕组。转子上置有单相励磁绕组，转子在结构上分为凸极结构和隐极结构，励磁绕组通过集电环和电刷接收励磁电源的电信号。

按工作原理的不同，可以将自整角机分为力矩式和控制式两种。力矩式自整角机主要用在指示系统中，完成角度信号的传输；控制式自整角机主要用在传输系统中，作为测量元件，完成角度信号到电信号的转换任务。根据相数不同，有三相自整角机和单相自整角机之分，前者主要用于电轴系统，后者主要用于角传递系统。

1）自整角机的结构

与直流电机相似，自整角机的结构主要分成定子和转子两大部分。定子、转子之间有很小的气隙。定子、转子铁心由高磁导率、低损耗的薄硅钢片冲制后经涂漆叠装而成。定子三相对称绕组有六个出线头，其中末端 D4、D5、D6 连接在一起，始端 D1、D2、D3 引至接线板上，接成星形。自整角机的转子有凸极和隐极两种结构，它们的铁心分别由如图 5-14 所示的冲片叠压组成，转子绕组为单相绕组。

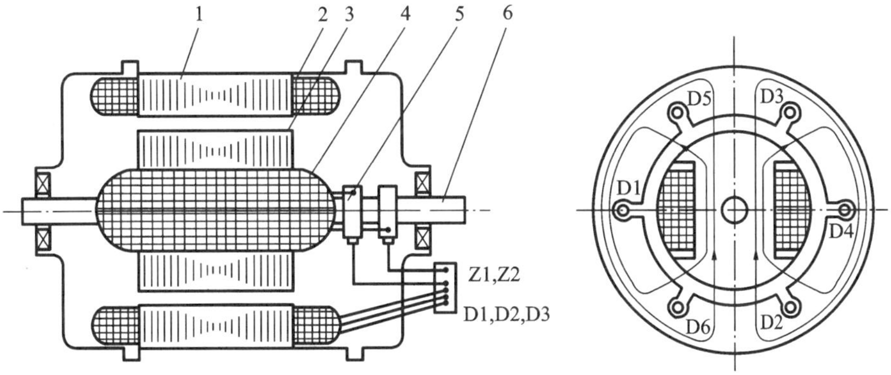

图 5-14　自整角机的结构图

1—定子铁心；2—三相绕组；3—转子铁心；
4—转子绕组；5—滑环；6—轴

为了使转子绕组和外电路连接，在转子上装有滑环和电刷装置。滑环是安装在轴上的两个导电环。两个滑环之间，以及滑环和转轴之间都应绝缘，转子绕组出线头 Z1、Z2 分别接至两个滑环上。在端盖上还装有电刷架，其电刷和滑环相接触，这样，转子绕组通过滑环和电刷被引到接线板上,如图 5-14 所示。这种自整角机由于其定子、转子装在一个机壳里,故称为组装式。此外,还有分装式自整角机,其定子、转子是可以分开的,分别在现场安装固定。

2) 力矩式自整角机的工作原理

力矩式自整角机系统由两台自整角机组成,其接线图如图 5-15 所示。它包括两台自整角机,左边的为发送机,右边的为接收机。它们的转子励磁绕组接同一单相交流电源,定子三相星接绕组称为整步绕组,按相序对应连接。

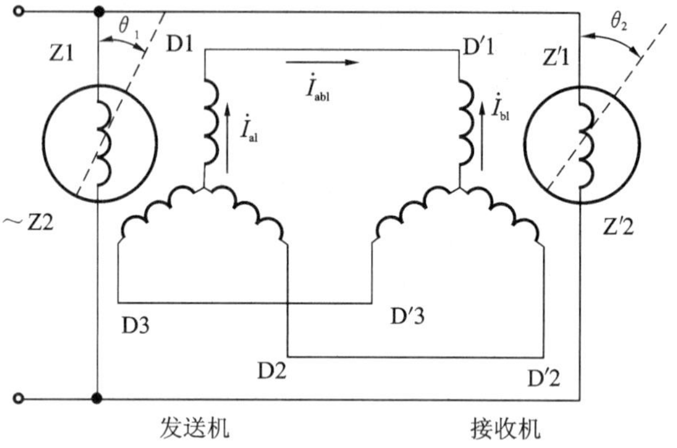

图 5-15 力矩式自整角机的接线图

(1) 基本工作原理。

当发送机和接收机各自的转子的励磁绕组通入同一单相交流电流时,两个绕组分别在发送机和接收机内各自产生脉动磁场,同时在各自的定子绕组中产生感应电动势。当发送机和接收机的定子、转子之间的相对位置相同时,其定子对应相绕组中的感应电动势的大小和相位必然相同。定子电路内就不会有电流,因而,发送机和接收机中均不会产生电磁转矩,转子不会自行转动,此时两机处于稳定的平衡位置。通常将转子绕组与某相定子绕组的轴线位置保持一致,如图 5-15 所示的位置,定义为力矩式自整角机的基准电气零位。发送机转子偏离基准电气零位 θ_1 与接收机转子偏离基准电气零位的角度 θ_2 之差 θ,即 $\theta=\theta_1-\theta_2$,称为失调角。

当失调角不等于零时,例如发送机转子在外力作用下转过一个 θ_1 角,而接收机转子未动,发送机和接收机对应定子绕组中的电动势就不相等,也就不能互相抵消,于是定子绕组回路中就有电流 $\dot{I}_{ab1}$、$\dot{I}_{ab2}$、$\dot{I}_{ab3}$ 流过(图 5-15 中已注明 $\dot{I}_{ab1}$)。这些电流实际上是发送机转子磁场和接收机转子磁场分别单独作用时在定子电路中产生的感应电流 $\dot{I}_{a1}$、$\dot{I}_{a2}$、$\dot{I}_{a3}$(图 5-15 中已注明 $\dot{I}_{a1}$)和 $\dot{I}_{b1}$、$\dot{I}_{b2}$、$\dot{I}_{b3}$(图 5-15 中已注明 $\dot{I}_{b1}$)的叠加。

(2) 应用举例。

图 5-16 所示为力矩式自整角机在液位指示器中应用的一例。图中的浮子随液面而升降,通过滑轮和平衡锤使自整角发送机转动。自整角发送机与接收机之间通过导线远距离连接。因为自整角接收机是随动的,所以它带动指针能准确地反映发送机转过的角度,从而实现了液位的传递。

3) 控制式自整角机的工作原理

在上述力矩式自整角机系统中,接收机的转轴上只能带很轻的负载(如指针),不能直接拖动机械负载,因为一般自整角机容量较小,即使带负载,也会因转轴上负载转矩较大而使系统的精度降低。

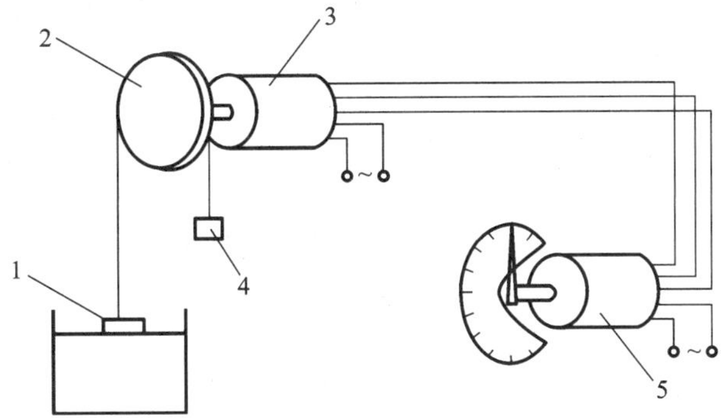

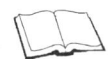

图 5-16　液位指示器的示意图

1—浮子；2—滑轮；3—自整角发送机；4—平衡锤；5—自整角接收机

为了提高远距离角传递系统的精度和负载能力，常使力矩式接收机的励磁绕组从电源断开，使其在变压器状态工作。这时，接收机输出的不是角位移或旋转运动，而是与失调角有关的信号电压，这个小功率信号电压再通过放大器放大，去推动伺服电动机，并经过减速器与机械负载联系在一起。这种间接通过伺服电动机来达到同步联系的系统称为同步随动系统。在这种系统中，用来输出电信号的自整角接收机称为自整角变压器。图 5-17 为控制式自整角机的接线图。发送机的转子绕组接交流电源，自整角变压器的转子绕组作输出绕组。在发送机转子磁场的作用下，定子电流将在自整角变压器中产生合成脉动磁场。当发送机和自整角变压器的转子在图 5-17 中所示位置时，自整角变压器的定子磁场轴线与定子 D′1 绕组的轴线一致，即与转子绕组的轴线是垂直的，因此不会在转子绕组中产生感应电动势，自整角变压器就没有电压输出。此时定子与转子的相对位置，规定为控制式自整角机的基准电气零位。可见，自整角机的基准电气零位是转子绕组与定子 D1 绕组垂直的位置。方便起见，当失调角 $\theta=0°$ 时，希望自整角变压器的输出电压 U_2 也等于零。这样自整角变压器转子绕组输出的信号电压为 $U_2=U_{2m}\sin\theta$，其中 U_{2m} 为接收机转子绕组的最大输出电压。可见，当 $\theta=0°$ 时，输出电压 U_2 等于零，当失调角 θ 增大时，输出电压 U_2 随之增大；当 $\theta=90°$ 时，输出电压达到最大值 U_{2m}。此外，输出电压还随发送机转子转动方向的改变而改变其极性。

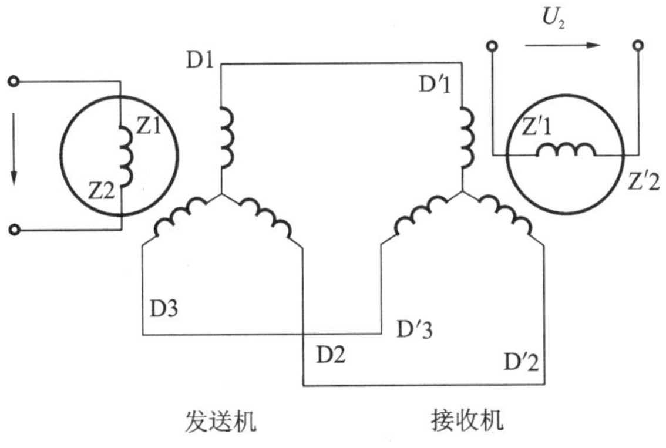

图 5-17　控制式自整角机的接线图

图 5-18 所示为控制式自整角机在自动跟踪系统中应用的一个例子，它将自整角变压器输出绕组的输出电压经放大器放大后，加到两相可调伺服电动机的控制绕组 K 上，使伺服电动机转动，再通过减速器使被控机械负载及自整角变压器转子一起转动，直至负载偏转的角度与

发送机偏转的角度相等为止。如果发送机转子的转角不断变化,伺服电动机也就不断转动,使 θ_2 跟 θ_1 而变化,达到转角随动的目的。采用控制式自整角变压器的同步连接系统,优点在于输出电压可通过放大器得到功率放大,可控制功率圈较大的伺服电动机来拖动负载,因此,它广泛用于遥测、遥控系统中。其缺点是增加了放大和伺服环节,使整个系统复杂化。

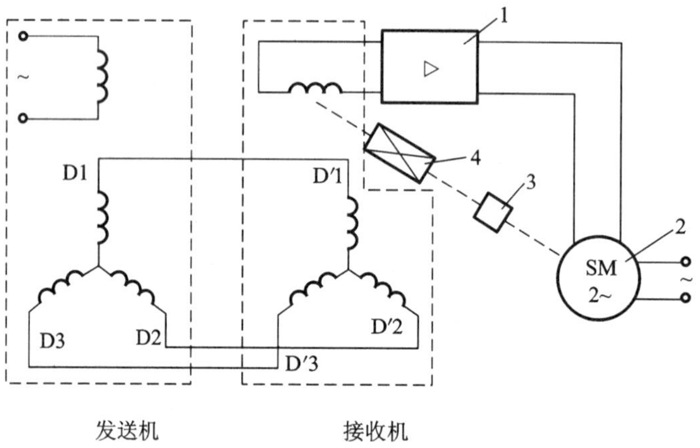

图 5-18 控制式自整角机应用实例

1—放大器;2—伺服电动机;3—减速器;4—机械负载

2. 伺服电动机

伺服电动机有直流和交流两大类。交流伺服电动机(通常指两相交流伺服电动机)输出功率较小,一般只有几十瓦。直流伺服电动机输出功率较大,一般可达几千瓦。伺服电动机在自动控制系统中作为执行元件,用于将输入的控制电压转换成电动机转轴的角位移或角速度输出,伺服电动机的转速和转向随着控制电压的大小和极性的改变而改变。

在自动控制系统中,对伺服电动机性能的要求有:① 调速范围宽;② 机械特性和调节特性应为线性;③ 无“自转”现象;④ 响应速度快。

1) 直流伺服电动机

直流伺服电动机(见图 5-19)通常用在功率稍大的系统中,其输出功率为 1～600 kW。它的基本结构和工作原理与普通直流他励电动机相同,不同点只是它做得要细长一些,以满足快速响应的要求。

图 5-19 直流伺服电动机

（1）基本结构。

直流伺服电动机的结构和原理与普通直流电动机的结构和原理没有根本区别。

按照励磁方式的不同，直流伺服电动机分为永磁式直流伺服电动机和电磁式直流伺服电动机。永磁式直流伺服电动机的磁极由永久磁铁制成，不需要励磁绕组和励磁电源。电磁式直流伺服电动机一般采用他励结构，磁极由励磁绕组构成，通过单独的励磁电源供电。

按照转子结构的不同，直流伺服电动机分为空心杯形转子直流伺服电动机和无槽电枢直流伺服电动机。空心杯形转子直流伺服电动机由于其力学性能指标较低，目前基本不采用。无槽电枢直流伺服电动机的转子是直径较小的细长形圆柱铁心，通过耐热树脂将电枢绕组固定在铁心上，具有散热好、力学性能指标高的特点。

由于自动控制系统对电动机的性能及快速响应的要求越来越高，因此伺服电动机有了很大发展，从而出现了各种低惯量的伺服电动机，如低惯量的空心杯形转子直流电动机、盘形电枢直流电动机和电枢绕组直接绕在铁心上的无槽电枢直流电动机等。随着电子技术的发展，又出现了采用电子元件换向的新型直流伺服电动机，它取消了传统直流电动机上的电刷和换向器，故称为无刷直流伺服电动机。其他一些新原理、新结构电动机大都处于研制阶段，需要不断改进和完善。

（2）直流伺服电动机的控制方式。

直流伺服电动机的控制方式有两种：一种是电枢控制，另一种是磁极控制。把电枢电压作为控制信号即采用改变电枢电压控制转速的方法称为电枢控制；把励磁绕组电压作为控制信号即采用改变励磁绕组电压控制转速的方法称为磁极控制或磁场控制。磁极控制只用于功率很小的伺服电动机。一般直流伺服电动机多采用电枢控制，这是因为电枢控制的特性好，电枢控制中回路电感小，响应快。工作时，若采用电枢控制式，则励磁绕组接以恒定励磁电压，电枢与控制信号电压 U 相接。有控制电压，电枢就转动，转速与控制电压成正比。无控制电压，电枢就停转，控制电压反向时，电枢就反转。永磁式直流伺服电动机则由永磁磁极励磁，控制也只有电枢控制方式。

（3）直流伺服电动机的工作特性。

在电枢控制方式下，作用于电枢的控制电压为 U_c，励磁电压 U_f 保持不变。电枢控制的直流伺服电动机原理如图 5-20 所示。

电磁式就是他励式，因此，直流伺服电动机的机械特性公式与他励直流电动机机械特性公式相同。转速公式为

$$n=\frac{U_c}{K_e\Phi}-\frac{R_a}{K_mK_e\Phi^2}T=n_0-IT$$

式中：U_c——电枢控制电压；

R_a——电枢回路电阻；

Φ——每极磁通；

K_e、K_m——电动机结构常数。

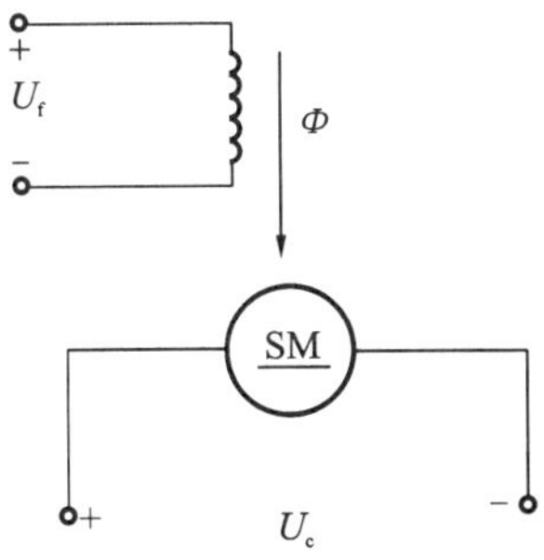

图 5-20　电枢控制的直流伺服电动机原理图

由于直流伺服电动机的磁路一般不饱和，可以不考虑电枢反应，且认为主磁通 Φ 大小不变。

由转速公式便可得到直流伺服电动机的机械特性和调节特性，故转速公式也称为直流伺服电动机的机械特性方程。

伺服电动机的机械特性表示控制电压一定时转速随转矩变化的关系。当作用于电枢回路

的控制电压 U_c 不变时，转矩 T 增大时转速 n 降低，转矩 T 与转速 n 之间成线性关系，不同控制电压作用下的机械特性如图 5-21(a)所示。

调节特性是指电磁转矩恒定时电动机的转速随控制电压变化的关系 $n=f(U)$。由转速公式便可画出直流伺服电动机的调节特性曲线，如图 5-21(b)所示，它们也是一组平行的直线。这些调节特性曲线与横轴的交点，就表示在某一电磁转矩(略去电动机的空载损耗时的负载转矩)时的起动电压，控制电压达到该起动电压，电动机便能起动并达到一定转速；反之，控制电压小于相应的起动电压，电动机所能产生的最大电磁转矩仍小于所需要的转矩值，伺服电动机不能起动。所以，在调节特性曲线上，从坐标原点到起动电压点的这一段横坐标所示的范围，称为在某一电磁转矩时伺服电动机的失灵区。显然，失灵区的大小与电磁转矩的大小成正比。由以上分析可知，电枢控制式直流伺服电动机的机械特性和调节特性都是一组平行的直线。

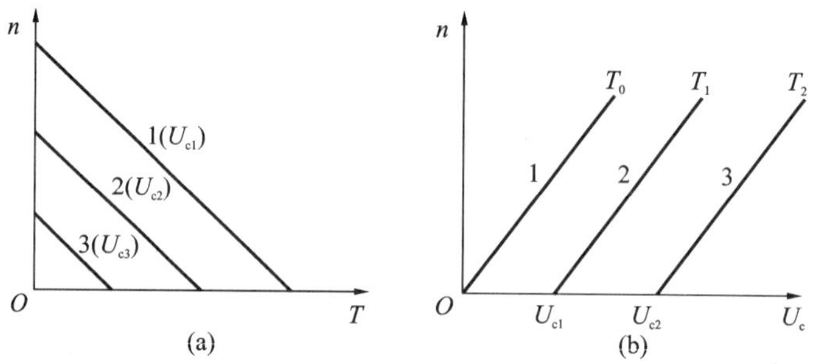

图 5-21　直流伺服电动机的特性

(a)机械特性；(b)调节特性

直流伺服电动机的机械特性和调节特性的线性度好，调整范围大，起动转矩大，效率高。其缺点是电枢电流较大，电刷和换向器维护工作量大，接触电阻不稳定，电枢与换向器之间的火花有可能对控制系统产生干扰。

(4) 直流伺服电动机的应用。

直流伺服电动机在自动控制系统中作为执行元件，即在输入控制电压后，电动机能按照控制电压信号的要求驱动工作机械。伺服电动机通常作为随动系统、遥控和遥测系统的主传动元件。由伺服电动机组成的伺服系统，通常采用两种控制方式：一是速度控制方式，二是位置控制方式。速度控制原理框图如图 5-22 所示。

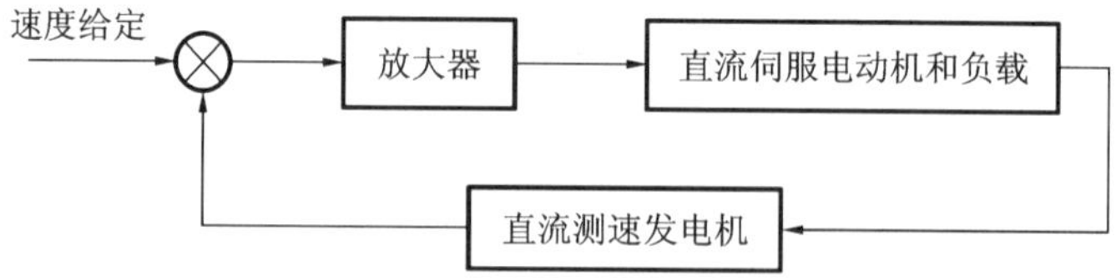

图 5-22　速度控制原理框图

在此系统中，速度的给定量和反馈量都是以电压信号形式出现的。当电动机的转速低于所要求的转速时，由测速发电机发出的电压信号与速度给定量比较，使放大器电压升高，向伺服电动机供电，电动机立即加速；反之，若电动机的转速高于所要求的转速，测速发电机就发出电压信号与速度给定量比较，使放大器电压降低，向电动机供电，电动机减速。只有在电动机的转速等于所需的转速时，测速发电机所发出的电压信号与速度给定量相平衡，反映出电动机稳定运行时的电压，使电动机严格运行在给定的转速上。

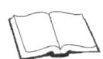

2）交流伺服电动机

交流伺服电动机（通常指两相交流伺服电动机）如图 5-23 所示，其输出功率较小，一般只有几十瓦。伺服电动机在自动控制系统中作为执行元件，把输入的电压信号变换成使轴转动的信号。输入的电压信号又称为控制信号或控制电压，当控制电压的相位改变 180°时，交流伺服电动机的转子就会反转，当改变控制电压大小时，伺服电动机随着改变转速。

图 5-23　交流伺服电动机

自动控制系统对交流伺服电动机提出的要求主要有：① 转速和转向应方便受控制信号的控制，调速范围较大；② 整个运行范围内的特性应接近线性关系，保证运行的稳定性；③ 当控制信号消除时，伺服电动机应立即停转，要求无“自转”现象；④ 控制功率要小，起动转矩应大；⑤ 机电时间常数要小，起动电压要低；⑥当控制信号变化时，反应快速灵敏。

（1）交流伺服电动机的结构。

交流伺服电动机在结构上类似于单相异步电动机，它的定子铁心中安放着空间相差 90°电角度的两相绕组，一相称为励磁绕组，一相称为控制绕组。电动机工作时，励磁绕组接单相交流电压，控制绕组接控制信号电压，要求两相电压频率相同。

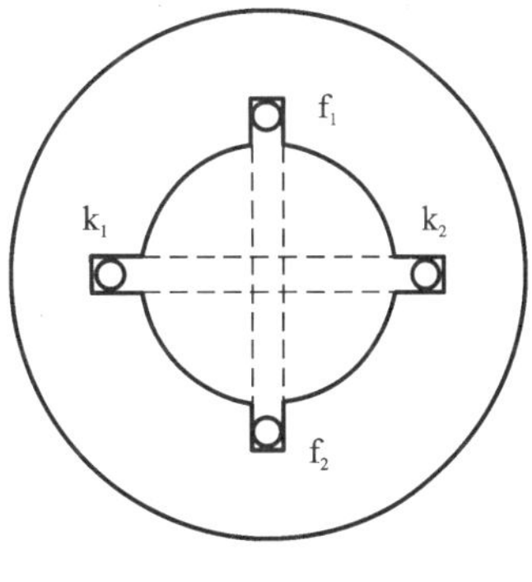

图 5-24　两相绕组布局图

交流伺服电动机的结构主要包括定子部分和转子部分。定子铁心由硅钢片叠压而成。定子上绕有两个形式相同并在空间互差 90°的绕组，其中一个是励磁绕组 f_1f_2，另一个是控制绕组 k_1k_2，如图 5-24 所示。从定子绕组看，交流伺服电动机实质上是一个“两相异步电动机”。转子结构形式主要有两种：鼠笼式转子和空心杯形转子。

鼠笼式转子与普通三相异步电动机的鼠笼式转子相似，只是外形更加细长，目的是减小转子的转动惯量从而降低电动机的时间系数，鼠笼导条的材料采用高电导率的导电材料，如黄铜、青铜等，也可采用铸铝结构。其结构如图 5-25 所示。鼠笼式转子交流伺服电动机体积一般较大，气隙小，励磁电流小，功率因数较高，电动机的机械强度较大，但响应速度较慢，低速运行时不稳定。

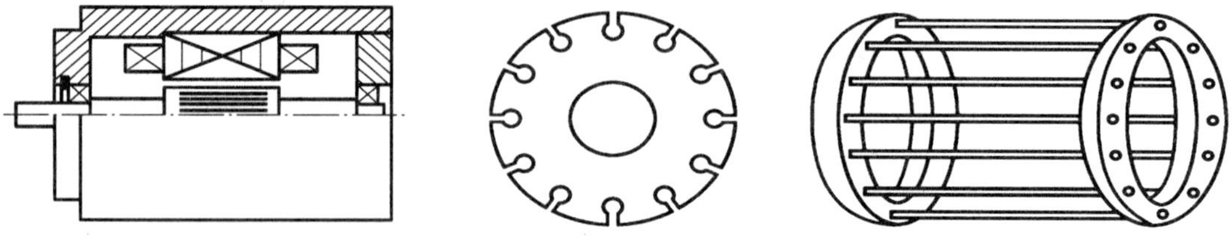

(a)　　(b)　　(c)

图 5-25　鼠笼式转子交流伺服电动机总体结构及转子冲片和转子绕组

(a)总体结构；(b)转子冲片；(c)转子绕组

空心杯形转子交流伺服电动机总体结构及转子绕组如图 5-26 所示。空心杯形转子用非磁性材料铝或铝合金制成，装在转轴上，杯壁较薄，厚度一般不超过 0.5 mm，因而转动惯量小并具有较大的转子电阻。外定子铁心由硅钢片叠装而成，内定子铁心由环形硅钢片叠装而成。内定子铁心上一般不嵌放绕组，只是代替鼠笼式转子的铁心，作为磁路的一部分，其作用是减小磁路的磁阻。空心杯形转子交流伺服电动机的气隙较大，励磁电流占额定电流的 80%左右，因而功率因数和效率都低，体积和重量也比较大。但它的转动惯量小，反应灵敏，调速范围大，所以应用也较广泛。总之，空心杯形转子交流伺服电动机具有响应快、运行平稳的优点，但有结构复杂、气隙较大、空载电流大、功率因数较小等缺点。

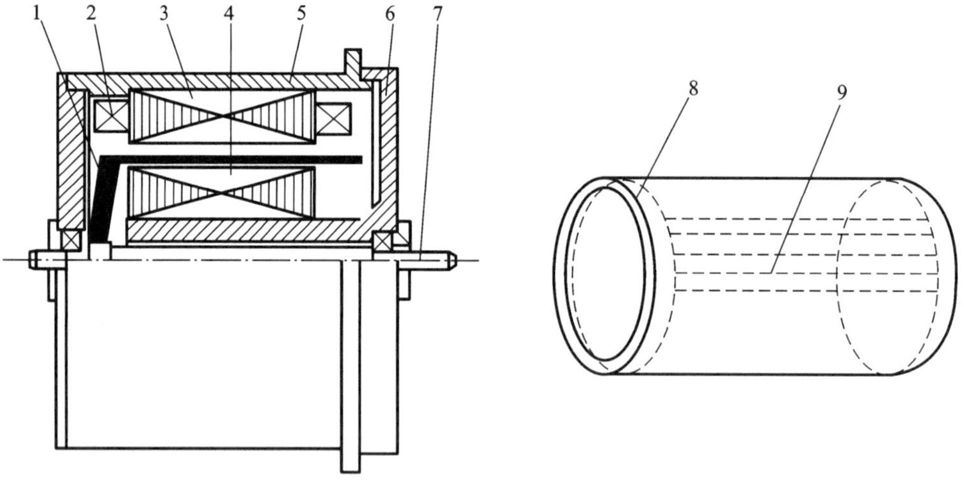

(a)　　(b)

图 5-26　空心杯形转子交流伺服电动机总体结构及转子绕组

1—空心杯形转子；2—定子绕组；3—外定子铁心；4—内定子铁心；5—机壳；6—端盖；
7—转轴；8—短路环；9—鼠笼条杯形转子(与鼠笼式转子相似)

(2) 交流伺服电动机的工作原理。

图 5-27 是交流伺服电动机的工作原理图，图 5-27(a)中 W_f 为励磁绕组，它由恒定电压的交流电源励磁。W_c 为控制绕组，一般由伺服放大器供电。两个绕组在空间相差 90°电角度。

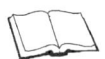

控制绕组所加的电压 $\dot{U}_c$ 与励磁电压 $\dot{U}_f$ 有一定相位差，在理想的情况下，相位差为90°。两绕组中的电流在气隙建立一个旋转磁场，转子导体切割此磁场产生感应电动势和电流，此电流再与磁场相互作用而产生电磁转矩，使转子随着旋转磁场的方向而旋转。

下面用一对永久磁铁N极和S极，并在两极中间放有一个能够自由转动的鼠笼式转子的模型来加以说明，如图5-27(b)所示。如果这对永久磁铁在空间按顺时针方向旋转，形成一个旋转磁场，并以速度 n 旋转，那么磁力线也就顺时针方向切割转子导条。相对于磁场，转子导条逆时针方向切割磁力线，在转子导条中产生感应电动势。根据右手定则，N极下导条的感应电动势方向都是垂直地从纸面出来，用⊙表示；而S极下导条的感应电动势方向都是垂直地进入纸面，用⊗表示。由于鼠笼式转子导条通过短路环连接起来，因此在感应电动势的作用下，转子导条中就会有电流流过，电流方向和感应电动势方向相同。再根据通电导体在磁场中的受力原理，转子载流导条又要与磁场相互作用产生电磁力，这个电磁力作用在转子轴上，并对转轴形成电磁转矩。根据左手定则，转矩的方向与磁极转动的方向是一致的，也是顺时针方向。因此，鼠笼式转子或者空心杯形转子便在电磁转矩作用下顺着磁极旋转方向转动起来。

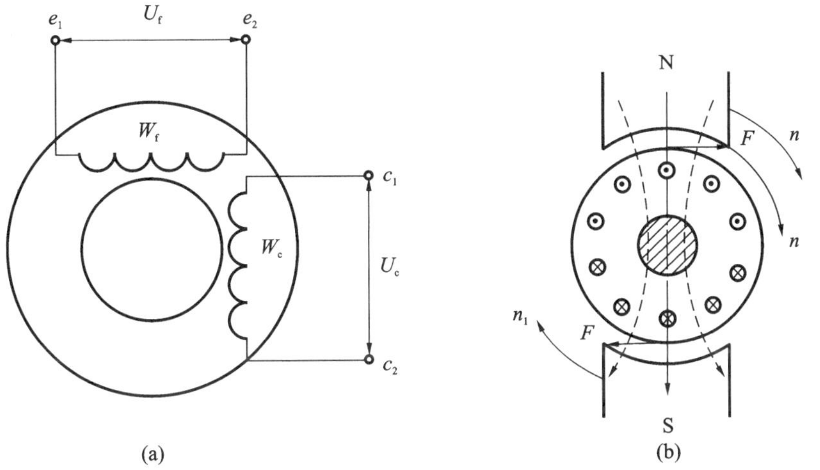

图5-27　交流伺服电动机的工作原理

(a)原理图；(b)示意图

由上所述可知，在单相异步电动机中，当转子转动起来以后，断开起动绕组，电动机仍然能够转动。如果在交流伺服电动机中，控制绕组断开后电动机仍然转动，那么就处于“自转”状态。“自转”在伺服电动机中是绝对不允许的。

那么如何消除伺服电动机的“自转”现象呢？其实，只需要增加伺服电动机的转子电阻就可以了。当控制绕组断开后，只有励磁绕组起到励磁的作用，单相交流绕组产生的是脉振磁场，即可以分解为两个方向相反、大小相同的旋转磁场。当转子电阻较小（临界转差率 $s_m<1$）时，伺服电动机的机械特性如图5-28(a)所示，曲线 T_+ 为正向旋转磁场作用下的机械特性，曲线 T_- 为反向旋转磁场作用下的机械特性，曲线 T 为合成机械特性曲线。由图可知，电磁转矩的方向与转速方向相同，电动机仍然转动。当转子电阻较大（临界转差率 $s_m\geqslant1$）时，伺服电动机的机械特性如图5-28(b)所示。从合成机械特性曲线 T 可以看出，电磁转矩方向与转速方向相反，在电磁转矩的影响下，电动机能迅速停止，从而有效地消除了交流伺服电动机的“自转”现象。

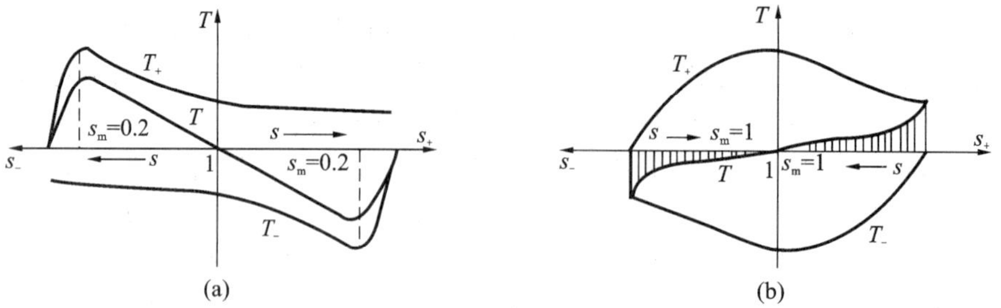

图 5-28　交流伺服电动机单相励磁的机械特性

(a)$s_m<1$ 时的机械特性;(b)$s_m\geqslant 1$ 时的机械特性

(3) 交流伺服电动机的控制方式。

交流伺服电动机除了不允许“自转”外,还要求能够通过改变加在控制绕组上的电压的大小和相位来改变电动机转速的大小和方向。

根据旋转磁动势理论,励磁绕组和控制绕组共同作用产生的是一个旋转磁场,旋转磁场的旋转方向是由相位超前的绕组到相位滞后的绕组。改变控制绕组中控制电压的相位,就可以改变两相绕组的超前与滞后的关系,从而改变旋转磁场的方向,交流伺服电动机的旋转方向也就能改变。改变控制电压的大小和相位,可以改变旋转磁场的磁通,从而改变电动机的电磁转矩,交流伺服电动机转速也会发生变化。

交流伺服电动机的控制方法有幅值控制、相位控制和幅相控制三种,如图 5-29 所示。生产中应用幅值控制的最多,这种控制方法是保持控制电压 $\dot{U}_c$ 与励磁电压 $\dot{U}_e$ 之间的相位差不变,并等于 90°电角度,改变 R_P 的大小,即可改变控制电压 $\dot{U}_c$ 的大小,得到图 5-30 所示的不同控制电压下的机械特性曲线。

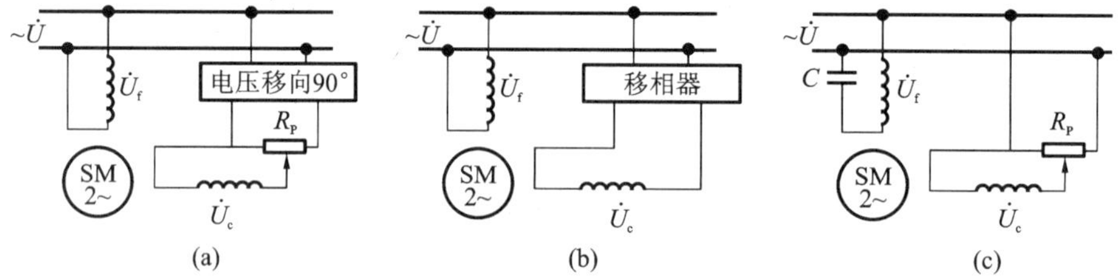

图 5-29　交流伺服电动机的控制接线原理图

(a)幅值控制方式;(b)相位控制方式;(c)幅相控制方式

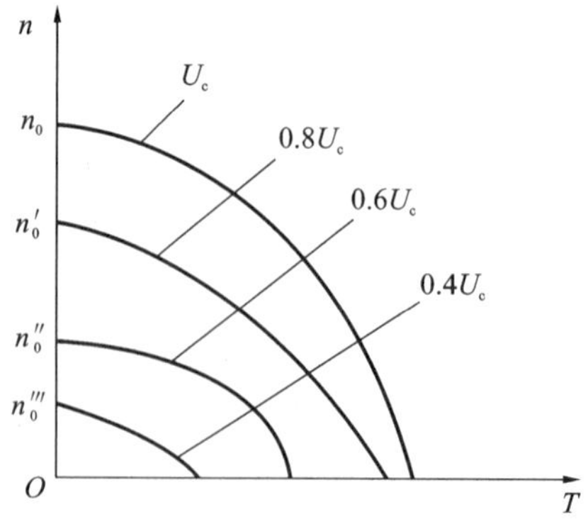

图 5-30　不同控制电压下的机械特性曲线

由图 5-30 可知，在一定负载转矩下，控制电压越高，转差率越小，电动机的转速就越高，不同的控制电压对应着不同的转速。

下面对三种控制方式进行分析：

① 幅值控制通过改变控制电压 $\dot{U}_c$ 的幅值来控制电动机的转速，而 $\dot{U}_c$ 的相位始终保持不变，使控制电流 $\dot{I}_c$ 与励磁电流 $\dot{I}_f$ 保持 90°电角度的相位关系，如图 5-29(a)所示。

② 相位控制通过改变控制电压 $\dot{U}_c$ 的相位，从而改变控制电流 $\dot{I}_c$ 与励磁电流 $\dot{I}_f$ 之间的相位角来控制电动机的转速。在这种情况下，控制电压 $\dot{U}_c$ 的大小保持不变，当两相电流 $\dot{I}_c$ 与 $\dot{I}_f$ 之间的相位角为 0°时，转速为零，电动机停止转动，如图 5-29(b)所示。

③ 幅相控制是指通过同时改变控制电压 $\dot{U}_c$ 的幅值及 $\dot{I}_c$ 与 $\dot{I}_f$ 之间的相位角来控制电动机的转速。具体方法是，在励磁绕组回路中串入一个移相电容 C 以后，再接到稳压电源 $\dot{U}_1$ 上，这时励磁绕组上的电压 $\dot{U}_f=\dot{U}_1-\dot{U}_{ef}$，如图 5-29(c)所示；控制绕组上加与 $\dot{U}_1$ 相同的控制电压 $\dot{U}_c$，当改变控制电压 $\dot{U}_c$ 的幅值来控制电动机转速时，由于转子绕组与励磁绕组之间的耦合作用，励磁绕组电流 $\dot{I}_f$ 也随着转速的变化而发生变化，从而使励磁绕组电压 $\dot{U}_f$ 及电容 C 上的电压 $\dot{U}_{cf}$ 也随之变化；这样，改变 $\dot{U}_c$ 的幅值使得 $\dot{U}_c$ 与 $\dot{U}_f$ 的幅值、它们之间的相位角以及相应电流 $\dot{I}_c$、$\dot{I}_f$ 之间的相位角也都发生变化。因此，这种控制方式属于幅值和相位的复合控制方式。在控制过程中，励磁回路中所接的电容在选择时要尽量使电动机起动时两相绕组产生的磁动势大小相等、相位差为 90°，以保证电动机有良好的起动性能。

在这三种控制方式中，虽然幅相控制的机械特性及调节特性最差，但这种方法所采用的控制设备简单，不需要移相装置，所以应用也最为广泛。

(4) 交流伺服电动机的应用。

交流伺服电动机在自动控制系统、自动检测系统和计算装置中主要作为执行元件。

交流伺服电动机在位置控制系统中可以实现远距离角度传递，其工作原理是将主令轴的转角传递到远距离的执行轴，命名为复现主令轴的转角位置。这类应用实例有发电厂闸门的开启、轧钢机中轧辊间隙的自动控制、火炮和雷达的定位等。交流伺服电动机在检测装置中的应用有电子自动电位差计、电子自动平衡电桥等。在计算装置中，交流伺服电动机与其他控制元件一起组成各种计算装置，可以进行加、减、乘、除、乘方、开方、正弦函数、微分和积分等运算。

【任务实施】

1. 元器件、工具、仪表、设备和材料

根据交流伺服电动机型号和电气原理图，选择所需元器件的型号和数量，并列出所用的工具、仪表、设备和材料清单如表 5-7 所示。

表 5-7　元器件、工具、仪表、设备和材料明细表

序号	名　称	型号与规格	单位	数量	备　注
1	交流伺服电动机控制箱	天煌电动机实验系列挂件 D57	件	1	表中所列型号与规格仅供参考，可根据实际情况自定
2	交流伺服电动机实验装置	天煌电动机实验系列挂件 D54(BSZ-1)；圆盘半径为 3 cm	件	1	

续表

序号	名　　称	型号与规格	单位	数量	备　　注
3	交流电流表	天煌电动机实验系列挂件 D32	件	1	表中所列型号与规格仅供参考,可根据实际情况自定
4	交流电压表	天煌电动机实验系列挂件 D33	件	1	
5	三相可调电阻器	天煌电动机实验系列挂件 D41	件	1	
6	示波器		台	1	
7	交流电源	AC220 V±10%,50 Hz	台	1	
8	按钮	LAY39-11、LAY39-10	只	各 1	
9	导线	BVR1.0,1.0 mm^2(黄、绿、红、黑)	m	若干	
10	熔断器	RT14-20,380 V,24 A	套	若干	

2. 幅值控制接线

选择好相关实验配件后,按图 5-31 的要求及实际的合理顺序进行幅值控制接线。

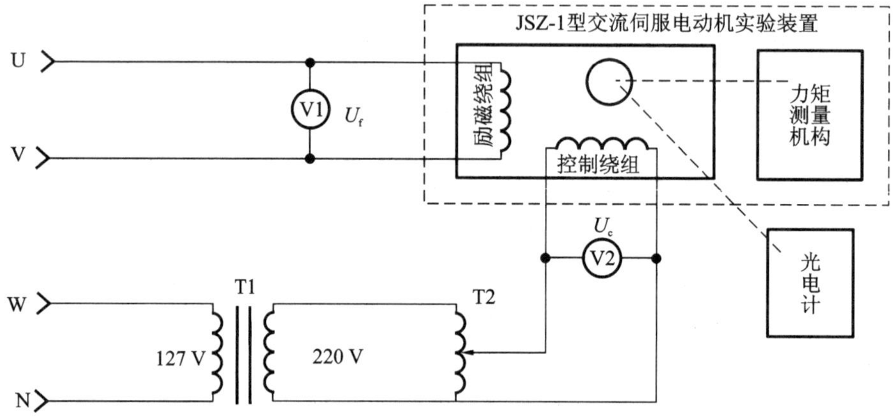

图 5-31　交流伺服电动机幅值控制接线图

(1) 实测交流伺服电动机 $\alpha=1$(即 $U_c=U_N=220$ V)时的机械特性。

① 关断三相交流电源,按图 5-31 接线。图中 T1、T2 选用 D57 挂件,V1、V2 选用 D33 挂件。

② 开启三相交流电源,调节调压器,使 $U_f=220$ V,再调节单相调压器 T2 使 $U_c=U_N=220$ V。

③ 调节棘轮机构,逐次增大力矩 $T[T=(F_{10}-F_2)\times 3]$,将弹簧秤读数及电动机转速记录于表 5-8 中。

表 5-8　测量数据记录表(一)　　$U_f=$____V　$U_c=$____V

序　　号								
F_{10}/N								
F_2/N								
$T=(F_{10}-F_2)\times 3$ /(N·cm)								
n/(r/min)								

(2) 实测交流伺服电动机 $\alpha=0.75$(即 $U_c=0.75U_N=165$ V)时的机械特性。

① 保持 $U_f=220$ V 不变,调节单相调压器 T2,使 $U_c=0.75U_N=165$ V。

② 重复上述步骤,将所测数据记录于表 5-9 中。

表 5-9　测量数据记录表(二)　　$U_f=$____V　$U_c=$____V

序　　号								
F_{10}/N								
F_2/N								
$T=(F_{10}-F_2)\times 3$ /(N·cm)								
n/(r/min)								

(3) 实测交流伺服电动机的调节特性。

① 调节三相调压器使 $U_f=220$ V,松开棘轮机构,即电动机空载。逐次调节单相调压器 T2,使控制电压 U_c 从 220 V 逐次减小直到 0 V。

② 将每次所测的控制电压 U_c 与电动机转速 n 记录于表 5-10 中。

表 5-10　测量数据记录表(三)　　$U_f=220$ V

U_c/V							
n/(r/min)							

3. 幅相控制接线

按图 5-32 的要求及实际的合理顺序进行幅相控制接线。

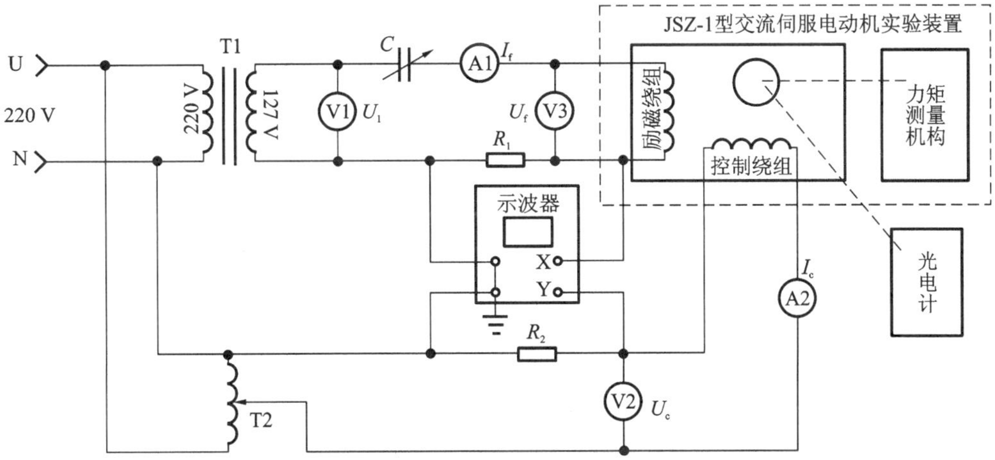

图 5-32　交流伺服电动机幅相控制接线图

(1) 用实验方法使电动机堵转时的旋转磁场为圆形磁场。

① 关断三相交流电源,按图 5-32 接线。图中 T1、T2、C 选用 D57 挂件。A1、A2 表选用 D32 上 1 A 挡。V1、V2、V3 选用 D33 上 300 V 挡。R_1、R_2 选用 D41 挂件上 90 Ω 并联 90 Ω 共 45 Ω 阻值,并用万用表调定在 5 Ω 阻值。示波器两探头地线应接图中 N 线,X 踪和 Y 踪幅值量程一致,并设在叠加状态。

② 合上三相交流电源,调节三相调压器使 $U_1=127$ V,再调节单相调压器 T2 使 $U_c=U_1=127$ V,调节棘轮机构使电动机堵转。

③ 调节可变电容 C,观察 A1 和 A2 表,使 $I_f=I_c$,此时示波器轨迹应为圆形旋转磁场,且 U_f应等于 U_c。

(2) 实测交流伺服电动机 $U_1=127$ V,$\alpha=1$(即 $U_c=U_N=220$ V)时的机械特性。

① 调节单相调压器 T2 使 $U_c=U_N=220$ V。松开棘轮机构,再调节棘轮机构手柄逐次增大力矩。

② 记录电动机从空载至堵转时,10 N 弹簧秤和 2 N 弹簧秤的读数及电动机转速,记于表 5-11 中。

表 5-11 测量数据记录表(四) $U_1=$____V $U_c=$____V

序号								
F_{10}/N								
F_2/N								
$T=(F_{10}-F_2)\times 3$ /(N·cm)								
n/(r/min)								

(3) 实测交流伺服电动机 $U_1=127$ V,$\alpha=0.75$(即 $U_c=0.75U_N=165$ V)时的机械特性。

调节三相交流电源和单相调压器使 $U_c=0.75U_N=165$ V,重复以上步骤,将数据记录于表 5-12 中。

表 5-12 测量数据记录表(五) $U_f=$____V $U_c=$____V

序号						
F_{10}/N						
F_2/N						
$T=(F_{10}-F_2)\times 3$ /(N·cm)						
n/(r/min)						

4. 观察交流伺服电动机"自转"现象

(1) 接线图同图 5-32 一样,调节调压器使 $U_1=127$ V,$U_c=220$ V,再将 U_c开路,观察电动机有无"自转"现象。

(2) 接线图同图 5-32 一样,调节调压器使 $U_1=127$ V,$U_c=220$ V,再将 U_c调到 0 V,观察电动机有无"自转"现象。

【任务检查与评价】

1. 注意事项

伺服电动机应用广泛,但操作不当或长时间运行也会出现各种故障。因此,注意操作中的各个细节,防止故障的产生,是完成任务的重要保障。

1）按元器件明细表配齐所有元器件并进行检验

（1）元器件的技术数据（型号、规格、额定电压、额定电流等）应完整并符合要求，外观无损伤。

（2）检测可调电阻器的实际阻值范围是否符合实验标准。

（3）检测电流表、电压表量程是否正确，能否正常工作，是否需要调零。

（4）检测交流电源工作电压是否合格，按钮的功能是否正常。

（5）对电动机的质量进行常规检查。

2）按实验示意图的走线方法进行硬件接线

具体包括以下内容：

（1）布线时，严禁损伤线芯、导线绝缘层。

（2）各元器件接线端子引出导线的走向，以元器件的水平中心线为界，在水平中心线以上的接线端子引出的导线，必须进入元器件上面的走线槽；在水平中心线以下的接线端子引出的导线，必须进入元器件下面的走线槽。任何导线都不允许从水平方向进入走线槽内。

（3）各元器件接线端子上引出或引入的导线，除间距很小和元器件机械强度很低的允许直接架空敷设外，其他导线必须经过走线槽进行连接。

（4）进入走线槽的导线要完全置于走线槽内，并应尽可能避免交叉，装线不要超过其容量的70%，以便能盖上线槽盖，便于以后的装配及维修。

（5）各元器件与走线槽之间的外露导线，应走线合理，并尽可能做到横平竖直，变换走向要垂直。同一个元器件上位置一致的端子和同型号元器件中位置一致的端子上引出或引入的导线，要敷设在同一平面上，并应做到高低一致和前后一致，不得交叉。

（6）所有接线端子、导线接头上都应套有与线路图上相应接点线号一致的编码套管，并按线号进行连接，连接必须牢靠，不得松动。

（7）在任何情况下，接线端子必须与导线截面积和材料性质相适应。当接线端子不适合连接软线或较小截面积的软线时，可以在导线端头穿上针形或叉形轧头并压紧。

（8）一般一个接线端子只能连接一根导线，如果采用专门设计的端子，可以连接两根或多根导线，但导线的连接方式必须是公认的、在工艺上成熟的方式，如夹紧、压接、焊接、绕接等，并应严格按照连接工艺的工序要求进行。

3）注意伺服电动机要求的标准参数

（1）电压。励磁电压与控制电压指的都是额定值。励磁绕组的额定电压一般允许上下变动范围为5%。

（2）频率。伺服电动机常用的频率分低频和中频两大类，低频为50 Hz（或60 Hz），中频为400 Hz（或500 Hz）。在使用不同频率电动机时注意要用相应频率的电源。

（3）堵转转矩，堵转电流。定子两相绕组加上额定电压，转速等于零时的输出转矩，称为堵转转矩。此时，流过励磁绕组和控制绕组的电流分别为堵转励磁电流和堵转控制电流。

（4）空载转速。定子两相绕组加上额定电压，电动机不带任何负载时的转速为空载转速。

（5）额定输出功率。在电动机对称运行时，当转速接近空载转速一半时，此时输出功率最大，此功率为额定功率，该点为额定状态点。

2. 考核要求及评分标准

任务检查与评分标准如表5-13所示。

表 5-13 任务检查与评分标准

主要内容	评分标准	配分
小组代表汇报讲解	(1) 讲解不全面,扣 1～10 分; (2) 条理不够清晰,扣 1～10 分	15
元器件选用、检查和安装	(1) 不按布置图安装,扣 15 分; (2) 元器件安装不牢固、不整齐、不合理,扣 2 分; (3) 损坏元器件,扣 15 分	15
接线质量	(1) 不按接线图接线,扣 20 分; (2) 布线不美观、不平直、不整齐、不紧贴敷设面,扣 5 分; (3) 节点松动、露铜过长、压绝缘层,每处扣 1 分; (4) 损伤导线绝缘或线芯,每根扣 5 分	20
通电前检测、通电试验	(1) 热继电器未整定或整定不正确,扣 15 分; (2) 熔断体规格选用不正确,扣 10 分; (3) 一次试车不成功,扣 10 分; (4) 两次试车不成功,扣 20 分; (5) 三次试车不成功,扣 30 分	30
安全文明生产、团队合作精神	(1) 小组分工不够好,扣 1～5 分; (2) 违反安全文明生产要求,扣 5～10 分	10
测量	能够正确测量且数据正确	10
备注	各项扣分最高不超过该项配分	

【拓展知识】

进给伺服系统中伺服电动机的常见故障排查。

三相交流伺服电动机运行时间过长,会出现各种故障。及时判断故障原因,进行相应处理,是防止故障扩大,保证设备正常运行的一项重要任务。下面简单列举一些常见的故障现象及原因。

1. 通电后电动机不转,没有异响、异味,也无冒烟

(1) 故障原因可能为:

① 电源未接通;

② 熔断器断开;

③ 过流继电器设置过小;

④ 控制设备(如伺服驱动器)接线错误。

(2) 排除故障的措施有:

① 检查电源开关,看熔断体、接线盒接触是否良好,若接触不好立即修复;

② 检查熔断器是否断开,若断开,找出断开原因,并更换熔断器;

③ 调节过电流继电器整定值,使之与电动机匹配;

④ 若接线错误,更正接线。

2. 通电后电动机不转,且发出“嗡嗡”的噪声

(1) 故障原因可能为:

① 转子绕组缺相或电源某相失电；
② 绕组接线错误或反接；
③ 电源接线松动，接触电阻过大；
④ 电动机负载过大而导致转子堵转；
⑤ 电源电压过低；
⑥ 小型电动机装配过紧；
⑦ 电动机轴承被卡。
(2) 排除故障的措施有：
① 若有断点予以修复；
② 检查绕组极性，判断绕组末端是否正确；
③ 紧固松动的接线螺钉，并用万用表验证；
④ 减载并消除机械故障；
⑤ 检查导致电源电压过低的原因并修复；
⑥ 重新装配并使之灵活；
⑦ 修复轴承。

3. 电动机起动困难，额定负载时，电动机转速远远低于额定转速

(1) 故障原因可能为：
① 电源电压过低；
② 电动机接线错误；
③ 电动机转子断裂；
④ 电动机转子线圈局部错接或反接；
⑤ 电动机绕组增加匝数过多；
⑥ 电动机负载过大。
(2) 排除故障的措施有：
① 检查电源电压，若不稳定则加以改善；
② 检查电动机接线是否正确，若不正确立即改正；
③ 检查电动机转子是否断裂，若断裂立即修复；
④ 检查电动机转子线圈是否局部错接或反接，若错接或反接立即改正；
⑤ 恢复电动机绕组正确匝数；
⑥ 适当减载。

4. 电动机运行中振动较大

(1) 故障原因可能为：
① 磨损轴承间隙过大；
② 电动机气隙不均；
③ 电动机转子结构不平衡；
④ 电动机转轴出现弯曲；
⑤ 联轴器同轴度过低。
(2) 排除故障的措施有：
① 检修轴承，若不合格立即更换；

② 调整气隙,使之均衡;

③ 校正电动机转子动平衡;

④ 校正电动机转轴;

⑤ 校正联轴器,使之符合规定。

5. 电动机过热甚至冒烟

(1) 故障原因可能为:

① 电源电压过高;

② 电源电压过低,同时又带有额定负载或过载;

③ 拆除绕组时,烧伤铁心;

④ 电动机过载或频繁起动;

⑤ 电动机缺相;

⑥ 电动机定子绕组重绕后浸漆不充分;

⑦ 环境温度过高,电动机油污较多或通风道堵塞。

(2) 排除故障的措施有:

① 若电源电压过高则合理降低电源电压;

② 若电源电压过低则适当提高电源电压;

③ 修复铁心;

④ 适当减载;

⑤ 找出缺相原因,恢复三相运行;

⑥ 二次浸漆及真空浸漆;

⑦ 清洗电动机油污,并改善环境温度。

【思考与练习】

1. 简述步进电动机的工作原理。
2. 步进电动机的步距角由哪些因素决定?步进电动机的转速由哪些因素决定?
3. 简述直流伺服电动机的基本工作原理。
4. 简述交流伺服电动机的基本工作原理。
5. 交流伺服电动机的控制方式有哪些?其各自有何优缺点?

项目6　电气控制电路的基本环节

电气控制的方法有继电器-接触器控制法、可编程逻辑控制法和计算机控制法等。其中由按钮、继电器、接触器等低压电器组成的继电器-接触器控制法具有维修方便、便于掌握、价格低廉等优点，多年来在各种生产机械的电气控制中获得广泛应用。同时，这种控制法也是其他控制法的基础。

不同生产机械的控制要求是不同的，其相应的控制线路也是千变万化、各不相同的。但是，这些控制线路都是由一些具有某种基本功能的控制环节或控制单元，按一定的控制原理和逻辑规律组合而成的。所以，深入地分析这些基本单元线路，掌握其逻辑关系，是进一步学习和掌握电气控制电路的基础。

【项目教学目标】

知识目标	技能目标
♣ 熟悉用国家标准中的文字符号和图形符号绘制电气原理图的方法； ♣ 掌握常用低压电器的型号、规格、符号、使用方法； ♣ 掌握电动机常用控制电路的工作原理及安装接线方法； ♣ 掌握电气控制电路国家统一的绘图原则和标准； ♣ 熟练掌握用万用表检测控制电路的方法。	♣ 能利用国家标准中的文字符号和图形符号绘制电气原理图； ♣ 能独立分析电气控制线路故障的原因，并借助电工工具和仪表查出故障点； ♣ 掌握简单控制电路的调试及维修方法； ♣ 具备一定的创新能力，对电气控制系统进行优化。

任务6.1　三相异步电动机的正反转控制电路的安装与调试

【任务目标】

- ➢ 掌握正反转控制电路的结构和工作原理；
- ➢ 能进行接线图的识读和绘制；
- ➢ 学会互锁正反转电动机控制电路的安装接线；
- ➢ 能根据工艺要求进行布线的操作；
- ➢ 能使用万用表对电路进行通电前的检查；
- ➢ 能正确安装并调试电路。

图 6-1　起重机吊钩

【任务描述】

在生产加工过程中，除了要求电动机实现单向运行外，往往还要求电动机能实现可逆运行，如图 6-1 所示的起重机吊钩，它就需要实现上升或下降。由三相交流电动机的工作原理可知，如果将接至电动机的三相电源线中的任意两相对调，就可以实现电动机的反转。请对它进行正反转控制，并安装与调试。要求采用按钮控制的形式实现正反转控制运行过程。

【相关知识】

1. 电气图形符号与文字符号

电气控制线路图是电气工程技术的通用语言。为了便于交流与沟通，国家标准化管理委员会参照国际电工委员会(IEC)颁布的有关文件，制定了我国的电气设备的有关标准，采用了图形和文字符号及回路标号。常用电气图形符号和文字符号如表 6-1 所示。

表 6-1　常用电气图形符号和文字符号

名称		图形符号	文字符号
一般三极电源开关		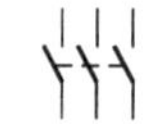	QS
低压断电器		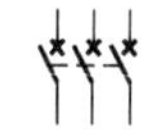	QF
位置开关	常开触点		SQ
	常闭触点		
	复合触点	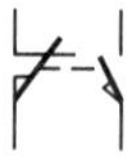	
熔断器			FU
按钮	起动		SB
	停止		
	复合		
接触器	线圈	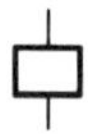	KM

名称		图形符号	文字符号
接触器	主触点		KM
	常开辅助触点		
	常闭辅助触点		
速度继电器	常开触点		KS
	常闭触点		
时间继电器	线圈	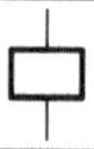	KT
	常开延时闭合触点		
	常闭延时断开触点		
	常闭延时闭合触点		
	常开延时断开触点	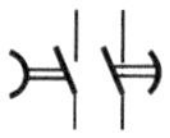	
热继电器	热元件	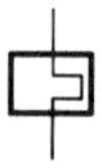	FR

续表

名　　称		图形符号	文字符号
热继电器	常闭触点		FR
继电器	中间继电器线圈	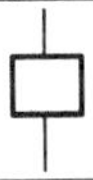	KA
继电器	欠电压继电器线圈	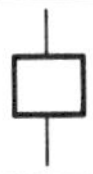	KA
继电器	过电流继电器线圈	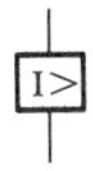	KA
继电器	常开触点		相应继电器符号
继电器	常闭触点		相应继电器符号
继电器	欠电流继电器线圈		KA
转换开关		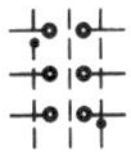	SA
制动电磁铁		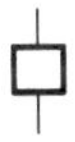	YB
电磁磨合器		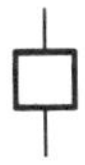	YC
电位器		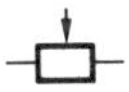	RP
三相绕线转子异步电动机			M
单相变压器		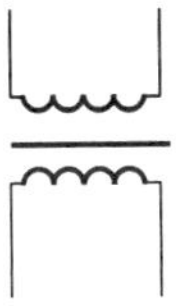	T
整流变压器			T
照明变压器			TC
控制电路电源用变压器			TC
三相自耦变压器		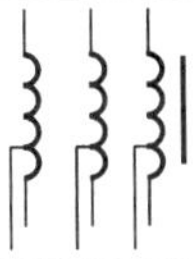	T
半导体二极管		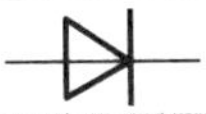	VD

名　　称	图形符号	文字符号
桥式整流装置	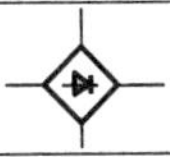	VC
照明灯		EL
信号灯		HL
电阻器	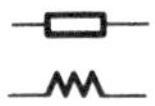	R
接插器	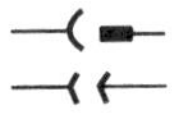	XS
电磁铁	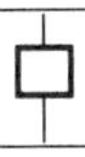	YA
电磁吸盘	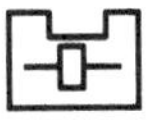	YH
串励直流电动机	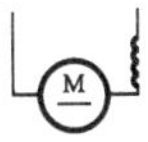	M
并励直流电动机	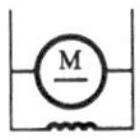	M
他励直流电动机	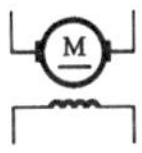	M
复励直流电动机	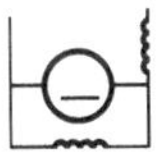	M
直流发电机		G
三相笼型异步电动机		M
PNP 型三极管		VT
NPN 型三极管	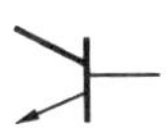	VT
晶闸管（阴极侧受控）	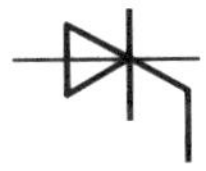	VT

2. 电气图的分类与作用

电气图一般有三种:电气原理图、元器件布置图、电气安装接线图。

1) 电气原理图

电气原理图表示电路的工作原理、各种元器件的作用和相互关系,但不考虑电路元器件的实际安装位置和实际连接情况。

2) 元器件布置图

元器件布置图反映各元器件的实际安装位置,在图中,元器件用实线框表示,而不必按其外形画出;图中往往还留有10%以上的备用面积及导线管(槽)的位置,以供走线和改进设计使用;图中还需要标注出必要的尺寸。

3) 电气安装接线图

电气安装接线图表示元器件在设备中的实际安装位置和实际接线情况。各元器件的安装位置是由设备的结构和工作要求决定的,如电动机要与被拖动的机械部件在一起,行程开关应安放在要获取信号的地方,操作元件应放在操作方便的地方,一般元器件应放在电气控制柜内。绘制电气安装接线图应遵循以下原则:

(1) 各元器件用规定的图形符号绘制,同一元器件的各个部位必须画在一起。各元器件在图中的位置应与实际安装位置一致。一个元件所有部件应画在一起并用虚线框起来。

(2) 接线图中元件图形符号、文字符号、接线端子符号应与原理图一致。

(3) 走向相同的相邻导线可绘成一根线,走线通道应尽量少。

(4) 安装底板内外的元器件之间的连线应通过接线端子板连接。

(5) 画连接导线时,应标明导线的规格、型号、根数和穿线管的尺寸。

3. 继电器-接触器控制系统点动与长动控制的保护

(1) 短路保护。在图6-2和图6-3所示的电路中,由熔断器FU对主电路和控制电路进行短路保护。为了扩大保护范围,在电路中熔断器应安装在靠近电源端,通常安装在电源开关下面。

(2) 过载保护。在图6-2和图6-3所示的电路中,由热继电器FR对电动机进行过载保护。当电动机工作电流长时间超过额定值时,FR的动断触点会自动断开控制回路,使接触器线圈失电释放,从而使电动机停转,实现过载保护。

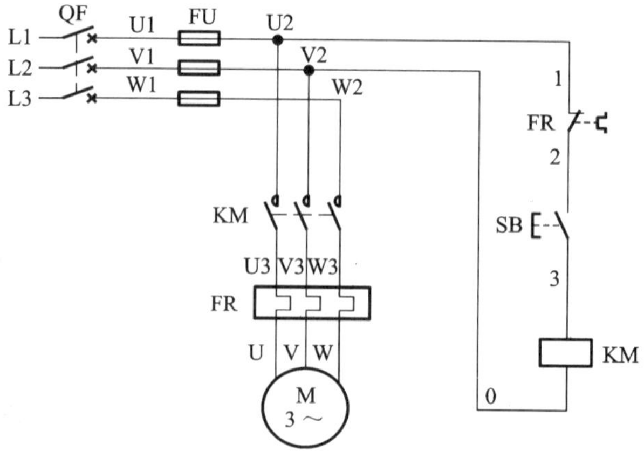

图6-2 点动控制电路工作原理图

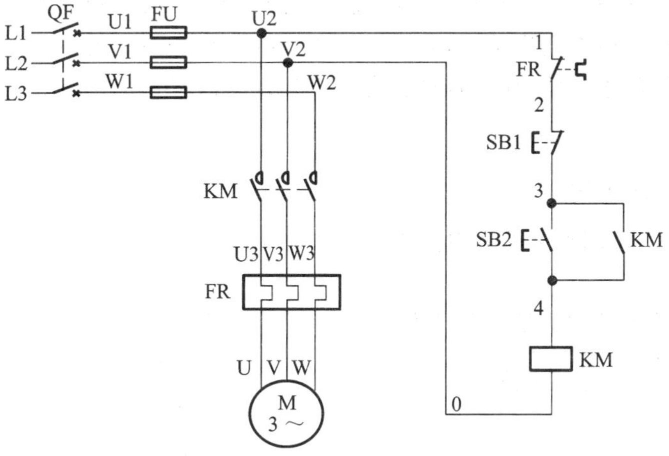

图 6-3 长动控制电路工作原理图

（3）欠压和失压保护。在图 6-3 所示的电路中，由接触器本身的电磁机构能实现欠压和失压保护。当电源电压过低或失去电压时，接触器的衔铁自行释放，电动机断电停转；而当电压恢复正常时，要重新操作起动按钮才能使电动机再次运转。这样可以防止重新通电后因电动机自行运转而发生的意外事故。

4. 电气安装接线

电动机基本控制线路的安装，一般应按以下步骤进行：

（1）识读电路图，明确线路所用元器件及其作用，熟悉线路的工作原理。

（2）根据电路图或元器件明细表配齐元器件，并进行检验。

（3）根据元器件选配安装工具和控制板。

（4）根据电路图绘制布置图和接线图，然后按要求在控制板上固装元器件（电动机除外），并贴上醒目的文字符号。

（5）根据电动机容量选配主电路导线的截面。先接主电路，后接辅助电路；正确选择导线线径、颜色，主电路导线截面面积大，辅助电路导线截面面积小。

（6）根据接线图布线，布线时要求导线横平竖直，多根导线要对称，同时在剥去绝缘层的两端线头处套上与电路图编号相一致的编码套管。

（7）安装电动机。

（8）连接电动机的保护接地线。

（9）连接电源、电动机等控制板外部的导线。

5. 电路断电检查

检查前先断开总电源，然后根据故障可能产生的部位，逐步找出故障点。检查时应先检查电源线进线处有无碰伤而引起的电源接地、短路等现象，螺旋式熔断器的熔断指示器是否发出信号，热继电器是否动作。然后检查电器外部有无损坏，连接导线有无断路、松动，绝缘是否过热或烧焦。

6. 通电试车及故障排除

在通电检查时要尽量使电动机与其所传动的机械部分脱开，将控制器和转换开关置于零位，行程开关还原到正常位置，然后用万用表检查电源电压是否正常，是否有缺相或严重不对称。最后再进行通电检查。检查的顺序为:先检查控制电路,后检查主电路;先检查辅助系统,后检查主传动系统;先检查交流系统,后检查直流系统;合上开关,观察各元器件是否按要求动作,是否有冒火、冒烟、熔断器熔断的现象,直至查到发生故障的部位。

【任务实施】

1. 绘制控制原理图

按任务控制要求绘制点动控制电路工作原理图(见图 6-4)。

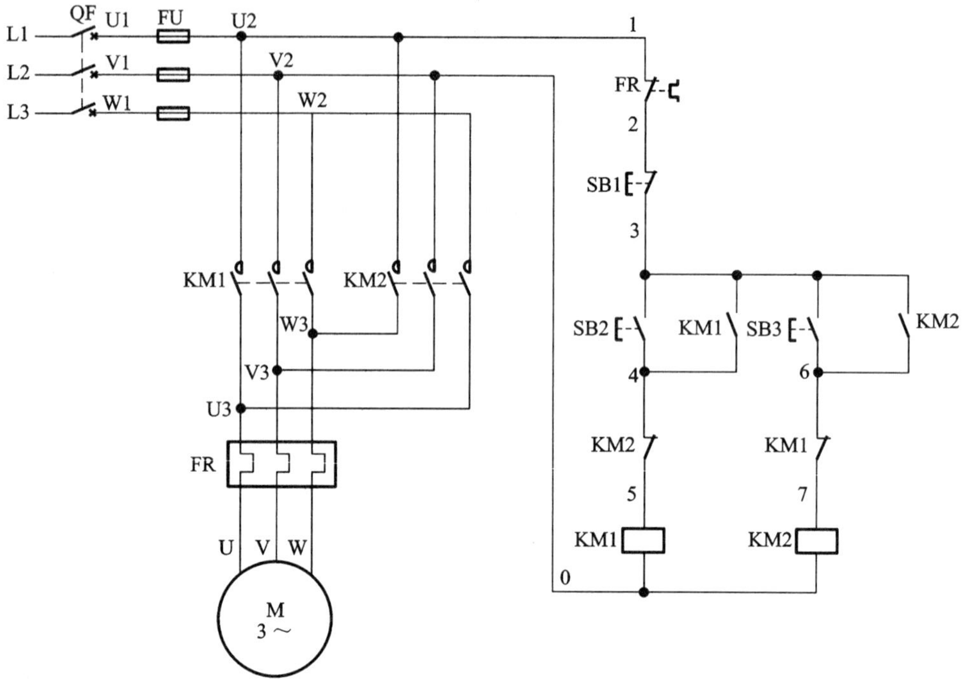

图 6-4　电动机正反转控制电路工作原理图

图 6-4 所示为两个接触器的电动机正反转控制电路,图中使用了两个分别用于正转和反转的接触器 KM1、KM2,对这个电动机进行电源电压相序的调换。此时,如果正转用接触器 KM1,电源和电动机通过接触器 KM1 主触头,使 L1 相和 U 相、L2 相和 V 相、L3 相和 W 相分别对应连接,所以电动机正向转动。如果接触器 KM2 动作,电源和电动机通过 KM2 主触头,使 L1 相和 W 相、L2 相和 V 相、L3 相和 U 相分别对应连接,因为 L1 相和 L3 相交换,所以电动机反向转动。

按下正转起动按钮 SB2,接触器 KM1 线圈得电并自锁,电动机开始正转;按下反转起动按钮 SB3,接触器 KM2 线圈得电并自锁,电动机开始反转。

为了避免两接触器同时得电而造成电源相间短路,在控制电路中,分别将两个接触器 KM1、KM2 的辅助动断触点串接在对方的线圈回路里,这样可以形成互相制约的控制,即一个接触器通电时,其辅助动断触点会断开,使另一个接触器的线圈支路不能通电。

在一个接触器得电动作时,通过其辅助动断触点使另一个接触器不能得电动作的作用称为互锁(也称联锁),而这两对起互锁作用的触点称为互锁触点。

接触器互锁的电动机正反转控制电路的工作原理如下:

① 通电。合上电源开关 QF。

② 正转起动。过程如下：

按下 SB2→KM1 线圈得电─┬→KM1 主触点闭合→电动机 M 正转
├→KM1 辅助动断触点分断，对 KM2 互锁
└→KM1 辅助动合触点闭合，自锁

③ 停止。过程如下：

按下 SB1→KM1 线圈失电─┬→KM1 主触点分断→电动机 M 停转
├→KM1 辅助动断触点闭合，互锁解锁
└→KM1 辅助动合触点分断，自锁解锁

④ 反转起动。过程如下：

按下 SB3→KM2 线圈得电─┬→KM2 主触点闭合→电动机 M 反转
├→KM2 辅助动断触点分断，对 KM1 互锁
└→KM2 辅助动合触点闭合，自锁

欲使用该电路改变电动机的转向时，必须先按停止按钮，使接触器触点复位后才能按另一个起动按钮使电动机反向运转。

2. 元器件、工具、仪表、设备和材料

根据电动机型号和电气原理图，选择所需元器件的型号和数量，并列出所用的工具、仪表、设备和材料清单，如表 6-2 所示。

表 6-2　元器件、工具、仪表、设备和材料明细表

序号	名　称	型号与规格	单位	数量	备　注
1	三相异步电动机	Y112M-4，4 kW、380 V、Y/△接法	台	1	表中所列型号与规格仅供参考，可根据实际情况自定
2	三相四线电源	AC3×380/220 V、20 A	个	1	
3	配线板	500 mm×600 mm×20 mm	块	1	
4	自动空气开关	DZ10-25/3	个	1	
5	熔断器	RL1-60/25，380 V，20 A	个	3	
6	万用表	VC9808+	块	1	
7	电工工具	剥线钳，十字螺丝刀，剪线钳等	套	1	
8	热继电器	JR20-10	只	1	
9	按钮	LAY39-11，LAY39-10	只	各 2	
10	接触器	CJ20-10，线圈电压 220 V，10 A	只	2	
11	连接导线	BVR1.5，1.5 mm^2（黄、绿、红、蓝）	m	若干	
12	端子排	TC2-20 A	个	若干	

3. 安装和调试

（1）根据图 6-4 画出电动机正反转控制电路的元器件位置图，如图 6-5 所示。

（2）根据图 6-4 画出电动机正反转控制电路的接线图，如图 6-6 所示。

（3）按图 6-5 配齐所用元器件，并检查元器件的数量、规格是否符合控制电路的要求，所

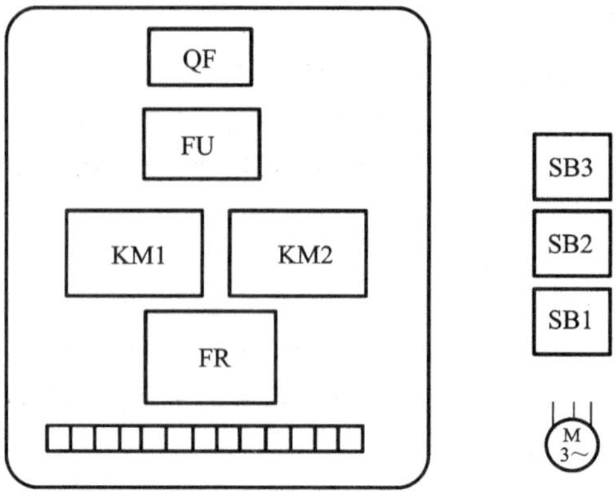

图 6-5　电动机正反转控制电路的元器件位置图

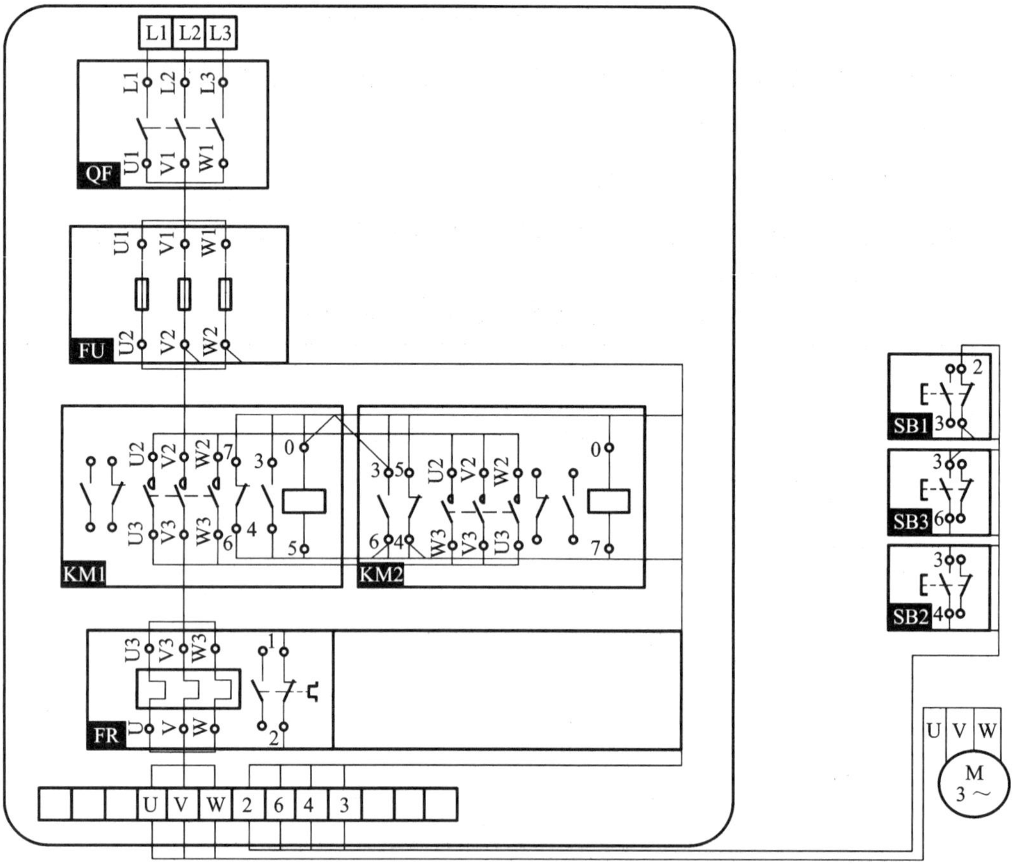

图 6-6　接触器互锁的电动机正反转控制电路的接线图

配元器件的外观是否完好无损，用万用表欧姆挡检测各元器件。

(4) 在控制板上按照元器件位置图(见图 6-5)安装元器件。

(5) 按如图 6-6 所示的接触器互锁的电动机正反转控制电路的接线图进行板前明线布线、套管。

(6) 安装完毕后，必须经过认真检查，方可通电。

(7) 在教师的指导下，通电试车。若遇到异常现象，应立即停车，检查故障。

【任务检查与评价】

1. 考核任务

1）工艺要求

根据图6-6所示电路检查配线板布线的正确性。

（1）接线要与接线点垂直并且不能有毛刺，裸线长度不超过2 mm。

（2）布线要合理，不能太长也不能太短。

（3）接线压线时不能露铜，更不能压住连接线的绝缘层。

（4）去掉连接线绝缘层的长度要适当。

（5）连接线“鼻子”应该顺时针方向拧紧。

（6）不能损坏工具和元器件。

（7）接线点要标明线号。

2）自检

（1）按电路图或接线图从电源端开始，逐段核对接线及接线端子处线号是否正确，有无漏接、错接之处。检查接线点是否符合要求，压线是否牢固。同时要求接线点接触良好，以避免带负载运转时产生闪弧现象。

（2）用万用表检查线路的通断情况。检查时，应选用R×100电阻挡，并进行校零，以防发生短路故障。

（3）检查控制电路，可将万用表的表笔分别搭接在U12、V12线端上，万用表读数应为“∞”，按下SB2（或按下SB3）时读数应为接触器线圈直流电阻的值（约2 kΩ），按下SB1（或松开SB2、SB3）时读数回到“∞”。

（4）检查主电路时，可以手动来代替接触器受电线圈励磁吸合时的情况进行检查，即按下KM触点系统，用万用表检测L1与U、L2与V、L3与W是否导通。

3）试车

（1）为保证安全，通电试车必须在教师的指导下进行。试车前应做好准备，包括清点工具，清除安装底板上的线头、杂物，检查各组熔断器的熔断体，分断各开关使按钮处于未操作前的状态，检查三相电源是否对称等，然后通电试车。

（2）空操作试验。正确连接好电源后，接通三相电源，使线路不带负载（电动机）通电操作，以检查辅助电路工作是否正常。操作各按钮，检查它们对接触器的控制作用；检查接触器的控制作用；注意有无卡住或阻滞等不正常现象；细听有无过大的振动噪声。

（3）带负载试车。控制线路经过数次空操作试验动作无误，即可切断电源后，再正确连接好电动机带负载试车。电动机起动前应先做好停车准备，起动后要注意它的运行情况。如果发现电动机起动困难、发出噪声及线圈过热等异常现象，应立即停车，切断电源后进行检查。

4）注意事项

（1）接电前必须征得教师同意，由教师接通L1、L2、L3，并现场指导。

（2）学生合上电源开关QF后，不得对线路是否正确进行带电检查。

（3）第一次按下按钮时，应短时点动，以观察线路和电动机运行有无异常现象。

（4）试车成功率以通电后第一次按下按钮时计算。

（5）出现故障后，学生应独立检修，若需带电检修，必须有教师在场指导。

（6）检修完毕再次试车，也应由教师指导，并做好项目内容操作记录。

2. 考核要求及评分标准

任务检查与评分标准如表 6-3 所示。

表 6-3 任务检查与评分标准

主要内容	评分标准	配分
小组代表汇报讲解	(1) 讲解不全面,扣 1～10 分; (2) 条理不够清晰,扣 1～10 分	20
原理图控制	(1) 主电路不符合标准,扣 2 分; (2) 控制电路不符合标准,扣 2 分; (3) 信号、照明等不符合标准,扣 2 分	10
布置图、接线图的绘制	(1) 元器件布置不整齐、不匀称、结构不合理,每处扣 1～5 分; (2) 尺寸标注不正确,每处扣 1 分; (3) 线号标注不准确、不齐全,扣 2 分; (4) 走线不合理,扣 2 分	15
元器件选用、检查和安装	(1) 元器件选择不合理,每只扣 1～5 分; (2) 元器件漏检或错检,扣 5 分; (3) 不按图安装,扣 10 分; (4) 元器件安装不牢固,每只扣 5 分; (5) 元器件安装不整齐、不匀称、不合理,每只扣 4 分; (6) 损坏元器件,扣 15 分; (7) 本项目不得负分	15
接线质量	(1) 不按接线图接线,扣 10 分; (2) 布线不美观、不平直、不整齐、不紧贴敷设面,主电路、控制电路每处扣 1 分; (3) 节点松动,露铜过长,压绝缘层,每处扣 1 分	10
通电前检测、通电试验	(1) 主电路测量不正确,扣 5 分; (2) 控制电路测量不正确,扣 5 分; (3) 一次试车不成功,扣 10 分; (4) 两次试车不成功,扣 15 分	20
安全文明生产、团队合作精神	(1) 小组分工不够好,扣 1～5 分; (2) 违反安全文明生产要求,扣 5～10 分	10
备注	各项扣分最高不超过该项配分	

【拓展知识】

按钮、接触器双重互锁的电动机正反转控制电路的安装接线。

图 6-7 所示为按钮、接触器双重互锁的电动机正反转控制电路。若其中一个接触器发生熔焊现象,当接触器线圈得电时,其动断触点不能断开另一个接触器的线圈电路,就会发生电动机相间短路事故,因此应采用按钮、接触器双重互锁的电动机正反转控制电路。所谓按钮互锁,就是将复合按钮动合触点作为起动按钮,而将其动断触点作为互锁触点串接在另一个接触器线圈支路中。这样,要使电动机改变转向,只要直接按反转按钮就可以了,而不必先按停止按钮,简化了操作。同时,控制电路中保留了接触器的互锁功能,因此更加安全可靠。

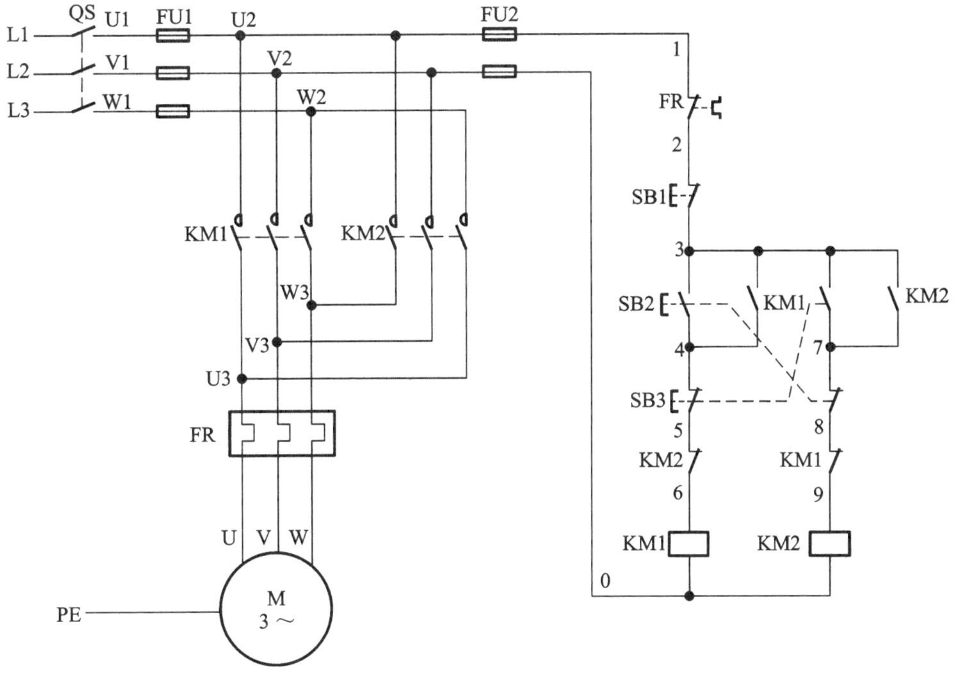

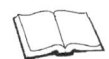

图 6-7　按钮、接触器双重互锁的电动机正反转控制电路

【思考与练习】

1. 两个交流接触器控制的电动机正反转控制电路，为防止电源短路，必须实现什么控制？

2. 分析图 6-8 所示电路运行的结果，请指出存在的错误之处，并更正之。

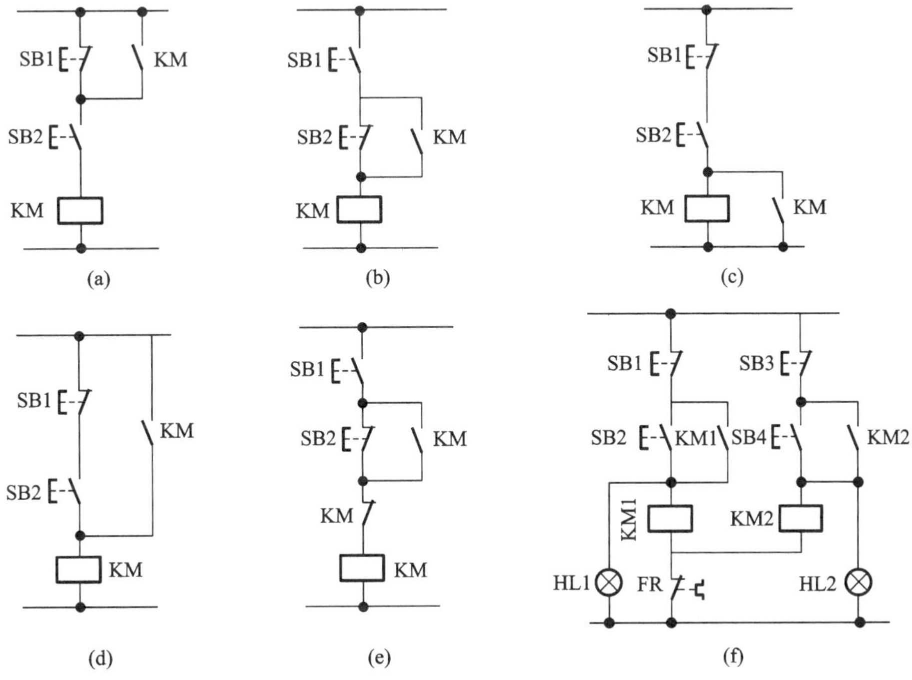

图 6-8　第 2 题图

任务 6.2　三相异步电动机顺序控制电路的安装与调试

【任务目标】

- 掌握顺序控制电路的结构和工作原理；
- 能进行接线图的识读和绘制；
- 学会三相异步电动机顺序控制的安装接线；
- 能根据工艺要求进行布线的操作；
- 能使用万用表对电路进行通电前的检查；
- 能正确安装并调试电路。

图 6-9　普通铣床

【任务描述】

在多电动机驱动的生产机械上，各台电动机所起的作用不同，设备有时要求某些电动机按一定顺序起动并工作，以保证操作过程的合理性和设备工作的可靠性。例如，图 6-9 所示的为普通铣床，其工作台(放置工件)的进给电动机必须在主轴(刀具)电动机起动的条件下才能起动。这就对电动机起动过程提出了顺序控制的要求，实现顺序控制要求的电路称为顺序控制电路。那么，采用什么样的措施才能实现多台电动机的顺序起动呢？请对它进行顺序控制，并安装与调试。要求采用按钮控制的形式实现顺序控制运行过程。

【相关知识】

1. 位置控制

在生产过程中，一些生产机械运动部件的行程或位置要受到限制，或者需要其运动部件在一定范围内自动循环等，如摇臂钻床、镗床、龙门刨床、桥式起重机及各种自动或半自动控制机床设备就有这种控制要求。实现这种控制要求的主要元件就是位置开关。

自动往返控制电路如图 6-10 所示，该线路一般用于导轨磨床、摇臂钻床、龙门刨床。图 6-10中下半部分有一个机械运动的示意图，其中 SQ1、SQ2 分别为工作台正向、反向进给的换向开关，机械挡铁固定在运动部件上，SQ3、SQ4 分别为左限位、右限位控制。

电路工作原理如下：

① 通电。合上电源开关 QS。

② 自动往返。过程如下：

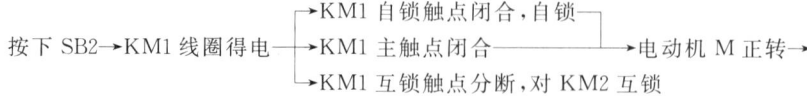

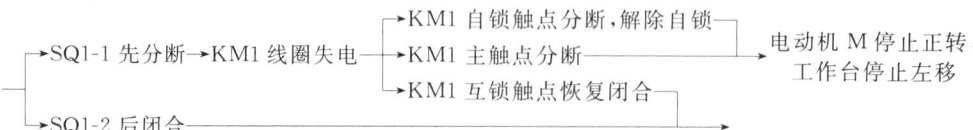

按下 SB2→KM1 线圈得电→
- →KM1 自锁触点闭合，自锁
- →KM1 主触点闭合
- →KM1 互锁触点分断，对 KM2 互锁

（KM1 自锁触点闭合，自锁；KM1 主触点闭合）→电动机 M 正转→

→工作台左移→至限定位置挡铁撞击 SQ1→

- →SQ1-1 先分断→KM1 线圈失电→
  - →KM1 自锁触点分断，解除自锁
  - →KM1 主触点分断
  - →KM1 互锁触点恢复闭合
- →SQ1-2 后闭合→

（KM1 自锁触点分断，解除自锁；KM1 主触点分断）→电动机 M 停止正转，工作台停止左移

→KM2 线圈得电─┬→KM2 自锁触点闭合，自锁─┐
　　　　　　　├→KM2 主触点闭合──────┴→电动机 M 反转→
　　　　　　　└→KM2 互锁触点分断，对 KM1 互锁

→工作台右移（SQ1 触点复位）→至限定位置挡铁撞击 SQ2→

─┬→SQ2-1 先分断→KM2 线圈失电─┬→KM2 自锁触点分断，解除自锁─┐
　│　　　　　　　　　　　　　　├→KM2 主触点分断──────────┴→电动机 M 停止反转，工作台停止右移
　│　　　　　　　　　　　　　　└→KM2 互锁触点恢复闭合─┐
　└→SQ2-2 后闭合────────────────────┴→

→KM1 线圈得电─┬→KM1 自锁触点闭合，自锁─┐
　　　　　　　├→KM1 主触点闭合──────┴→电动机 M 又正转→
　　　　　　　└→KM1 互锁触点分断，对 KM2 互锁

→工作台又左移（SQ2 触点复位）→……

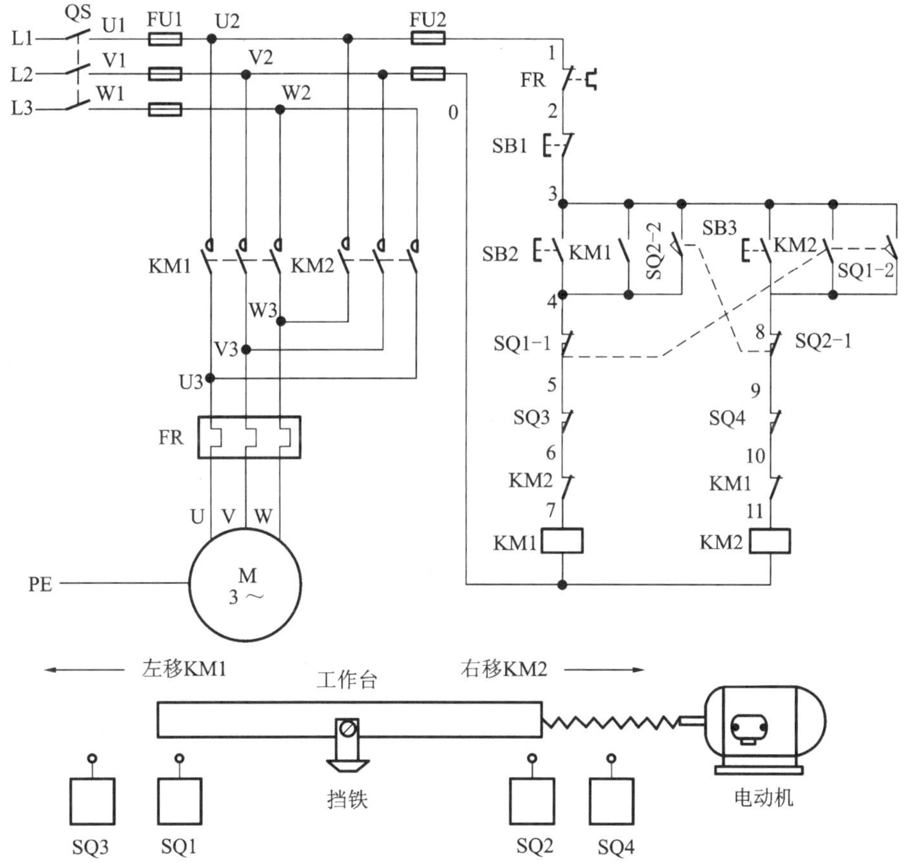

图 6-10　自动往返控制电路

电动机不断重复上述过程，工作台就在限定的行程内做自动往返运动。

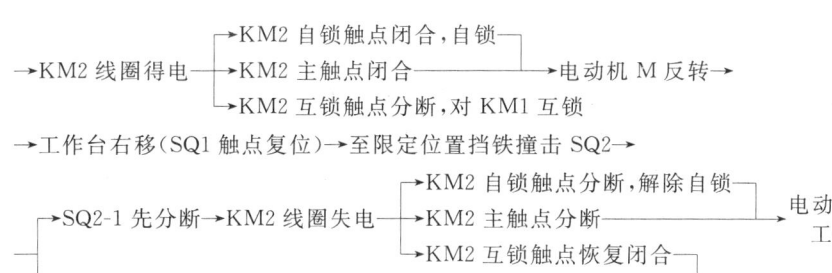

③ 自锁。按下按钮 SB3，其工作过程与正转类似。电路中的自锁：由 KM1（或 KM2）的辅助常开触点并联 SB2（或 SB3）的动合触点实现自锁。

④ 停止。若想使电动机停转，则按下停止按钮 SB1，全部控制电路断电，接触器主触点断开，电动机断开电源停止运行。

2. 多地控制

能在两地或多地控制同一台电动机的控制方式称为电动机的多地控制。

图 6-11 所示为两地控制的电路。所谓两地控制，是指在两个地点各设一套电动机起动和停止用的控制按钮。图 6-11 中，SB3、SB2 为甲地控制的起动和停止按钮，SB4、SB1 为乙地控制的起动和停止按钮。电路的特点是：两地的起动按钮 SB3、SB4(动合触点)要并联接在一起，停止按钮 SB1、SB2(动断触点)要串联接在一起。这样就可以分别在甲、乙两地起、停同一台电动机，达到操作方便的目的。图 6-11 中，用断路器做短路保护和隔离开关，所以主电路中没用熔断器。

对三地或多地控制，只要将各地按钮的动合触点并联，动断触点串联就可实现。

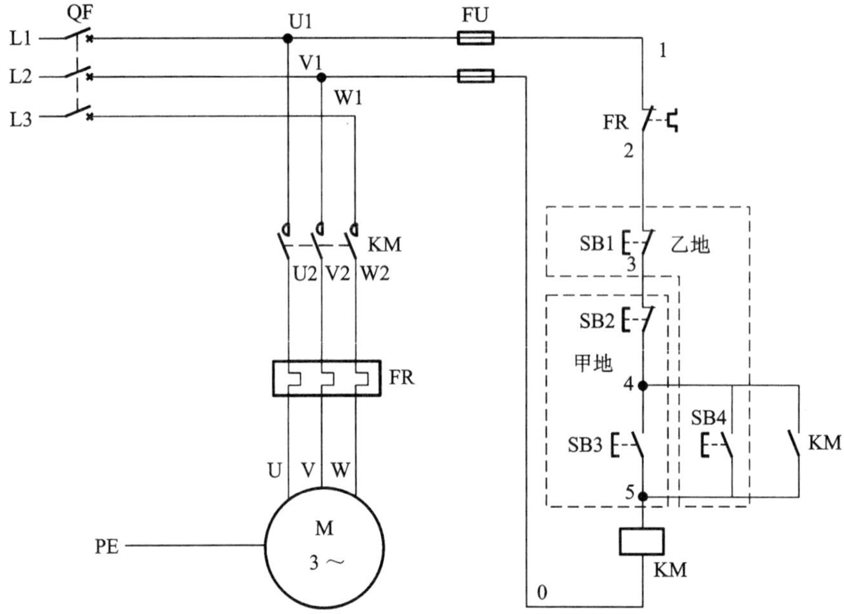

图 6-11　两地控制的电路

3. 顺序控制

所谓顺序控制，就是针对顺序控制系统，按照生产工艺预先规定的顺序，在各个输入信号的作用下，根据内部状态和时间的顺序，在生产过程中各个执行机构自动地有秩序地进行操作。如果一个控制系统可以分解成几个独立的控制动作，且这些动作必须严格按照一定的先后次序执行才能保证生产过程的正常运行，那么系统的这种控制称为顺序控制。

那么要求几台电动机的起动或停止必须按一定的先后顺序来完成的控制方式，就是顺序控制。常用的顺序控制电路有两种，一种是主电路的顺序控制；另一种是控制电路的顺序控制。

1）主电路的顺序起动控制电路分析

用主电路实现电动机顺序起动控制的电路如图 6-12 所示。电动机 M1、M2 分别通过接触器 KM1、KM2 来控制，接触器 KM2 的三个主触点串在接触器 KM1 主触点的下方。这就保证了只有当 KM1 闭合，电动机 M1 起动运转后，KM2 才能使电动机 M2 得电起动，满足电动机 M1、M2 顺序起动的要求。图 6-12 中，起动按钮 SB2、SB3 分别用于两台电动机的起动控制，按钮 SB1 用于电动机的同时停止控制。

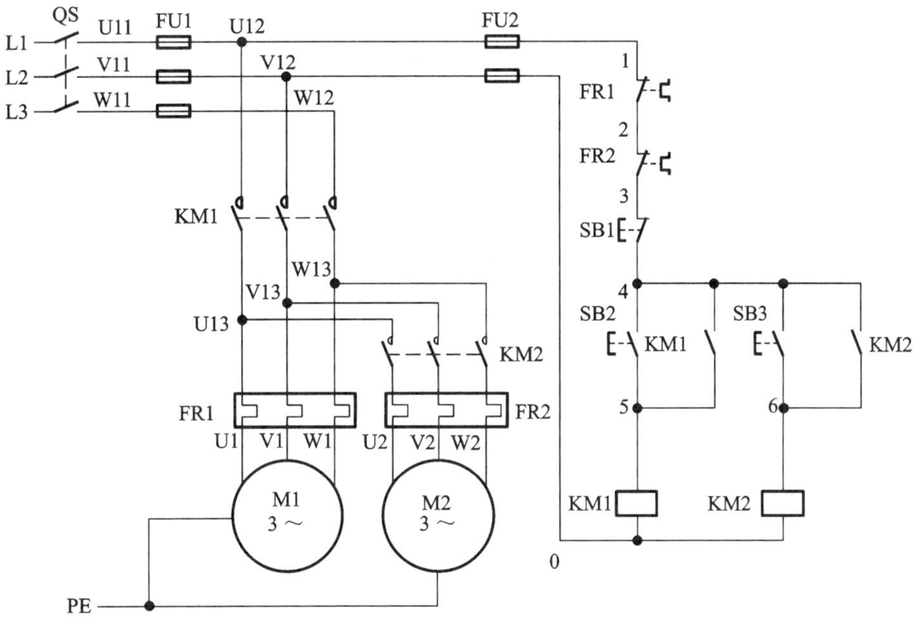

图 6-12　主电路实现电动机顺序起动

2）控制电路的顺序起动控制电路分析

图 6-13 所示为用控制电路来实现电动机顺序起动的电路。图 6-13(a)中，接触器 KM2 的线圈串联在接触器 KM1 自锁触点的下方，这就保证了只有当 KM1 线圈得电自锁、电动机 M1 起动后，KM2 线圈才可能得电自锁，使电动机 M2 起动。接触器 KM1 的辅助动合触点具有自锁和顺序控制的双重功能。

图 6-13(b)中，将图 6-13(a)中的 KM1 辅助动合触点自锁和顺序控制的功能分开，专门用一个 KM1 辅助动合触点作为顺序控制触点，串联在接触器 KM2 的线圈回路中。当接触器 KM1 线圈得电自锁、辅助动合触点闭合后，接触器 KM2 线圈才具备得电工作的先决条件，同样可以实现顺序起动控制。在该线路中，按下停止按钮 SB1 和 SB2 可以分别控制两台电动机使其停转。

图 6-13(c)所示的电路除具有顺序起动控制功能以外，还有实现逆序停车的功能。图 6-13(c)中，接触器 KM2 的辅助动合触点并联在停止按钮 SB1 动断触点两端，只有接触器 KM2 线圈失电(电动机 M2 停转)后，操作 SB1 才能使接触器 KM1 线圈失电，从而使电动机 M1 停转，即实现电动机 M1、M2 顺序起动、逆序停车的控制。

4. 时间控制

在自动控制系统中，有时需要继电器得到信号后不立即动作，而是要顺延一段时间后再动作并输出控制信号，以达到按时间顺序进行控制的目的。时间继电器就具有这种功能。

时间继电器是一种利用电磁原理或机械动作来延迟触点闭合或分断的自动控制器。它的种类很多，按其工作原理分为空气阻尼式、电子式、电动机式和电磁式等。

1）空气阻尼式时间继电器

空气阻尼式时间继电器在机床中应用十分广泛，其型号有 JS7-A 系列等。根据触点的延时特点，它可分为通电延时(如 JS7-1A 和 JS7-2A)与断电延时(如 JS7-3A 和 JS7-4A)两种。JS7-A 系列时间继电器型号的含义如图 6-14 所示。

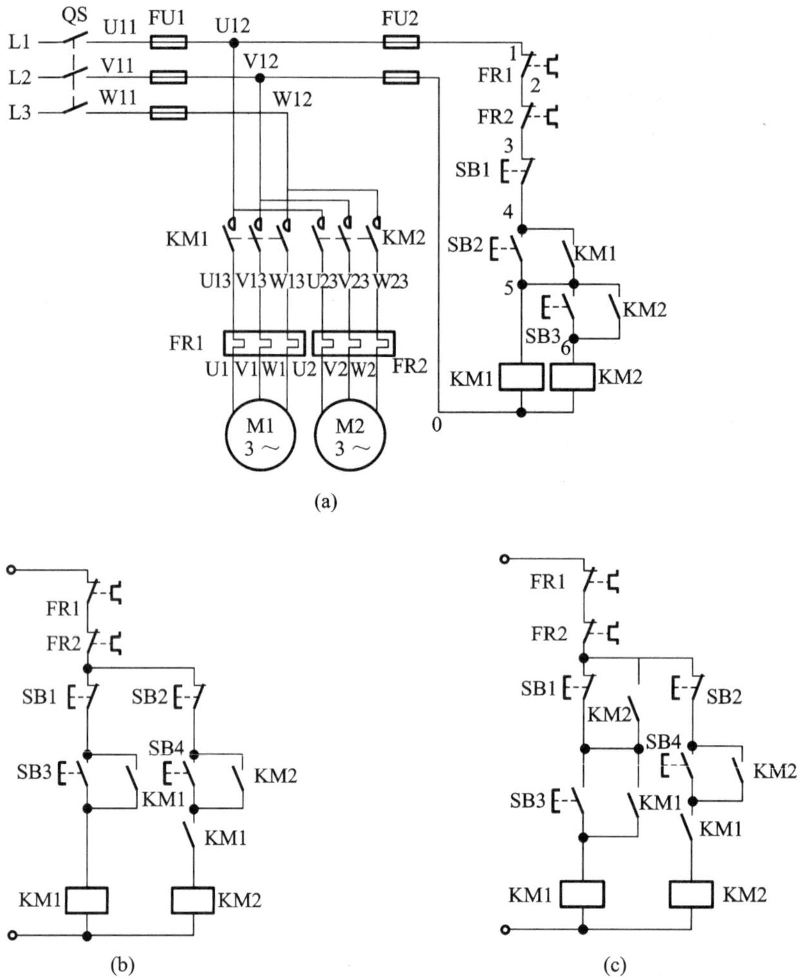

图 6-13　控制电路实现电动机顺序起动

(a)顺序起动,同时停车;(b)顺序起动,分别停车;(c)顺序起动,逆序停车

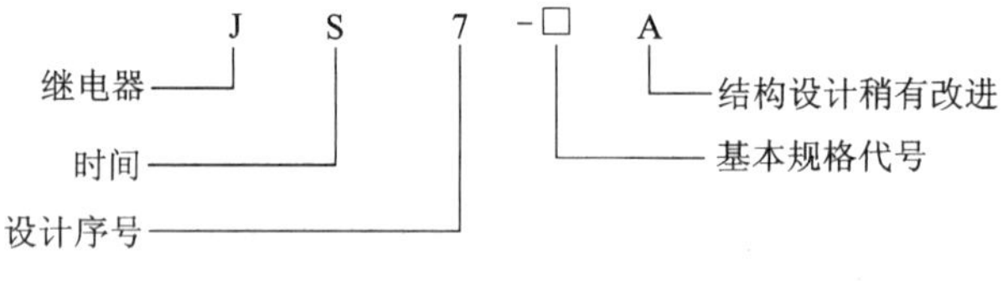

图 6-14　JS7-A 系列时间继电器型号的含义

(1) JS7-A 系列时间继电器的结构。

JS7-A 系列时间继电器的结构如图 6-15 所示,它主要由电磁机构、延时机构、工作触点等组成。电磁机构有交流、直流两种,延时方式有通电延时型和断电延时型。当衔铁(动铁心)位于静铁心和延时机构之间时为通电延时型;当静铁心位于衔铁和延时机构之间时为断电延时型。

(2) JS7-A 系列时间继电器的工作原理。

图 6-15(a)所示为通电延时型时间继电器的结构图。当线圈 1 得电时产生磁场,衔铁 3 克服反力弹簧阻力与铁心吸合,活塞杆 6 在塔形弹簧 8 作用下带动活塞 12 及橡胶膜 10 向上移动,橡胶膜下方空气室空气变得稀薄形成负压,活塞杆只能缓慢移动,其移动速度由进气孔气

隙大小来决定。经一段延时后，活塞杆通过杠杆 7 压动微动开关 15，使其触点工作，起到通电延时作用。当线圈失电时，衔铁释放，橡胶膜下方空气室内的空气通过活塞肩部所形成的单向阀迅速排出，使活塞杆、杠杆、微动开关等迅速复位。从线圈得电到触点动作的一段时间即为时间继电器的延时时间，延时长短通过调节螺钉 13 调节进气孔气隙大小来改变。

将图 6-15(a)所示通电延时型时间继电器的电磁铁翻转 180°安装，即变成图 6-15(b)所示的断电延时型时间继电器。它的动作原理与通电延时型时间继电器基本相似，在此不再赘述。

空气阻尼式时间继电器结构简单、价格低廉、延时范围较大(0.4～180 s)，但延时误差较大，难以精确地整定延时时间，常用于对延时精度要求不高的场合。

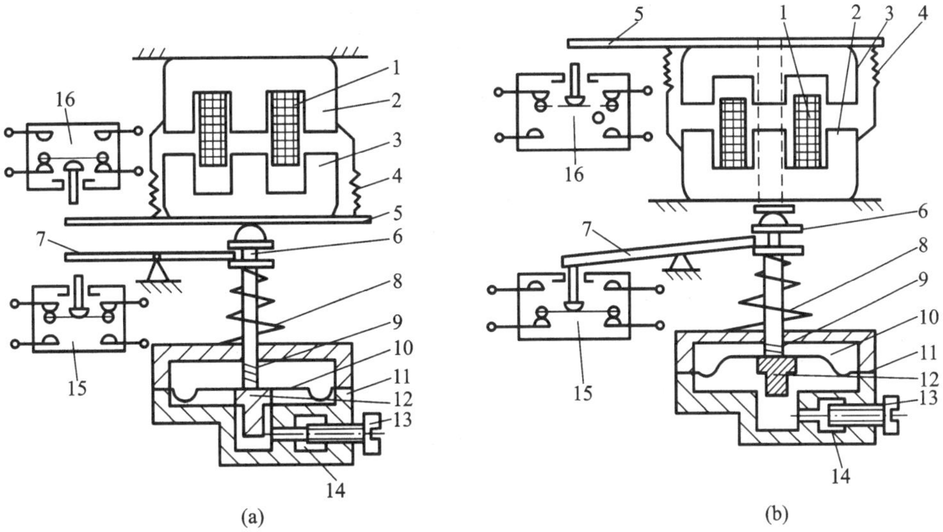

图 6-15　JS7-A 系列时间继电器的结构

(a)通电延时型；(b)断电延时型

1—线圈；2—铁心；3—衔铁；4—反力弹簧；5—推杆；6—活塞杆；7—杠杆；8—塔形弹簧；9—弱弹簧；10—橡胶膜；11—空气室壁；12—活塞；13—调节螺钉；14—进气孔；15、16—微动开关

时间继电器的图形符号和文字符号如图 6-16 所示。

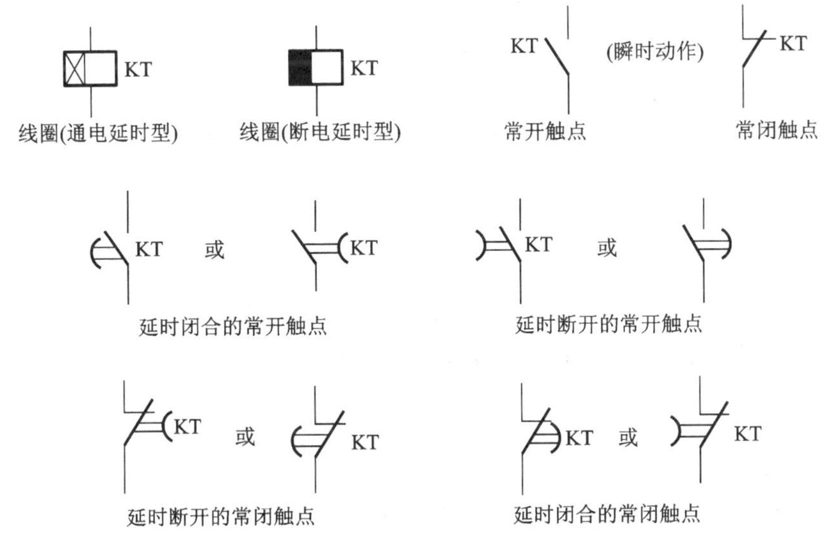

图 6-16　时间继电器的图形符号和文字符号

2）电子式时间继电器

电子式时间继电器又称半导体时间继电器，是利用RC电路电容充放电原理实现延时的。以JSJ系列电子式时间继电器为例，其工作原理如图6-17所示。

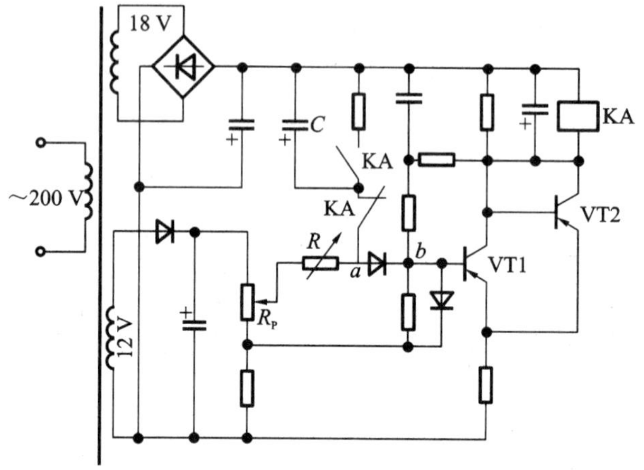

图6-17　JSJ系列电子式时间继电器工作原理图

电子式时间继电器电路有主电源和辅助电源两个电源：主电源由变压器二次侧的18 V电压经整流、滤波获得；辅助电源由变压器二次侧的12 V电压经整流、滤波获得。当变压器接通电源时，晶体管VT1导通，VT2截止，继电器KA线圈中电流很小，KA常闭触点不动作。两个电源经可调电阻R_P、R和常闭触点KA向电容C充电，a点电位逐渐升高。当a点电位高于b点电位时，VT1截止，VT2导通，VT2集电极电流流过继电器KA的线圈，KA动作，输出控制信号。在图6-17中，KA的常闭触点断开充电电路，常开触点闭合将电容放电，为下次工作做好准备。

调节R_P可改变延时时间。这种时间继电器体积小、延时范围大(0.2～300 s)、延时精度高、使用寿命长，在工业控制中得到了广泛应用。

电子式时间继电器的输出分为有触点式和无触点式两种形式。前者用晶体管驱动小型电磁式继电器，后者采用晶体管或晶闸管输出。

电子式时间继电器的新产品有JS14A系列、JS14P系列、JS20系列等。JS14P系列为拨码式时间继电器。它们的共同特点是体积小、延时精度高、触点输出容量大、使用寿命长且稳定可靠、产品规格全、安装方便等。

3）直流电磁式时间继电器

直流电磁式时间继电器是利用电磁惯性原理制成的。其特点是结构简单、使用寿命长、允许操作频率高，但延时准确度较低、延时时间较短。例如，JT系列的延时时间最长不超过5 s。一般只用于延时精度要求不高、延时时间不长的场合。

【任务实施】

1. 绘制控制原理图

按任务控制要求绘制顺序控制电路工作原理图，如图6-18所示。

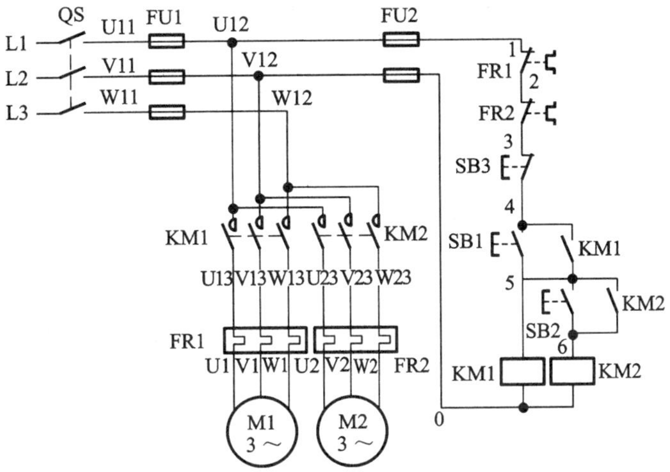

图 6-18　控制电路实现电动机顺序控制的工作原理图

2. 元器件、工具、仪表、设备和材料

根据电动机型号和电气原理图，选择所需元器件的型号和数量，并列出所用的工具、仪表、设备和材料清单，如表 6-4 所示。

表 6-4　元器件、工具、仪表、设备和材料明细表

序号	名　　称	型号与规格	单位	数量	备　　注
1	三相异步电动机	Y112M-4，4 kW、380 V、Y/△接法、8.8 A、1440 r/min	台	2	表中所列型号与规格仅供参考，可根据实际情况自定
2	三相四线电源	AC3×380/220 V、20 A	个	1	
3	配线板	500 mm×600 mm×20 mm	块	1	
4	自动空气开关	DZ10-25/3	个	1	
5	熔断器	500 V、60 A、配熔断体 25 A	个	5	
6	万用表	VC9808＋	块	1	
7	电工工具	剥线钳，十字螺丝刀，剪线钳等	套	1	
8	热继电器	JR20-10，20 A、整定电流 8.8 A	只	1	
9	按钮	LAY39-11，LAY39-10	只	各 2	
10	接触器	CJ20-10，20 A、线圈电压 380 V	只	2	
11	连接导线	BVR1.5，1.5 mm^2（黄、绿、红、蓝）	m	若干	
12	端子排	TC2-20A	个	若干	

3. 安装和调试

(1) 根据图 6-18 画出电动机顺序控制电路的元器件位置图，如图 6-19 所示。

(2) 根据图 6-18 画出电动机顺序控制电路的接线图，如图 6-20 所示。

(3) 按图 6-19 配齐所用元器件，并检查元器件的数量、规格是否符合控制电路的要求，所配元器件的外观是否完好无损，用万用表欧姆挡检测各元器件。

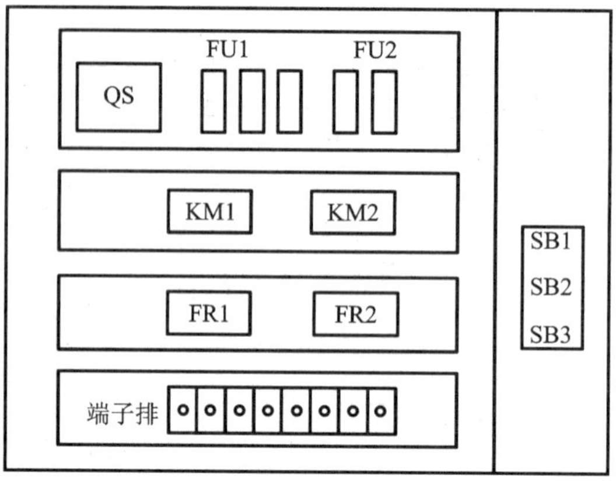

图 6-19　电动机顺序控制电路的元器件位置图

(4) 在控制板上按照如图 6-19 所示的元器件位置图安装元器件。

(5) 按如图 6-20 所示的电动机顺序控制电路的接线图进行板前明线布线、套管。

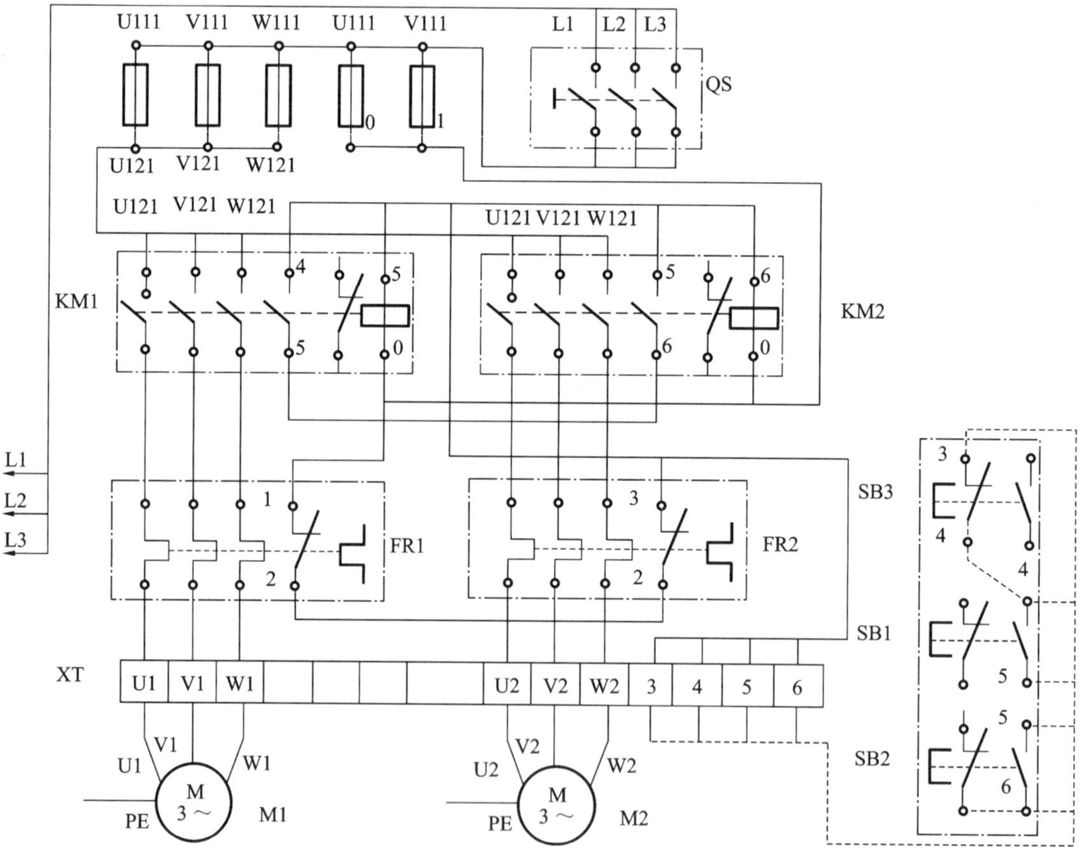

图 6-20　控制电路实现电动机顺序控制的电气安装接线图

(6) 安装完毕后,必须经过认真检查,方可通电。

(7) 经检查无误后,在教师的指导下进行通电操作。按下起动按钮 SB1,电动机 M1 起动,这时再按下起动按钮 SB2,电动机 M2 起动;按下停止按钮 SB3,电动机停转。若遇到异常现象,应立即停车,检查故障。

【任务检查与评价】

1. 考核任务

1）工艺要求

根据图 6-20 检查配线板布线的正确性。

(1) 接线要与接线点垂直并且不能有毛刺,裸线长度不超过 2 mm。

(2) 布线要合理,不能太长也不能太短。

(3) 接线压线时不能露铜,更不能压住绝缘层。

(4) 去掉绝缘层的长度要适当。

(5) 连接线"鼻子"应该顺时针方向拧紧。

(6) 不能损坏工具和元器件。

(7) 接线点要标明线号。

2）自检

(1) 按电路图或接线图从电源端开始,逐段核对接线及接线端子处线号是否正确,有无漏接、错接之处。检查接线点是否符合要求,压线是否牢固。同时要求接线点接触良好,以避免带负载运转时产生闪弧现象。

(2) 用万用表检查线路的通断情况。检查时,应选用 R×100 电阻挡,并进行校零,以防发生短路故障。

(3) 检查控制电路,可将万用表的表笔分别搭接在 U12、V12 线端上,万用表读数应为"∞",按下 SB1 时读数应为接触器线圈直流电阻的值(约 2 kΩ),同时按下 SB1、SB2 时读数应为两接触器线圈并联直流电阻的值。按下 SB3 时读数回到"∞"。

(4) 检查主电路时,可以手动来代替接触器受电线圈励磁吸合时的情况进行检查,即按下 KM 触点系统,用万用表检测 L1 与 U、L2 与 V、L3 与 W 是否相导通。

3）试车

(1) 为保证安全,通电试车必须在教师的指导下进行。试车前应做好准备,包括清点工具,清除安装底板上的线头、杂物,检查各组熔断器的熔断体,分断各开关使按钮处于未操作前的状态,检查三相电源是否对称等,然后通电试车。

(2) 空操作试验。正确连接好电源后,接通三相电源,使线路不带负载(电动机)通电操作,以检查辅助电路工作是否正常。操作各按钮,检查它们对接触器的控制作用;检查接触器的控制作用;注意有无卡住或阻滞等不正常现象;细听有无过大的振动噪声。

(3) 带负载试车。控制线路经过数次空操作试验动作无误,即可切断电源后,再正确连接好电动机带负载试车。电动机起动前应先做好停车准备,起动后要注意它的运行情况。如果发现电动机起动困难、发出噪声及线圈过热等异常现象,应立即停车,切断电源后进行检查。

4）注意事项

(1) 接电前必须征得教师同意,由教师接通 L1、L2、L3,并现场指导。

(2) 学生合上电源开关 QS 后,不得对线路是否正确进行带电检查。

(3) 第一次按下按钮时,应短时点动,以观察线路和电动机运行有无异常现象。

(4) 试车成功率以通电后第一次按下按钮时计算。

(5) 出现故障后,学生应独立检修,若需带电检修,必须有教师在场指导。

(6) 检修完毕再次试车,也应由教师指导,并做好项目内容操作记录。

2. 考核要求及评分标准

任务检查与评分标准如表 6-5 所示。

表 6-5 任务检查与评分标准

主要内容	评分标准	配分
小组代表汇报讲解	(1) 讲解不全面,扣 1~10 分; (2) 条理不够清晰,扣 1~10 分	20
原理图控制	(1) 主电路不符合标准,扣 2 分; (2) 控制电路不符合标准,扣 2 分; (3) 信号、照明等不符合标准,扣 2 分	10
布置图、接线图的绘制	(1) 元器件布置不整齐、不匀称、结构不合理,每处扣 1~5 分; (2) 尺寸标注不正确,每处扣 1 分; (3) 线号标注不准确、不齐全,扣 2 分; (4) 走线不合理,扣 2 分	15
元器件选用、检查和安装	(1) 元器件选择不合理,每只扣 1~5 分; (2) 元器件漏检或错检,扣 5 分; (3) 不按图安装,扣 10 分; (4) 元器件安装不牢固,每只扣 5 分; (5) 元器件安装不整齐、不匀称、不合理,每只扣 4 分; (6) 损坏元器件,扣 15 分; (7) 本项目不得负分	15
接线质量	(1) 不按接线图接线,扣 10 分; (2) 布线不美观、不平直、不整齐、不紧贴敷设面,主电路、控制电路每处扣 1 分; (3) 节点松动,露铜过长,压绝缘层,每处扣 1 分	10
通电前检测、通电试验	(1) 主电路测量不正确,扣 5 分; (2) 控制电路测量不正确,扣 5 分; (3) 一次试车不成功,扣 10 分; (4) 两次试车不成功,扣 15 分	20
安全文明生产、团队合作精神	(1) 小组分工不够好,扣 1~5 分; (2) 违反安全文明生产要求,扣 5~10 分	10
备注	各项扣分最高不超过该项配分	

【拓展知识】

Y-△起动控制电路的分析。

Y-△起动是指电动机起动时,把定子绕组接成星形,以降低起动电压,限制起动电流,待电动机起动后,再把定子绕组改接成三角形,使其全压运行。

Y-△起动适用于正常运行时定子绕组接成三角形的电动机。星形接法降压起动时,加在每相定子绕组上的起动电压只有三角形接法的 $1/\sqrt{3}$，起动电流为三角形接法的 1/3，起动转矩也只有三角形接法的 1/3。Y-△起动的优点是起动设备简单，成本低，运行比较可靠，维护方便，所以广为应用。

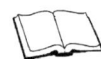

图 6-21 所示为 Y-△起动控制电路。该电路使用了三个接触器和一个时间继电器，可分为主电路和控制电路两部分。主电路中，接触器 KM1 和 KM3 的主触点闭合时定子绕组接成星形(起动)；KM1、KM2 主触点闭合时定子绕组接成三角形(运行)。控制电路按照时间控制原则实现自动切换。

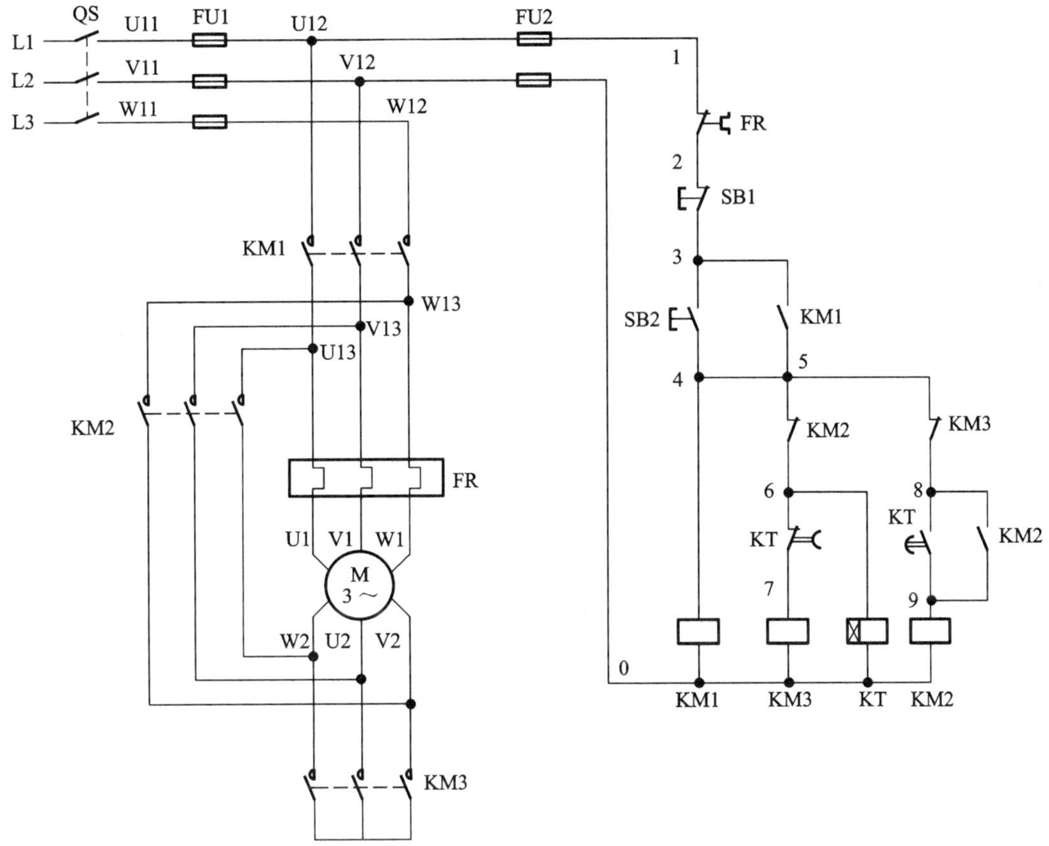

图 6-21　Y-△起动控制电路

电路工作过程如下：

① 通电。合上电源开关 QS。

② 降压起动。过程如下：

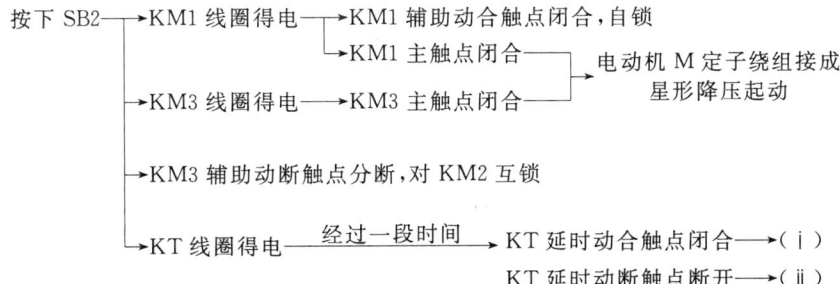

按下 SB2→KM1 线圈得电→KM1 辅助动合触点闭合，自锁
　　→KM1 主触点闭合→电动机 M 定子绕组接成星形降压起动
→KM3 线圈得电→KM3 主触点闭合→电动机 M 定子绕组接成星形降压起动
→KM3 辅助动断触点分断，对 KM2 互锁
→KT 线圈得电—经过一段时间→KT 延时动合触点闭合→(ⅰ)
　　KT 延时动断触点断开→(ⅱ)

(ⅱ)KM3 线圈失电──→KM3 主触点断开

(ⅰ)KM2 线圈得电─┬→KM2 主触点闭合→电动机 M 定子绕组接成三角形全压运行
├→KM2 辅助动合触点闭合,自锁
└→KM2 辅助动断触点分断→KT 线圈失电,所有触点瞬时复位,且对 KM3 互锁

注意,控制回路中 KM2、KM3 之间设有互锁,以防止 KM2、KM3 主触点同时闭合造成电动机主电路短路,保证电路能可靠工作。该电路还具有短路、过载、零压和欠压保护等功能。

【思考与练习】

1. 两地控制的起动按钮和停止按钮如何接线?

2. 试画出两台电动机顺序起动、同时停车的控制电路,并分析其工作原理。

3. 设计一个小车运行的控制线路,要求如下:

(1) 小车由原位开始前进,到终端后自动停止;

(2) 在终端停留 2 min 后自动返回原位停止;

(3) 在前进或后退途中的任意位置都能停止或起动。

项目 7　三相交流异步电动机的常用控制

任何复杂的电动机控制电路都是由基本常用控制电路组成的。三相交流异步电动机的常用控制包括电动机的起动、调速和制动等控制。

【项目教学目标】

知识目标	技能目标
✚ 掌握三相异步电动机降压起动控制工作原理、注意事项及其实现方法； ✚ 掌握三相异步电动机调速控制工作原理、注意事项及其实现方法； ✚ 掌握三相异步电动机制动控制工作原理、注意事项及其实现方法。	✚ 能正确识读三相异步电动机降压起动控制、调速控制和制动控制电路，能绘制相应的常用电气原理图； ✚ 能根据三相异步电动机降压起动控制、调速控制和制动控制的电路原理图，按工艺要求完成相应电路的安装接线与调试； ✚ 能对所接电路进行检查，根据检查结果判断电路的性能； ✚ 会排除三相异步电动机降压起动控制、调速控制和制动控制电路的常见电气故障，并进行修理。

任务 7.1　三相异步电动机降压起动控制电路的安装与调试

【任务目标】

- ➢ 理解并熟悉速度继电器的工作原理；
- ➢ 熟悉三相异步电动机起动控制的种类；
- ➢ 理解并熟悉三相异步电动机降压起动控制工作原理；
- ➢ 能进行三相异步电动机降压起动控制接线图的识读和绘制；
- ➢ 能根据工艺要求进行三相异步电动机降压起动控制布线的操作；
- ➢ 能使用万用表对元器件进行检测；
- ➢ 能使用万用表对三相异步电动机降压起动控制电路进行通电前的检查；
- ➢ 能正确安装并调试三相异步电动机降压起动控制电路。

【任务描述】

有一台三相异步电动机。请对它进行 Y-△起动控制，并安装与调试。要求由星形接法起动，6 s 后自动切换为三角形接法全压运行，采用时间继电器实现切换。

图 7-1　Y-△起动装置

图 7-1 所示设备为集成了接触器、中间继电器、时间继电器等低压元器件的箱体，用于完成该任务要求，读者可根据该任务要求，自行选择相应组件。

【相关知识】

前面所介绍的各种控制线路,从电动机起动的角度来看,都属于全压起动。交流笼型电动机全压起动时的起动电流为其额定电流的4～7倍。这在许多场合是不允许的。为此,人们设计出许多方法,来降低电动机起动时的电流。其中最常用的方法就是降压起动。所谓降压起动,就是将电源电压适当降低后,再加到电动机定子绕组上进行起动,当电动机转速升到接近正常值时,再使电压恢复到额定值。对于笼型异步电动机,可采用定子串电阻(电抗)降压起动、定子串自耦变压器降压起动、Y-△起动、延边三角形降压起动等方式。对于绕线转子异步电动机,还可采用转子串电阻起动或转子串频敏变阻器起动等方式,以限制起动电流。

1. 定子串电阻降压起动控制线路

定子串电阻(电抗)降压起动过程是:起动时在电动机定子绕组上串联电阻(电抗),起动电流在电阻(电抗)上产生电压降,使实际加到电动机定子绕组上的电压低于额定电压,待电动机转速上升到一定值后,再将串联电阻(电抗)短接,使电动机在额定电压下运行。定子串联电阻降压起动的控制电路有接触器控制和时间继电器控制两种,接触器控制也称为手动控制。而时间继电器控制也称为自动控制。下面以自动控制为例说明其工作原理。

图7-2(a)所示为定子串电阻降压起动控制线路的主回路(图中RST为起动电阻),图7-2(b)所示为其常用自动控制的控制回路。

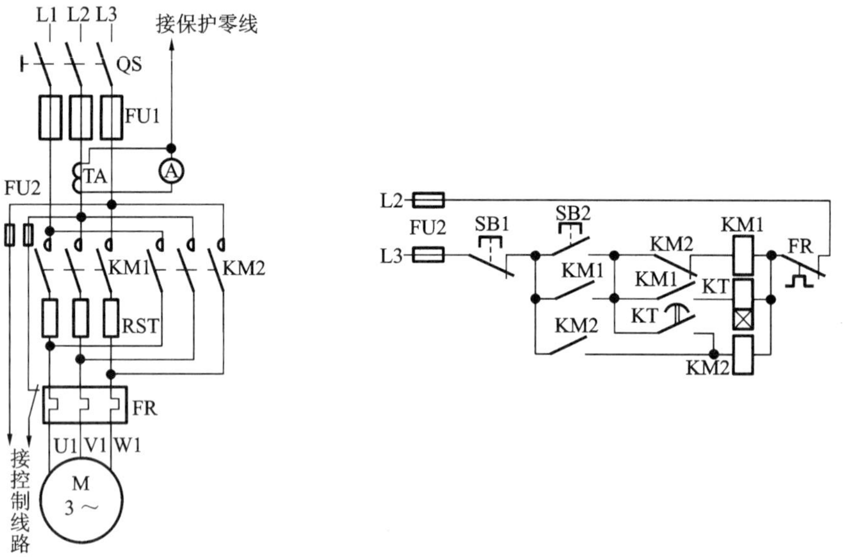

(a)　　　　(b)

图7-2　定子串电阻降压起动控制电路

(a)主回路;(b)控制回路

其工作原理简述如下。

按起动按钮SB2,使接触器KM1线圈得电,于是有:① KM1自锁触头闭合自锁;② KM1主触头闭合,电动机串电阻RST降压起动;③ 串接在时间继电器KT线圈回路中的常开触头KM1闭合,使时间继电器KT线圈得电。

待过了时间继电器预先整定的时间后,KT常开触头闭合,使KM2线圈得电,于是有:① KM2自锁触头闭合自锁;② KM2主触头闭合,使电动机全压运行;③ 在接触器KM1线圈回路中的KM2常闭触头断开,切断KM1线圈的供电回路,KM1失电释放。

在时间继电器KT线圈回路中的常开触头KM1断开，时间继电器KT也失电释放，所以，在电动机全压运行后只有接触器KM2一个线圈得电。

由上分析可见，按下起动按钮SB2后，电动机M先串电阻RST降压起动，经一定延时（由时间继电器KT确定）后全压运行。在全压运行期间，时间继电器KT和接触器KM1线圈均失电，不仅节省电能，而且可延长器件的使用寿命。

2. 自耦变压器降压起动控制线路

对于容量较大且正常运行时定子绕组接成星形的笼型异步电动机，可采用自耦变压器降压起动。自耦变压器降压起动的过程是：起动时将自耦降压变压器接入电动机的定子回路，待电动机的转速上升到一定值后，再切除自耦变压器，使电动机定子绕组获正常工作电压。这样，起动时电动机每相绕组电压为正常工作电压的 $1/K$（K 为自耦变压器的匝数比），起动电流也为全压起动电流的 $1/K^2$。

自耦变压器备有65%和85%两挡电压抽头，出厂时接在65%抽头上，可根据电动机的负载情况选择不同的起动电压。自耦变压器只在起动过程中短时工作，在起动完毕后应从电源中切除，一般采用如图7-3(a)所示电路。

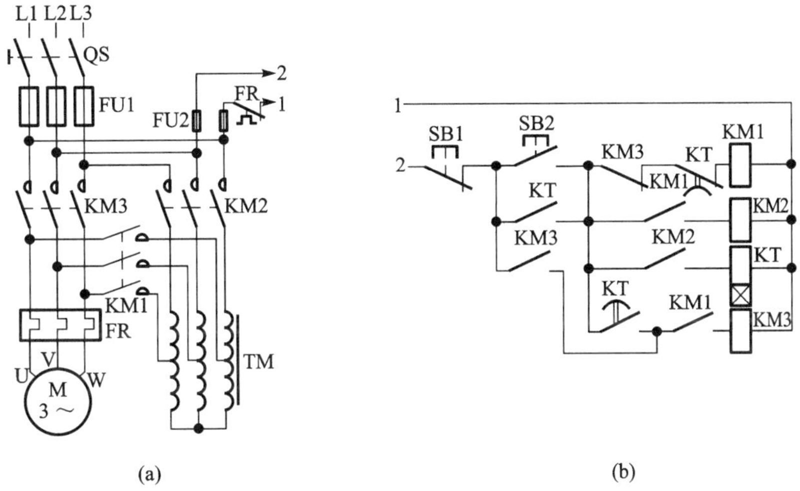

图7-3　时间继电器控制的自耦变压器降压起动电路

(a)主回路；(b)控制回路

由接触器等构成的自耦变压器降压起动控制回路有许多，归纳起来有三种类型：按钮的控制回路、中间继电器的控制回路和时间继电器的控制回路。下面以时间继电器的控制回路（见图7-3(b)）为例进行说明。

图中，KM1和KM2是降压起动用交流接触器，KM3是正常运转用交流接触器。KT为通电延时型时间继电器，它的作用是实现电动机从降压起动到全压正常运行的自动转换。SB1为停止按钮，SB2为起动按钮。

起动时按下SB2，KM1、KM2和KT先后得电吸合并自锁，电动机通过自耦变压器降压起动。待过了KT预先整定的时间后，KT的延时触头动作。其中，常闭触头切断了KM1线圈回路，使KM1失电释放，随之KM2也失电释放；KT的常开触头接通了KM3的线圈回路，使KM3得电吸合并自锁。电动机获全压正常运行。图中，KM3常开触头为KM3的自锁触头；时间继电器KT的瞬动常开触头为起动时用的自锁触头，KM1、KM3的常闭触头为联锁触头。

3. Y-△起动控制线路

正常运行时电动机额定电压等于电源电压,定子绕组接成三角形的三相交流异步电动机,可以采用Y-△起动。Y-△起动的过程是:起动时将电动机定子绕组接成星形,待电动机的转速上升到一定值后,再接成三角形。这样,电动机起动时每相绕组的工作电压为正常运行时绕组电压的$1/\sqrt{3}$,起动电流为三角形接法直接起动时的1/3。

由于Y-△降压起动方法简便易行而且经济,所以使用非常普遍,但是,这种起动方法的起动转矩仅为全压起动时的1/3,所以Y-△降压起动方法只适用于空载或轻载起动的电动机。

Y-△起动也分为手动和自动两类,有许多种不同的接线方案。下面选择常用的控制线路分别介绍。

1) 手动控制Y-△起动线路

图7-4所示为一常用手动控制Y-△起动线路,其工作原理如下。

起动时,按下起动按钮SB2,交流接触器KM1和KM同时得电吸合,电动机接成星形降压起动。待起动过程结束后,按下运转按钮SB3,交流接触器KM1首先失电释放,然后KM2得电吸合,与已得电吸合的KM共同作用,将电动机接成三角形,全压运行。

此电路中两个常闭触头,KM1与KM2互相串接在对方的线圈回路内,组成接触器联锁,保证了KM1与KM2两个接触器不能同时得电吸合。

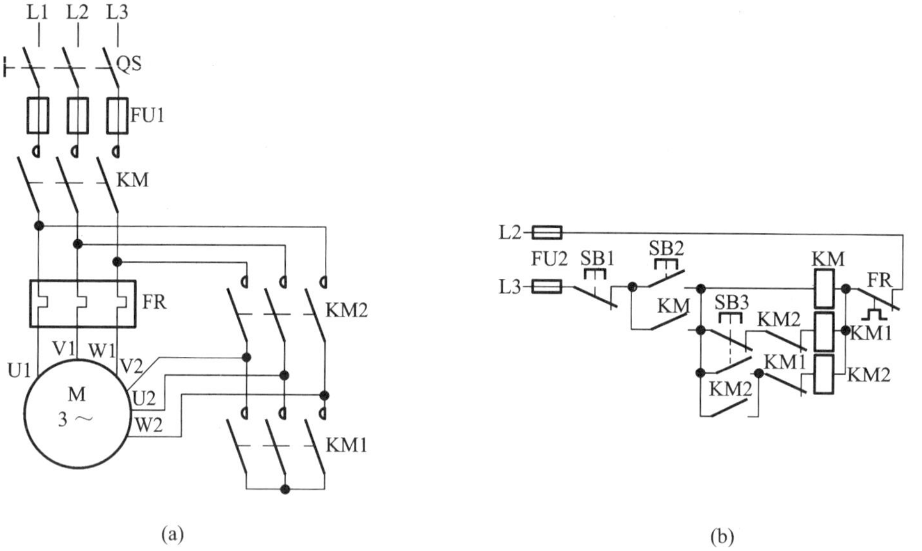

图7-4 手动控制Y-△起动线路

(a)主回路;(b)控制回路

2) 自动控制Y-△起动线路

图7-5所示为一常用时间继电器自动控制Y-△起动的控制回路,其工作原理如下。

按起动按钮SB2,接触器KM1、时间继电器KT同时得电吸合,于是有:① 接触器KM1吸合后,其常开触头接通接触器KM的线圈,接触器KM得电吸合,并经其自锁触头自锁。接触器KM1、KM将电动机M接成星形降压起动;接触器KM1的常闭触头断开,切断接触器KM2的线圈回路。② KT吸合后,其常闭触头经过预先整定的延时时间后断开,切断接触器KM1的线圈回路,使KM1失电释放;KM1的常闭触头恢复闭合,接通接触器KM2线圈回路,使接触器KM2得电吸合;接触器KM2、KM将电动机接成三角形全压运行;接触器KM2

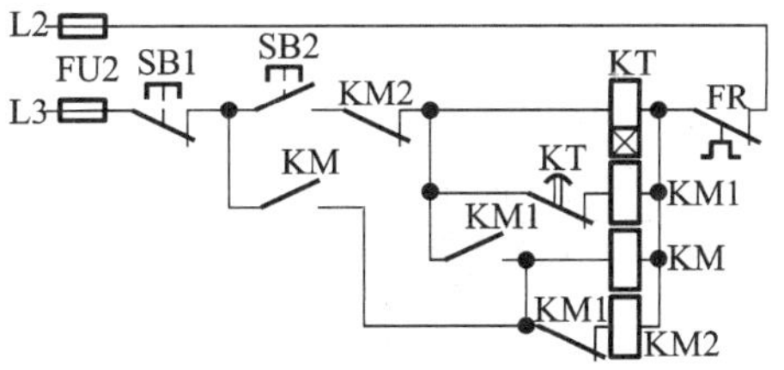

图 7-5　自动控制 Y-△起动的控制回路

的常闭触头断开，切断时间继电器 KT 的线圈供电回路，使其失电释放。

4. 延边三角形降压起动控制

延边三角形降压起动的方法仅适用于定子绕组为特殊设计的 JO3 系列异步电动机。通常的电动机定子为六个出线端，而这类电动机有九个出线端 U1、V1、W1、W2、U2、V2、U3、V3、W3，如图 7-6 所示。当 KM2 主触头和 KM1 主触头闭合、KM3 主触头断开时，W2 与 U3、U2 与 V3、V2 与 W3 互连，三相电源经 U1、V1、W1 接入，定子绕组接成一个延边三角形(其外形像一个三角形三条边依次延长后的图形)，电动机降压起动。

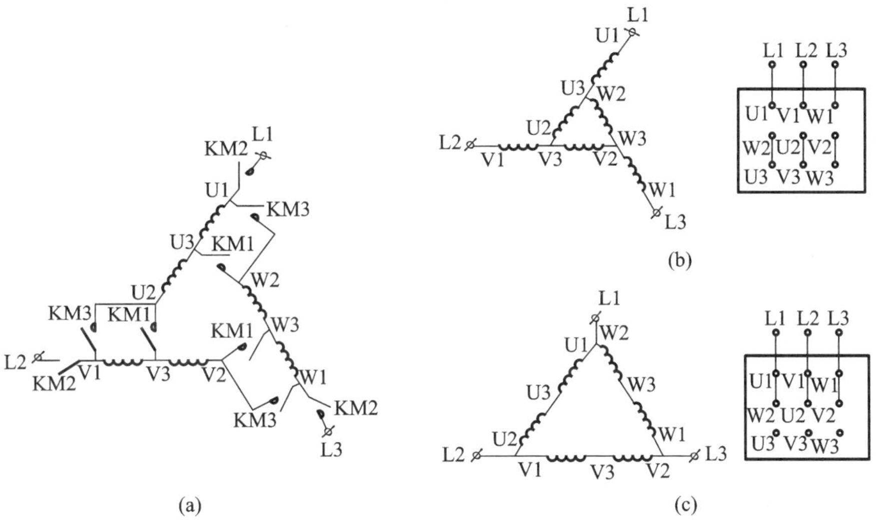

图 7-6　定子绕组延边三角与三角形换接

(a)定子绕组接线示意图；(b)延边三角形连接；(c)三角形连接

电动机转速升至接近额定值时，控制 KM2 主触头和 KM3 主触头闭合、KM1 主触头断开，这时 U1 与 W2、V1 与 U2、W1 与 V2 互连，定子绕组换接成三角形，电动机在额定电压下正常运转。

电动机接成延边三角形时，每相绕组的相电压、起动电流与起动转矩的大小，是根据每相绕组的两部分阻抗的比例(称为抽触头比)而变化的。

图 7-7 所示为延边三角形降压起动主电路。图中交流接触器 KM1、KM2、KM3 依次为起动用、运转用和起动运转共用的接触器。主回路及电动机的接法对控制线路提出的要求是：起动时，KM1、KM3 先后得电吸合，将电动机接成延边三角形降压起动；正常运转时，KM1 失电释放，KM2 得电吸合，KM3 仍然保持吸合状态，电动机接成三角形正常运行。

以上这些要求与 Y-△起动电路对控制回路的要求是完全相同的。因此，尽管延边三角形降压起动与 Y-△起动的主回路完全不同，但控制线路可以共用。延边三角形降压起动的控制

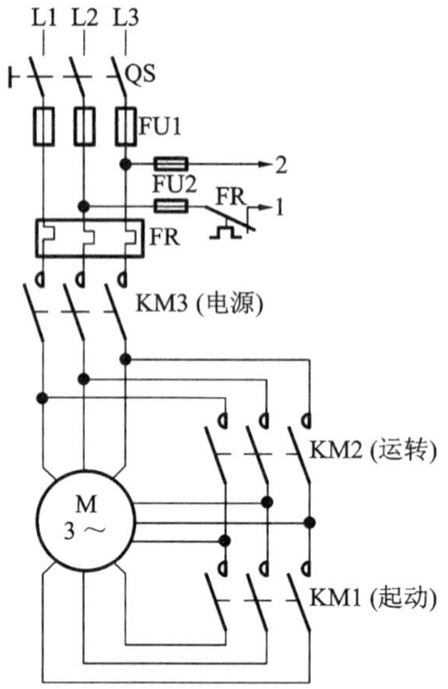

图 7-7 延边三角形降压起动主电路

线路,请参阅 Y-△起动的控制线路。

【任务实施】

1. 绘制控制原理图

按任务控制要求绘制时间继电器自动控制 Y-△起动控制原理图,如图 7-8 所示。

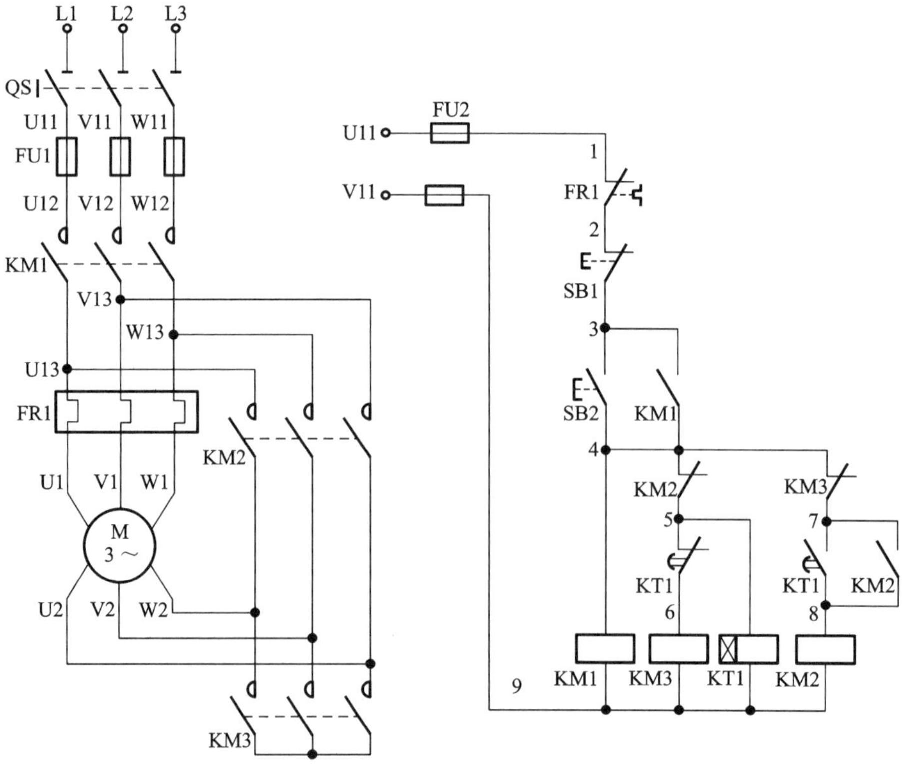

图 7-8 时间继电器自动控制 Y-△起动控制原理图

2. 元器件、工具、仪表、设备和材料

根据电动机型号和电气原理图，选择所需元器件的型号和数量，并列出所用的工具、仪表、设备和材料清单如表 7-1 所示。

表 7-1　元器件、工具、仪表、设备和材料明细表

序号	代　号	名　称	型号与规格	单位	数量	备　注
1	QS	低压断路器	DZ108-20(1.6～2.5 A)	只	1	表中所列的型号与规格仅供参考，可根据实际情况自定
2	FU1	螺旋式熔断器	RL1-15	只	3	
3	FU2	直插式熔断器	RT14-20	只	2	
4	KM1～KM3	交流接触器	LC1-D0610Q5N 380 V	只	3	
5	FR1	热继电器	JRS1D-25/Z(0.63～1 A)	只	1	
6		热继电器座	JRS1D-25 座	只	1	
7	KT1	时间继电器	ST3PA-B(0～60 s)/380 V	只	1	
8		时间继电器方座	PF-083A	只	1	
9	SB1	按钮开关	ϕ22-LAY16(红)	只	1	
10	SB2	按钮开关	ϕ22-LAY16(绿)	只	1	
11	M	三相笼型异步电动机	WDJ26(厂编)	台	1	

3. 安装与调试

(1) 根据原理图，画出时间继电器自动控制 Y-△起动控制接线图，如图 7-9 所示。

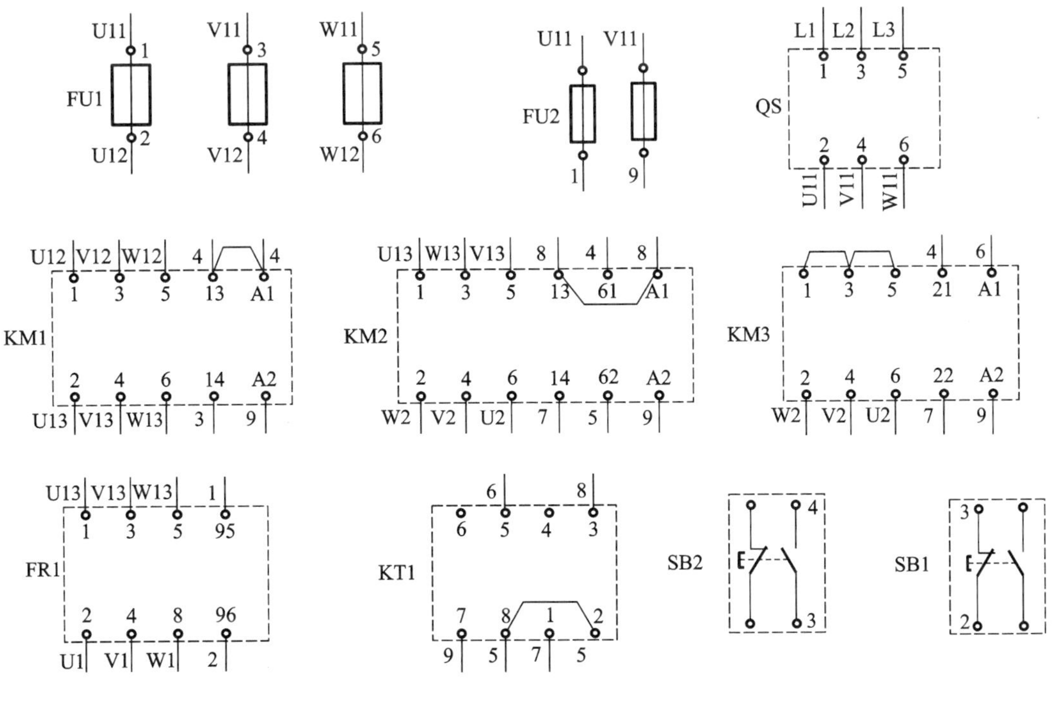

图 7-9　时间继电器自动控制 Y-△起动控制接线图

(2) 配齐所用元器件,并进行质量检验。元器件应完好无损,各项技术指标符合技术要求,否则应予以更换。

(3) 根据时间继电器自动控制 Y-△起动控制接线图完成硬件连线。

(4) 通电前对硬件接线进行检查。

(5) 检查无误后经教师同意再通电运行。

(6) 观察电路运行状况,记录由星形运行到三角形运行所用时间。

【任务检查与评价】

时间继电器自动控制 Y-△起动控制。

1. 考核任务

1) 按原理图配齐所有元器件并进行检验

(1) 元器件的技术数据(型号、规格、额定电压、额定电流等)应完整并符合要求,外观无损伤。

(2) 检测按钮的功能是否正常。

(3) 检测时间继电器时间可调范围是否符合实验要求。

(4) 检测三相电源工作电压是否合格。

(5) 用万用表检测电磁线圈的通断情况以及各触头的分合情况,以确定元器件的电磁机构动作是否灵活、有无衔铁卡阻等。

(6) 检测接触器的线圈电压和电源电压是否一致。

(7) 对电动机的质量进行常规检查(电枢绕组与励磁绕组的通断、相对地绝缘)。

2) 时间继电器自动控制 Y-△起动方法

(1) 理解电气原理图中各元器件的特点及表示方法,熟练绘制时间继电器自动控制 Y-△起动控制的电气原理图。

(2) 熟练掌握接线图中各部件的功能及特点,具备一定的组装及排除系统故障的能力。

(3) 熟练掌握电气原理图中时间继电器控制原理,并了解该方式相比于其他形式的起动方法有何区别。

3) 按接线图的走线方法进行硬件接线

(1) 布线时,严禁损伤线芯、导线绝缘层。

(2) 各元器件接线端子引出导线的走向,以元器件的水平中心线为界,在水平中心线以上的接线端子引出的导线,必须进入元器件上面的走线槽;在水平中心线以下的接线端子引出的导线,必须进入元器件下面的走线槽。任何导线都不允许从水平方向进入走线槽内。

(3) 各元器件接线端子上引出或引入的导线,除间距很小和元器件机械强度很低的允许直接架空敷设外,其他导线必须经过走线槽进行连接。

(4) 进入走线槽的导线要完全置于走线槽内,并应尽可能避免交叉,装线不要超过其容量的 70%,以便能盖上线槽盖,便于以后的装配及维修。

(5) 各元器件与走线槽之间的外露导线,应走线合理,并尽可能做到横平竖直,变换走向要垂直。同一个元器件上位置一致的端子和同型号元器件中位置一致的端子上引出或引入的导线,要敷设在同一平面上,并应做到高低一致和前后一致,不得交叉。

(6) 所有接线端子、导线接头上都应套有与线路图上相应接点线号一致的编码套管,并按线号进行连接,连接必须牢靠,不得松动。

(7) 在任何情况下,接线端子必须与导线截面面积和材料性质相适应。当接线端子不适合连接软线或较小截面面积的软线时，可以在导线端头穿上针形或叉形轧头并压紧。

(8) 一般一个接线端子只能连接一根导线，如果采用专门设计的端子，可以连接两根或多根导线，但导线的连接方式，必须是公认的、在工艺上成熟的方式，如夹紧、压接、焊接、绕接等，并应严格按照连接工艺的工序要求进行。

2. 考核要求及评分标准

任务检查与评分标准如表 7-2 所示。

表 7-2　任务检查与评分标准

主要内容	评分标准	配分
小组代表汇报讲解	(1) 讲解不全面，扣 1～10 分； (2) 条理不够清晰，扣 1～10 分	20
原理图控制	(1) 主电路不符合标准，扣 2 分； (2) 控制电路不符合标准，扣 2 分； (3) 信号、照明等不符合标准，扣 2 分	10
布置图、接线图的绘制	(1) 元器件布置不整齐、不匀称、结构不合理，每处扣 1～5 分； (2) 尺寸标注不正确，每处扣 1 分； (3) 线号标注不准确、不齐全，扣 2 分； (4) 走线不合理，扣 2 分	15
元器件选用、检查和安装	(1) 元器件选择不合理，每只扣 1～5 分； (2) 元器件漏检或错检，扣 5 分； (3) 不按图安装，扣 10 分； (4) 元器件安装不牢固，每只扣 5 分； (5) 元器件安装不整齐、不匀称、不合理，每只扣 4 分； (6) 损坏元器件，扣 15 分； (7) 本项目不得负分	15
接线质量	(1) 不按接线图接线，扣 10 分； (2) 布线不美观、不平直、不整齐、不紧贴敷设面，主电路、控制电路每处扣 1 分； (3) 节点松动，露铜过长，压绝缘层，每处扣 1 分	10
通电前检测、通电试验	(1) 主电路测量不正确，扣 5 分； (2) 控制电路测量不正确，扣 5 分； (3) 一次试车不成功，扣 10 分； (4) 两次试车不成功，扣 15 分	20
安全文明生产、团队合作精神	(1) 小组分工不够好，扣 1～5 分； (2) 违反安全文明生产要求，扣 5～10 分	10
备注	各项扣分最高不超过该项配分	

【拓展知识】

三相交流绕线转子异步电动机的起动控制。

绕线转子异步电动机的转子上绕有绕组，并且通过转子上的滑环(集电环)在转子绕组中串接附加的电抗。当转子回路中的电抗改变时，电动机的力矩特性将改变。适当地调节转子回路中的电阻，可以得到理想的起动状态。用绕线转子异步电动机可以得到很大的起动转矩，同时起动时的电流也减小很多。所以在对起动转矩、调速特性要求较高的机械中(如卷扬机、桥式起动机等)，常常使用绕线转子异步电动机。绕线转子异步电动机有转子绕组串接电阻、转子绕组串接频敏变阻器和用凸轮控制器三种起动方法。下面只介绍转子绕组串接电阻起动控制。

转子绕组串接电阻控制绕线转子异步电动机的线路又分为用按钮开关、用时间继电器、用电流继电器三种不同方式的起动控制线路。

1. 按钮开关控制绕线转子异步电动机的控制线路

用按钮开关控制绕线转子电动机的控制线路如图 7-10 所示，工作原理简述如下。

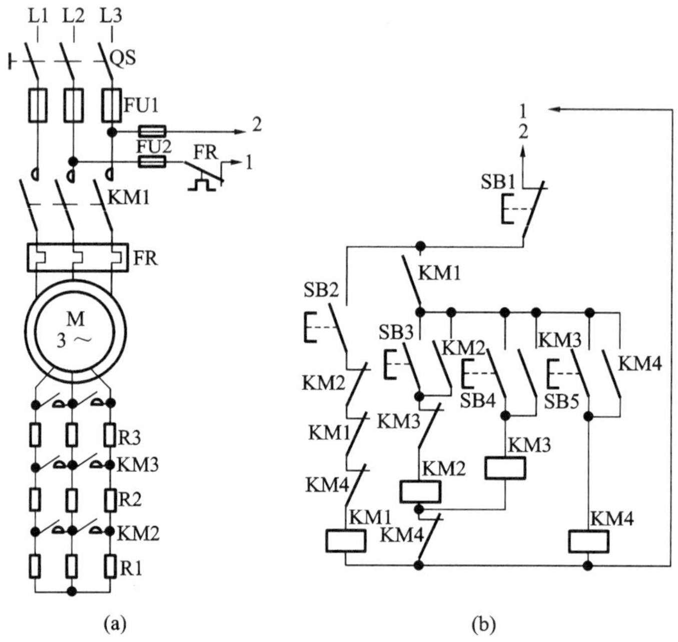

图 7-10 用按钮开关控制绕线转子电动机的控制线路

(a)主回路；(b)控制回路

在图 7-10 中，KM1 作接通电源用，KM2、KM3、KM4 是作短接转子回路中的起动电阻用的。SB1 为停止按钮，SB2 为起动按钮，SB3、SB4、SB5 均为切除电阻用的按钮开关。

起动电动机时，按下 SB2，KM1 得电吸合并自锁，电动机转子绕组内串入 R1、R2、R3 全部电阻起动。按下 SB3，KM2 得电吸合并自锁，主触头 KM1 闭合，短路 R1，电动机加速运转；同理，按下 SB4、SB5 分别短接 R2 及 R3，电动机一级一级加速运转。并且当 KM3 闭合时，其常闭触头切断 KM2 的线圈回路；KM4 闭合时，其常闭触头切断 KM3(包括 KM2)的线圈回路。当电动机全速运转时，只有 KM1、KM4 两个接触器得电工作，其余均断开。

接触器 KM2、KM3、KM4 的常闭触头串联在 KM1 线圈回路中的作用是，保证电动机在转子回路中电阻全部加入的条件下才能起动。当 KM2、KM3、KM4 的任一个常闭触头因熔焊或其他原因没有恢复闭合时，KM1 线圈因无通路而不能得电，这样电动机也就不能得电起动。

2. 时间继电器控制绕线转子异步电动机的控制线路

用时间继电器控制绕线转子电动机的控制线路如图 7-11 所示，工作原理简述如下。

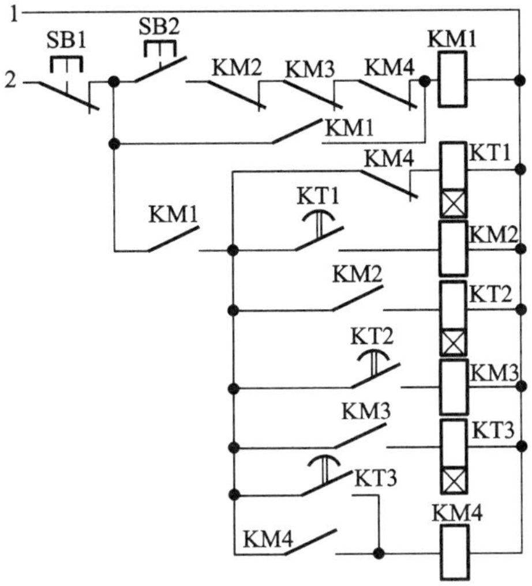

图 7-11　用时间继电器控制绕线转子电动机的控制线路

图 7-11 所示的控制线路由三个通电延时型时间继电器 KT1、KT2、KT3 和三只接触器 KM2、KM3、KM4 相互配合来实现转子回路的三段起动电阻 R1、R2、R3 的短接，在此三个延时闭合的常开触头的作用相当于图 7-10 中的三个按钮开关 SB3、SB4、SB5。

工作时，按下起动按钮 SB2，接触器 KM1 得电吸合并自锁，KM1 主触头闭合，电动机定子绕组接通电源，转子绕组串接全部电阻起动。在 KM1 得电的同时，时间继电器 KT1 也得电，经过预先整定的时间后，时间继电器的延时常开触头 KT1 闭合，接通接触器 KM2 线圈回路，使接触器 KM2 得电吸合，主触头 KM2 闭合，短接第一级起动电阻 R1。接触器 KM2 吸合后，其常开触头 KM2 又接通时间继电器 KT2 的线圈回路，使 KT2 得电；经过 KT2 预先整定的时间后，时间继电器 KT2 的延时常开触头闭合，接通线圈 KM3 回路，使接触器 KM3 在转子回路中的主触头闭合，短接第二级起动电阻 R2。同时，接触器 KM3 的常开触头 KM3 闭合，使时间继电器 KT3 线圈得电；经过 KT3 预先整定的时间后，时间继电器 KT3 延时常开触头闭合，使 KM4 线圈得电，其两副在转子回路中的主触头闭合，短接第三级起动电阻 R3；同时 KM4 的自锁触头闭合自锁；KM4 常闭触头断开，使 KT1 失电释放，KT1 的常开触头瞬间断开，使 KM2、KT2、KM3、KT3 依次失电释放，恢复原位。只有 KM1 与 KM4 因它们具有自锁功能，所以保持在工作状态。电动机的起动过程结束，进行正常运转。

接触器 KM2、KM3、KM4 常闭触头的作用与图 7-10 中的相同，此处不再重复。

3. 用电流继电器自动控制绕线转子异步电动机的控制线路

用电流继电器自动控制绕线转子异步电动机的控制线路如图 7-12 所示。该控制线路中，转子回路的原理如图 7-12(a)所示，主回路的其余部分与图 7-10 中的主回路完全相同。

图 7-12 所示控制线路是根据电动机转子回路电流的变化，利用电流继电器 FA 来控制起动电阻的短接的。其工作原理简述如下。

FA1、FA2、FA3 是电流继电器，它们的线圈都串联在转子回路中。电流继电器触头的动作取决于通过线圈的电流的大小。这三个电流继电器的吸合电流都相同,但是它们的释放电流不同,其中 FA1 的释放电流最大,FA2 次之,FA3 最小。电动机刚起动时因电流很大,它们接在控制电路中的常闭触头断开,这时接触器 KM4、KM3、KM2 的线圈回路都被切断,不工作,它们接在转子电路中的主触头都处于断开状态,使转子回路的电阻 R1、R2、R3 都接入。随着电动机转速的升高,转子电流逐渐减少,电流继电器 FA1 首先释放,它的常闭触头恢复闭合,使接触器 KM2 得电吸合,其主触头闭合,把第一级电阻 R1 短接切除;当 R1 被切除后,转子电流因电阻的减小而重新增大,但当电动机转速继续上升时,转子电流又会减小,使电流继电器 FA2 释放,其常闭触头也恢复闭合,使接触器 KM3 得电吸合,其主触头闭合,把第二级电阻 R2 短接切除,如此继续下去,直至全部电阻都短接切除。电动机起动完毕后,正常运转。

中间继电器 KA 的作用是为 KM2、KM3、KM4 线圈提供通路,而且保证起动开始时,全部电阻都接入转子电路。只有中间继电器 KA 得电,且 KA 的常开触头闭合后,才能为电流继电器 FA1、FA2、FA3 的常闭触头提供通路,然后才能逐级短接切除电阻。这样就保证了电动机在串入全部电阻的条件下起动。

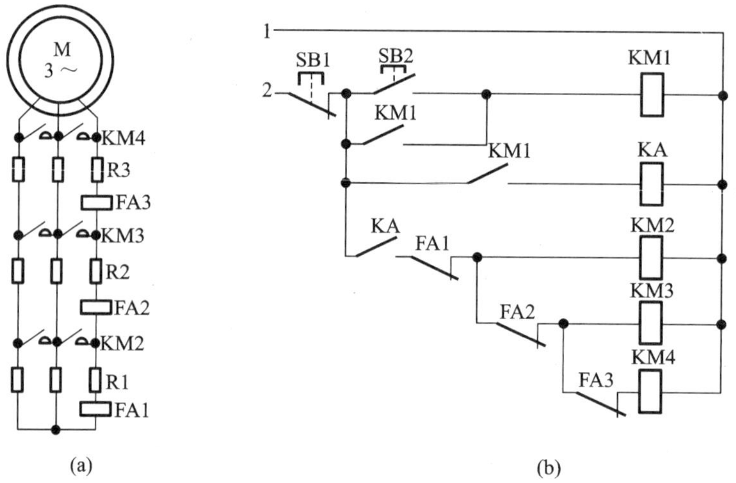

图 7-12 用电流继电器自动控制绕线转子异步电动机的控制线路

(a)转子回路;(b)控制回路

【思考与练习】

1. 三相异步电动机起动的概念是什么? 电动机起动过程存在哪些问题?
2. 三相笼型异步电动机有哪些起动方式?
3. 三相异步电动机的起动基本要求有哪些?
4. 什么叫三相异步电动机的降压起动? 有哪几种降压起动的方法?
5. 三相异步电动机采用降压起动的目的是什么? 何时采用降压起动?
6. Y-△降压起动是降低了定子线电压还是降低了定子相电压? 自耦变压器降压起动呢?
7. 鼠笼式和绕线式两种转子中,哪一种起动性能较好?
8. 在电源电压不变的情况下,如果将三角形连接的三相异步电动机误接成星形,或将星形连接换接成三角形连接,其后果如何?
9. 自耦变压器降压起动有何优点?
10. 绕线转子异步电动机有哪些起动方式?

任务 7.2　三相异步电动机调速控制电路的安装与调试

【任务目标】

- 理解并熟悉双速电动机工作原理；
- 熟悉三相异步电动机调速的种类；
- 理解并熟悉三相异步电动机调速控制工作原理图；
- 能进行三相异步电动机调速接线图的识读和绘制；
- 能根据工艺要求进行三相异步电动机调速布线的操作；
- 能使用万用表对元器件进行检测；
- 能使用万用表对三相异步电动机调速电路进行通电前的检查；
- 能正确安装并调试三相异步电动机调速电路。

【任务描述】

一台三相双速异步电动机如图 7-13 所示，请对它进行双速手动变速控制，并安装与调试。要求：按下低速按钮，电动机接成三角形低速运行；再按下高速按钮，电动机接成双星形高速运行。

图 7-13　三相双速异步电动机

【相关知识】

在工业生产中，为了提高生产效率和保证产品加工质量，常要求生产机械能在不同的转速下进行工作。如果采用电气调速，就可大大简化机械变速机构。

由异步电动机的转速表达式

$$n=n_1(1-s)=(1-s)\frac{60f}{p}$$

可知：要调节异步电动机的转速，可采用改变电源频率 f、极对数 p 和转差率 s 等三种方法来实现。

1. 改变极对数的调速

目前广泛使用的调速方法是变更定子绕组的极对数，因为极对数的改变必须在定子和转子上同时进行，因此对于绕线转子异步电动机不太适用。由于笼型异步电动机的转子极数是随定子极数的改变而自动改变的，变极时只需要考虑定子绕组的极数即可。因此，这种调速方法只适用于笼型异步电动机。常用的多速电动机有双速、三速、四速电动机，下面以双速电动机为例来分析这类电动机的变速控制。

这种电动机定子绕组有六个出线端。若将电动机定子绕组的三个出线端 U1、V1、W1 分别接三相电源，而将 U2、V2、W2 三个出线端悬空，如图 7-14(a)所示，则电动机的三相定子绕组接成三角形，此时每相的两个绕组相互串联，电流方向如图中的虚线箭头所示，磁极对数为 4，同步转速为 1500 r/min，为低速。

若将电动机定子绕组的三个出线端 U2、V2、W2 分别接三相电源，而将 U1、V1、W1 三个出线端接成双星形，如图 7-14(b)所示，此时每相的两个绕组并联，电流方向如图中实线箭头所示，磁极对数为 2，同步转速为 3000 r/min，为高速。可见双速电动机高速运转时的转速是低速时的两倍。双速电动机控制电路如图 7-15 所示,工作原理简述如下。

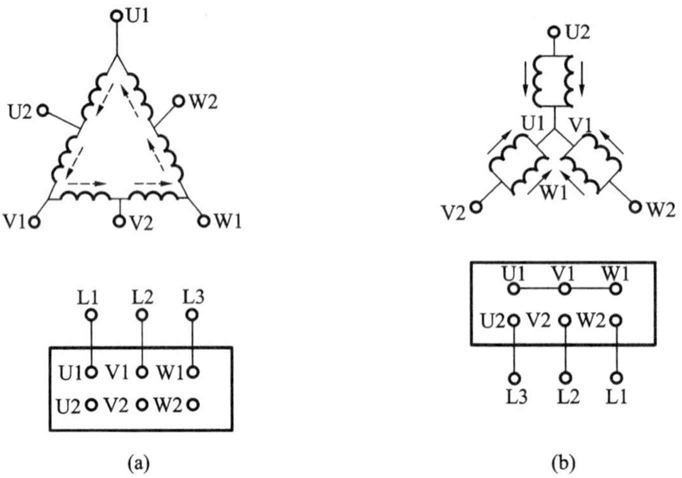

图 7-14　4/2 极△/YY 形的双速电动机定子绕组接线图

(a)低速△接法;(b)高速 YY 接法

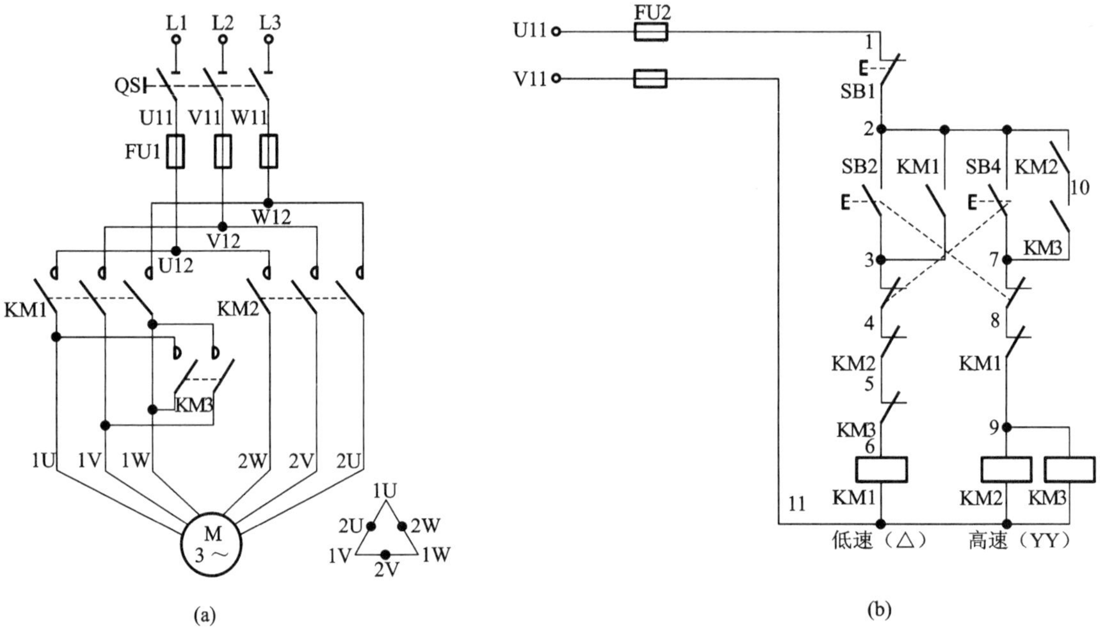

图 7-15　双速电动机控制电路

(a)主回路;(b)控制回路

先合上电源开关 QS,按下低速起动按钮 SB2,接触器 KM1 线圈得电,联锁触头断开,自锁触头闭合,电动机定子绕组接成三角形,电动机低速运转。如需换为高速运转,可按下高速起动按钮 SB4,接触器 KM1 线圈失电释放,主触头断开,自锁触头断开、联锁触头闭合,同时接触器 KM2 和 KM3 线圈得电动作,主触头闭合,电动机定子绕组接成双 Y 并联,电动机高速运转。因为电动机的高速运转是 KM2 和 KM3 两个接触器来控制的,所以把它们的常开辅助触头串联起来作为自锁,只有当两个接触器都闭合时,才允许工作。停转时,只需按下停止按钮 SB1 即可。

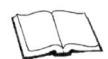

2. 改变转差率调速

改变转差率调速的方法有改变电源电压、改变转子回路电阻、电磁调速电动机调速等。

1）变压调速

变压调速是异步电动机调速系统中比较简便的一种。由电气传动原理可知，当异步电动机的等效电路参数不变时，在相同的转速下，电磁转矩与定子电压的二次方成正比，因此，改变定子外加电压就可以改变机械特性的函数关系，从而改变电动机在一定输出转矩下的转速。变压调速主要采用晶闸管交流调压器，通过调整晶闸管的触发角来改变异步电动机端电压进行调速。这种调速方法在调速过程中的转差功率损耗在转子内或其外接电阻上，效率较低，仅用于小容量电动机。

2）转子串电阻调速

转子串电阻调速是在绕线转子异步电动机转子外电路上接入可变电阻，通过对可变电阻的调节，改变电动机机械特性斜率来实现调速的一种方式。电动机转速可以按阶跃方式变化，即有级调速。其结构简单，价格低廉，但转差功率损耗在电阻上，效率随转差率增大而等比下降，故目前一般不采用这种方法。

3）电磁调速电动机调速

电磁调速电动机由笼型电动机、电磁转差离合器和直流励磁电源（控制器）三部分组成。直流励磁电源功率较小，通常由单相半波或全波晶闸管整流器组成，改变晶闸管的导通角，可以改变励磁电流的大小。

电磁转差离合器由电枢、磁极和励磁绕组三部分组成，如图7-16所示。电枢和后者没有机械联系，都能自由转动。电枢与电动机转子同轴连接的部分称为主动部分，由电动机带动；磁极用联轴器与负载轴对接的部分称为从动部分。当电枢与磁极均为静止时，如励磁绕组通以直流电，则沿气隙圆周表面将形成若干对N、S极性交替的磁极，其磁通经过电枢。当电枢随拖动电动机旋转时，电枢与磁极间相对运动，产生感应涡流。此涡流与磁通相互作用产生转矩，带动有磁极的转子按同一方向旋转，但其转速恒低于电枢的转速。这是一种转差调速方式，改变转差离合器的直流励磁电流，便可改变离合器的输出转矩和转速。

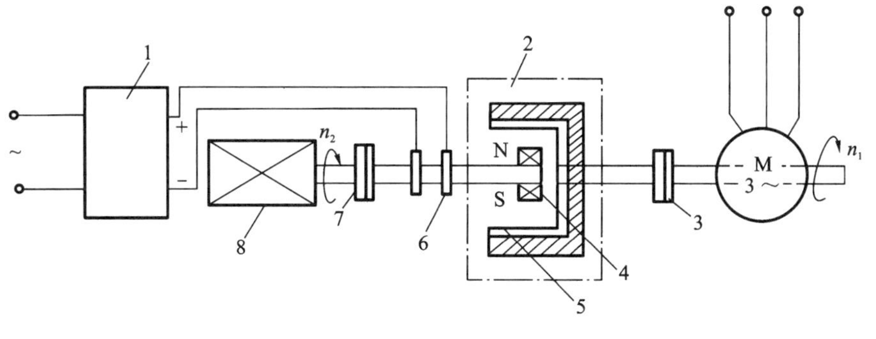

图7-16 电磁转差离合器的调速系统

1—晶闸管整流器；2—电磁转差离合器；3、7—联轴器；4—磁极；5—电枢；6—滑环；8—负载

电磁调速电动机具有结构简单、可靠性好、维护方便等优点，而且通过控制励磁电流的大小可实现无级平滑调速，但效率低，适用于中小功率、要求平滑、短时低速运行的生产机械，所以广泛应用于机床、起重、冶金等生产机械上。

3. 变频调速

变频调速是改变电动机定子电源的频率,从而改变其同步转速的调速方法。异步电动机变频调速属于转差功率不变型调速,是异步电动机各种调速方法中调速性能最好、效率最高的一种调速方法,因而在实际生产中得到广泛应用。

在三相异步电动机中存在下列关系

$$E_1 = 4.44 f_1 N_1 k_1 \Phi_m$$

若忽略定子阻抗压降,则每相电压

$$U_1 \approx E_1 = 4.44 f_1 N_1 k_1 \Phi_m$$

由此可知,若保持电源电压 U_1 不变,降低电源的频率 f_1,主磁通 Φ_m 将增大,从而导致铁心饱和,电动机温升过快。因此在许多场合,要求在变频调速的同时改变定子电压 U_1,以维持 Φ_m 接近不变。

额定频率称为基频,变频调速可以从基频向上调,也可以从基频向下调。

1) 基频以下调速控制方式

要保持 Φ_m 不变,当频率 f_1 从额定值 f_N 向下调节时,应同时降低 E_1,使$\frac{E_1}{f_1}$=常数,即采用恒定电动势频率比的控制方式。$U_1 \approx E_1$,取$\frac{U_1}{f_1}$=常数,即采用恒压频比的控制方式。在低频时,U_1 和 E_1 都较小,定子阻抗压降所占的分量就比较显著,不能忽略,因而必须对 U_1 进行定子阻抗压降补偿,人为地把电压 U_1 提高一些,尽可能维持磁通 Φ_m 基本不变。

当$\frac{U_1}{f_1}$=常数时,采用恒压频比的控制方式的机械特性基本上是上下平移的,硬度较好,但最大转矩 T_{emax}随着 f_1 降低而减小。当频率很低时,最大转矩 T_{emax}太小,将限制变频调速系统的带负载能力,为此需要进行定子阻抗压降补偿,适当提高电压 U_1,增强带负载能力。

2) 基频以上调速控制方式

在基频以上调速时,可以将 f_1 从 f_N 往上调节,若要维持 Φ_m 恒定,必须随频率 f_1 的增大而相应增大 U_1。但电压 U_1 一般不能超过电动机的额定电压 U_N,只能保持在电动机的额定电压 U_N 上。所以在基频以上调速时只能放弃维持磁通 Φ_m 为恒值的要求,使磁通 Φ_m 与频率成反比地降低,相当于直流电动机弱磁升速的情况。

当角频率 ω_1 提高时,同步转速 n_1 随之提高,最大转矩 T_{emax}减小,机械特性上移,其机械特性基本上也是上下平移的。

交流变频调速具有系统体积小、质量轻、控制精度高、保护功能完善、工作安全可靠、操作过程简单、通用性强等优点,可使传动控制系统具有优良的性能,同时节能效果明显,产生的经济效益显著。尤其当与计算机通信相配合时,变频控制更加安全可靠,易于操作。变频技术必将在工业生产中发挥巨大的作用,让工业自动化程度得到更大的提高。

【任务实施】

1. 绘制控制原理图

按任务控制要求绘制双速手动变速控制原理图,该图与双速电动机控制电路图一样,参见图 7-15。

2. 元器件、工具、仪表、设备和材料

根据电动机型号和电气原理图,选择所需元器件的型号和数量,并列出所用的工具、仪表、设备和材料清单,如表 7-3 所示。

表 7-3 元器件、工具、仪表、设备和材料明细表

序号	代　号	名　称	型　号	数量	备　注
1	QS	低压断路器	DZ108-20(1.6～2.5 A)	1	
2	FU1	螺旋式熔断器	RL1-15	3	装熔芯 3 A
3	FU2	直插式熔断器	RT14-20	2	装熔芯 2 A
4	KM1、KM2 KM3	交流接触器	LC1-D0610Q5N 380 V	3	
5	SB1	按钮开关	ϕ22-LAY16 红色	1	
6	SB2、SB4	按钮开关	ϕ22-LAY16 绿色	2	
7	M	三相双速异步电动机	WDJ22(厂编)	1	380 V(△/YY)

根据原理图,画出双速手动变速控制接线图,如图 7-17 所示。

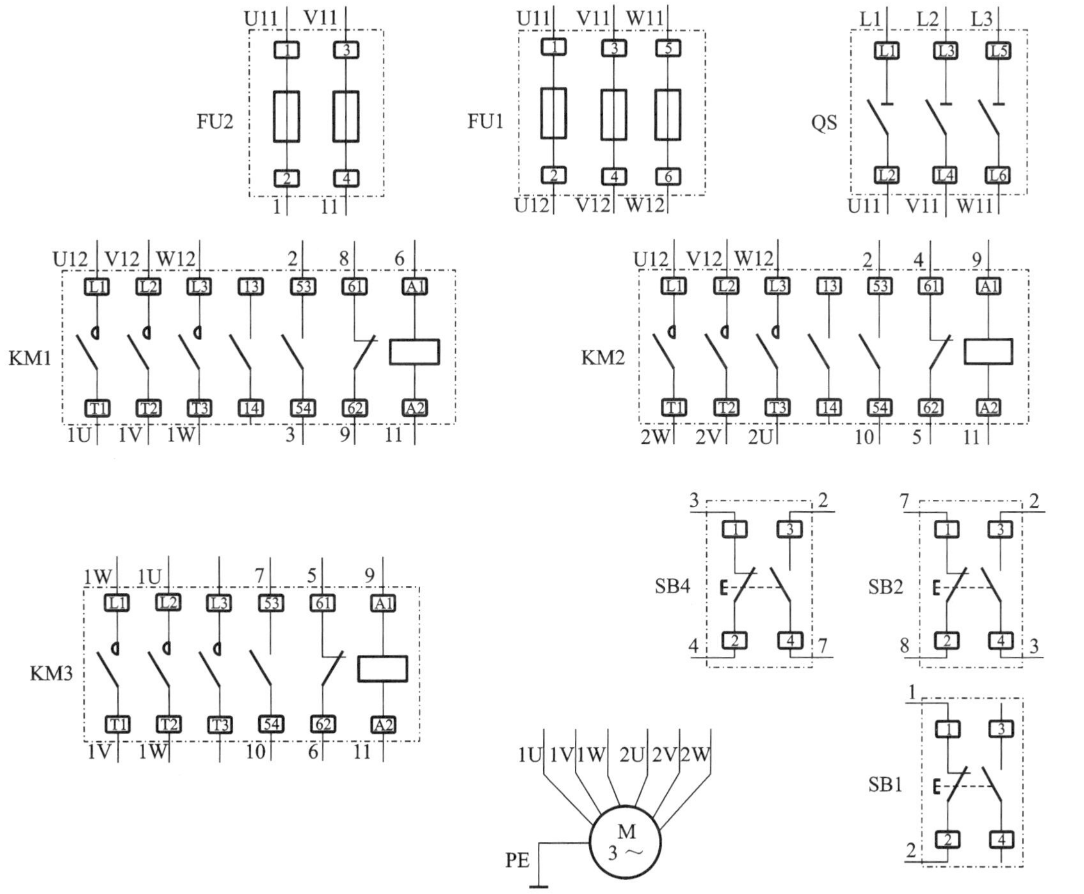

图 7-17 双速手动变速控制接线图

3. 装配与调试

(1) 配齐所用元器件,并进行质量检验。元器件应完好无损,各项技术指标符合技术要求,否则应予以更换。

(2) 根据双速手动变速控制接线图完成硬件连线。

(3) 通电前对硬件接线进行检查。

(4) 检查无误后经教师同意再通电运行。

(5) 先合上电源开关 QS,观察电路运行状况。按下低速起动按钮 SB2,测量并记录电动机运行速度;按下高速起动按钮 SB4,测量并记录电动机运行速度。

【任务检查与评价】

双速手动变速控制。

1. 考核任务

1) 按原理图所示配齐所有元器件并进行检验

(1) 元器件的技术数据(型号、规格、额定电压、额定电流等)应完整并符合要求,外观无损伤。

(2) 检测按钮的功能是否正常。

(3) 检测三相电源工作电压是否合格。

(4) 用万用表检测电磁线圈的通断情况以及各触头的分合情况,以确定元器件的电磁机构动作是否灵活、有无衔铁卡阻等。

(5) 检测接触器的线圈电压和电源电压是否一致。

(6) 对双速电动机的质量进行常规检查(电枢绕组与励磁绕组的通断、相对地绝缘)。

2) 理解并熟练掌握双速手动变速控制方法

(1) 理解电气原理图中各元器件的特点及表示方法,熟练绘制双速手动变速控制的电气原理图。

(2) 熟练掌握接线图中各元器件的功能及特点,具备一定的组装及排除系统故障的能力。

(3) 熟练掌握双速手动变速控制原理,并了解该方式相比于其他形式的调速方法有何区别。

3) 按接线图的走线方法进行硬件接线

(1) 布线时,严禁损伤线芯、导线绝缘层。

(2) 各元器件接线端子引出导线的走向,以元器件的水平中心线为界,在水平中心线以上的接线端子引出的导线,必须进入元器件上面的走线槽;在水平中心线以下的接线端子引出的导线,必须进入元器件下面的走线槽。任何导线都不允许从水平方向进入走线槽内。

(3) 各元器件接线端子上引出或引入的导线,除间距很小和元器件机械强度很低的允许直接架空敷设外,其他导线必须经过走线槽进行连接。

(4) 进入走线槽的导线要完全置于走线槽内,并应尽可能避免交叉,装线不要超过其容量的 70%,以便能盖上线槽盖,便于以后的装配及维修。

(5) 各元器件与走线槽之间的外露导线,应走线合理,并尽可能做到横平竖直,变换走向要垂直。同一个元器件上位置一致的端子和同型号元器件中位置一致的端子上引出或引入的导线,要敷设在同一平面上,并应做到高低一致和前后一致,不得交叉。

(6) 所有接线端子、导线接头上都应套有与线路图上相应接点线号一致的编码套管,并按线号进行连接,连接必须牢靠,不得松动。

(7) 在任何情况下,接线端子必须与导线截面面积和材料性质相适应。当接线端子不适合连接软线或较小截面面积的软线时,可以在导线端头穿上针形或叉形轧头并压紧。

(8) 一般一个接线端子只能连接一根导线，如果采用专门设计的端子，可以连接两根或多根导线，但导线的连接方式，必须是公认的、在工艺上成熟的方式，如夹紧、压接、焊接、绕接等，并应严格按照连接工艺的工序要求进行。

2. 考核要求及评分标准

任务检查与评分标准如表7-4所示。

表7-4　任务检查与评分标准

主要内容	评分标准	配分
小组代表汇报讲解	(1) 讲解不全面，扣1～10分； (2) 条理不够清晰，扣1～10分	20
原理图控制	(1) 主电路不符合标准，扣2分； (2) 控制电路不符合标准，扣2分； (3) 信号、照明等不符合标准，扣2分	10
布置图、接线图的绘制	(1) 元器件布置不整齐、不匀称、结构不合理，每处扣1～5分； (2) 尺寸标注不正确，每处扣1分； (3) 线号标注不准确、不齐全，扣2分； (4) 走线不合理，扣2分	15
元器件选用、检查和安装	(1) 元器件选择不合理，每只扣1～5分； (2) 元器件漏检或错检，扣5分； (3) 不按图安装，扣10分； (4) 元器件安装不牢固，每只扣5分； (5) 元器件安装不整齐、不匀称、不合理，每只扣4分； (6) 损坏元器件，扣15分； (7) 本项目不得负分	15
接线质量	(1) 不按接线图接线，扣10分； (2) 布线不美观、不平直、不整齐、不紧贴敷设面，主电路、控制电路每处扣1分； (3) 节点松动，露铜过长，压绝缘层，每处扣1分	10
通电前检测、通电试验	(1) 主电路测量不正确，扣5分； (2) 控制电路测量不正确，扣5分； (3) 一次试车不成功，扣10分； (4) 两次试车不成功，扣15分	20
安全文明生产、团队合作精神	(1) 小组分工不够好，扣1～5分； (2) 违反安全文明生产要求，扣5～10分	10
备注	各项扣分最高不超过该项配分	

【拓展知识】

三相绕线转子异步电动机转子串电阻的调速控制电路。

对调速无特殊要求的生产机械，可以采用绕线转子异步电动机拖动，绕线转子异步电动机的转子串电阻调速控制电路，按照时间原则起动、能耗制动的控制线路如图7-18所示，工作原理分析如下。

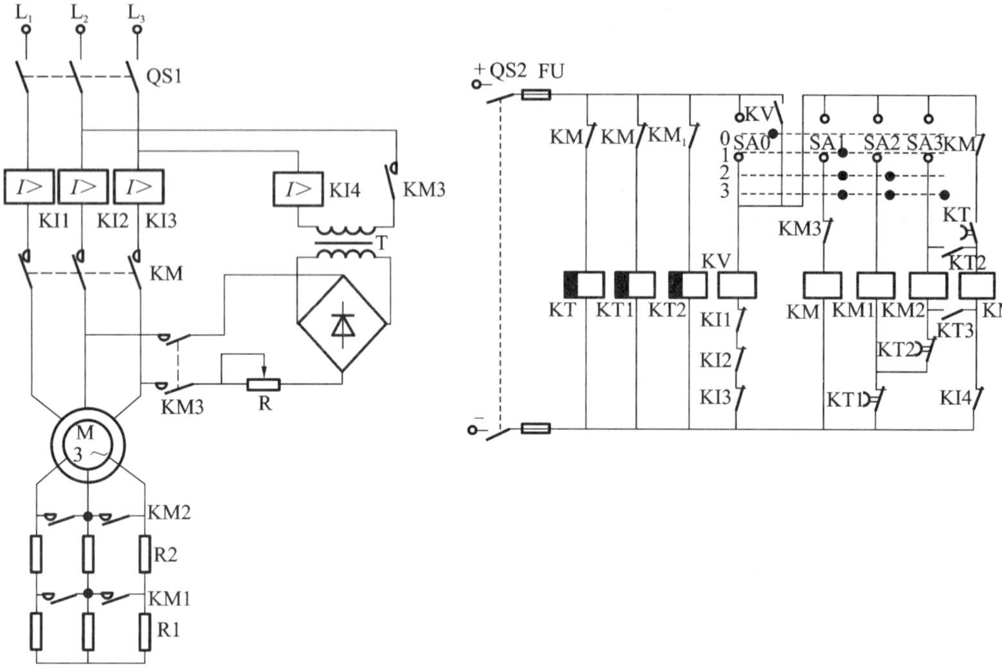

图 7-18　三相绕线转子电动机转子串电阻起动、调速、制动控制电路

1. 起动前的准备

先将主令控制器 SA 的手柄置到“0”位，再合上电源开关 QS1，QS2，则有：

(1) 零位继电器 KV 线圈通电并自锁。

(2) KT1、KT2 线圈得电，其延时闭合的动断触点瞬时打开，确保 KM1、KM2 线圈失电。

2. 起动控制

将 SA 的手柄推向“3”位，SA 的触点 SA1、SA2、SA3 均接通，KM 线圈得电，则有：

(1) KM 的主触点闭合，电动机接入交流电源，电动机在转子串两段电阻的情况下起动。同时，KT 线圈得电，KT 延时断开的动合触点闭合。

(2) KM 的动断触点断开，KT1 线圈失电，开始延时。当延时结束时，KT1 动断触点闭合，KM1 线圈得电，KM1 的动合触点闭合切除一段电阻 R1。同时 KM1 的动断触点断开，KT2 线圈失电，开始延时。当延时结束时，KT2 的动断触点闭合，KM2 线圈得电，切除电阻 R2，起动结束。

3. 制动控制

进行制动时，将主令控制器 SA 的手柄扳回“0”位，KM、KM1、KM2 线圈均失电，电动机切除交流电源。同时，KT1、KT2 线圈得电，则有：

(1) KM 的动断触点闭合，KM3 线圈得电，电动机接入直流电源进行能耗制动；同时，KM2 线圈得电，电动机在转子短接全部电阻的情况下进行能耗制动。

(2) KM 的动合辅助触点断开，KT 线圈失电，开始延时。当延时结束时，KT 延时断开的动合触点断开，KM2、KM3 线圈均失电，制动结束。

4. 调速控制过程

当需要电动机在低速下运行时，可将主令控制器SA手柄推向“1”位或“2”位，则电动机的转子在串入一段电阻或不串入电阻的情况下以较高速度运转。

【思考与练习】

1. 转差率是分析异步电动机运行情况的一个重要参数。当转子转速越接近磁场转速，转差率会如何变化？转矩与转差率有何关系？

2. 三相异步电动机的调速方法有几种？

3. 三相异步电动机在额定状态附近运行，现电动机有以下三种变化：①负载增大，②电压升高，③频率增大，试分别说明其转速和电流作何变化。

4. 一对极的三相笼型异步电动机，当定子电压的频率由40 Hz调节到60 Hz时，其同步转速的变化范围是多少？

5. 某多速三相异步电动机，$f_N=50$ Hz，若极对数由$p=2$变到$p=4$，同步转速各是多少？

6. 交流电动机不改变转差率的调速方法有哪些？

7. 三相异步电动机的变极调速有哪些优点？

8. 三相异步电动机的变频调速有哪些优点？

9. 简述三相异步电动机的变极调速控制原理。

任务7.3　三相异步电动机制动控制电路的安装与调试

【任务目标】

- 理解并熟悉速度继电器的工作原理；
- 熟悉三相异步电动机制动控制的种类；
- 理解并熟悉三相异步电动机制动控制工作原理图；
- 能进行三相异步电动机制动控制接线图的识读和绘制；
- 能根据工艺要求对三相异步电动机制动控制进行布线的操作；
- 能使用万用表对元器件进行检测；
- 能使用万用表对三相异步电动机制动控制电路进行通电前的检查；
- 能正确安装并调试三相异步电动机制动控制电路。

【任务描述】

一台三相异步制动电动机，如图7-19所示，请对它进行降压起动及反接制动控制，并安装与调试。要求起动为降压起动，制动为反接制动。

图7-19　制动电动机

【相关知识】

某些生产机械，如车床等要求在工作时频繁起动与停止；有些工作机械，如起重机的吊钩需要准确定位。这些机械都要求电动机在断电后迅速停转，以提高生产效率和保证安全生产。

电动机断电后，能使电动机在很短的时间内就停转的方法称为制动控制。制动控制的方法常用的有机械制动和电力制动两类,常用的电力制动有电源反接制动和能耗制动两种。下面主要介绍电力制动。

1. 电源反接制动

电源反接制动是依靠改变电动机定子绕组的电源相序,而迫使电动机迅速停转的一种方法。下面以单向运转反接制动控制进行说明。

单向运转反接制动控制线路如图 7-20 所示,工作原理简述如下。

起动时,闭合电源开关 QS,按下起动按钮 SB2,接触器 KM1 得电闭合并自锁,电动机 M 起动运转。当电动机转速升高到一定值(如 100 r/min)时,速度继电器 KS 的常开触头闭合,为反接制动做好准备。

停止时,按下停止按钮 SB1(一定要按到底),按钮 SB1 常闭触头断开,接触器 KM1 失电释放,而按钮 SB1 的常开触头闭合,使接触器 KM2 得电吸合并自锁,KM2 主触头闭合,串入电阻 RB 进行反接制动,电动机产生一个反向电磁转矩,即制动转矩,迫使电动机转速迅速下降;当电动机转速降至 100 r/min 以下时,速度继电器 KS 常开触头断开,接触器 KM2 线圈失电释放,电动机断电,防止反向起动。

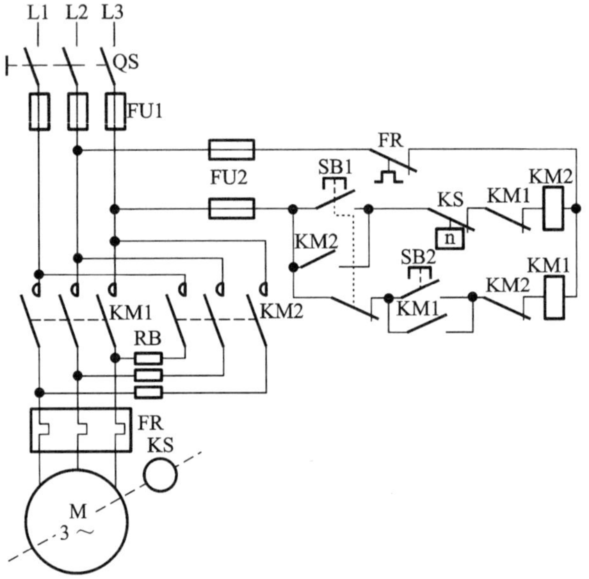

图 7-20 单向运转反接制动控制线路

反接制动时,由于转子与定子旋转磁场的相对速度接近两倍的同步转速,故转子的感应电流很大,定子绕组的电流也随之很大,相当于全压直接起动时电流的两倍。为此,一般在 4.5 kW 以上的电动机采用反接制动时,应在主电路中串接一定的电阻器,以限制反接制动电流,这个电阻称为反接制动电阻 RB。反接制动电阻器有三相对称和两相不对称两种连接方法,图 7-20 所示的为对称接法。若某一相不串电阻器,则为两相不对称接法。

2. 能耗制动

三相笼型异步电动机的能耗制动,就是把转子储存的机械能转变成电能,又消耗在转子上,使之转化为制动力矩的一种制动方法。

将正在运转的电动机从电源上切除,向定子绕组通入直流电流,便产生静止的磁场,转子绕组因惯性在静止磁场中旋转，切割磁力线，感应出电动势，产生转子电流，该电流与静止磁场相互作用，产生制动力矩，使电动机转子迅速减速，直至停转。

这种制动所消耗的能量较小，制动准确率较高，制动转矩平滑，但制动力较弱，制动力矩与转速成正比地减小。另外，还需另设直流电源，费用较高。

能耗制动适用于要求制动平稳、停位准确的场合，如铣床、龙门刨床及组合机床的主轴定位等。图 7-21 所示为常见的无变压器半波整流能耗制动的自动控制线路，其工作原理简述如下。

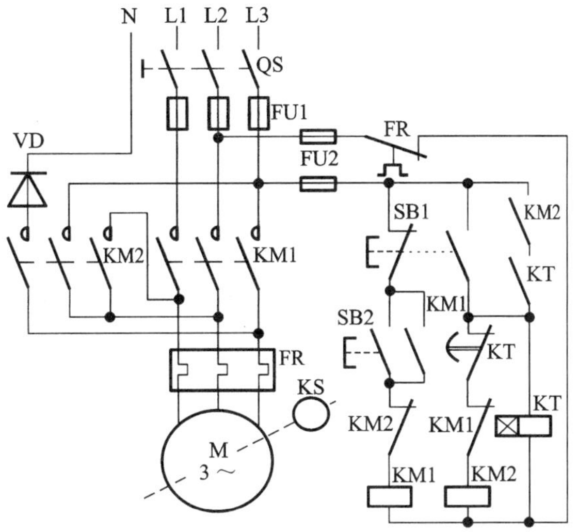

图 7-21　无变压器半波整流能耗制动的自动控制线路

闭合电源开关 QS，按下起动按钮 SB2，接触器 KM1 线圈得电吸合并自锁，电动机起动运行。

停止时，将停止按钮 SB1 按到底，使其常开触头可靠闭合，常闭触头断开，KM1 失电释放，电动机失电做惯性旋转；时间继电器 KT 和接触器 KM2 得电吸合并自锁。电动机进入半波整流能耗制动，待过了预先整定的时间后（此时电动机已停转），KT 的延时断开常闭触头断开，切断 KM2 线圈回路，使 KM2 失电释放，KM2 失电后其常开触头断开，使 KT 也失电释放，整个电路恢复至原始状态。

为了实现准确定位，经常采用半波整流能耗制动准确定位控制线路，如图 7-22 所示，主回路部分可参阅图 7-21。

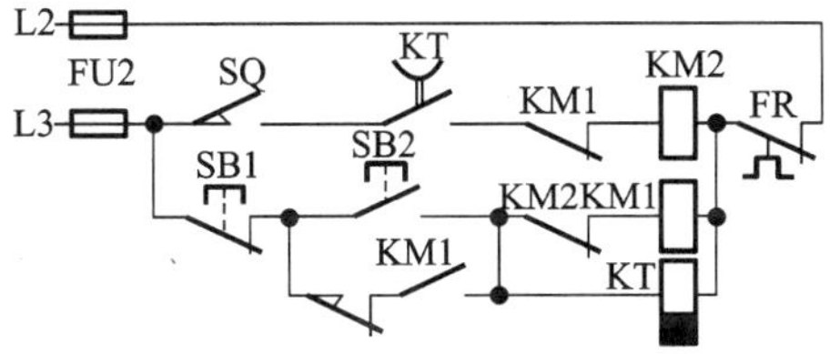

图 7-22　半波整流能耗制动准确定位控制线路

在图 7-22 中，KM1 控制电动机的运行；KM2 控制电动机的制动；断电延时型时间继电器 KT 控制制动时间；SQ 为限位开关，控制运动部件的行程。

起动时，按下起动按钮 SB2，接触器 KM1 得电吸合后，电动机转动，拖动机床的运动部件（如进刀机构）运动，到达预定位置时，触及限位开关 SQ，其常闭触头断开，接触器 KM1 和时间继电器 KT 均失电释放，同时限位开关 SQ 的常开触头闭合（此时 KM1 的常闭触头已恢复闭合),接通了KM2的线圈回路,使KM2得电吸合,电动机进行能耗制动。当KT到达预先整定的时间时,其延时常开触头断开,切断KM2的线圈回路,使KM2失电释放,电动机制动结束,整个电路恢复至原始状态。

这种控制线路适用于机床进给机构或其他要求准确定位的场合。

【任务实施】

1. 绘制控制原理图

按任务控制要求绘制三相异步电动机降压起动及反接制动控制原理图,如图7-23所示。

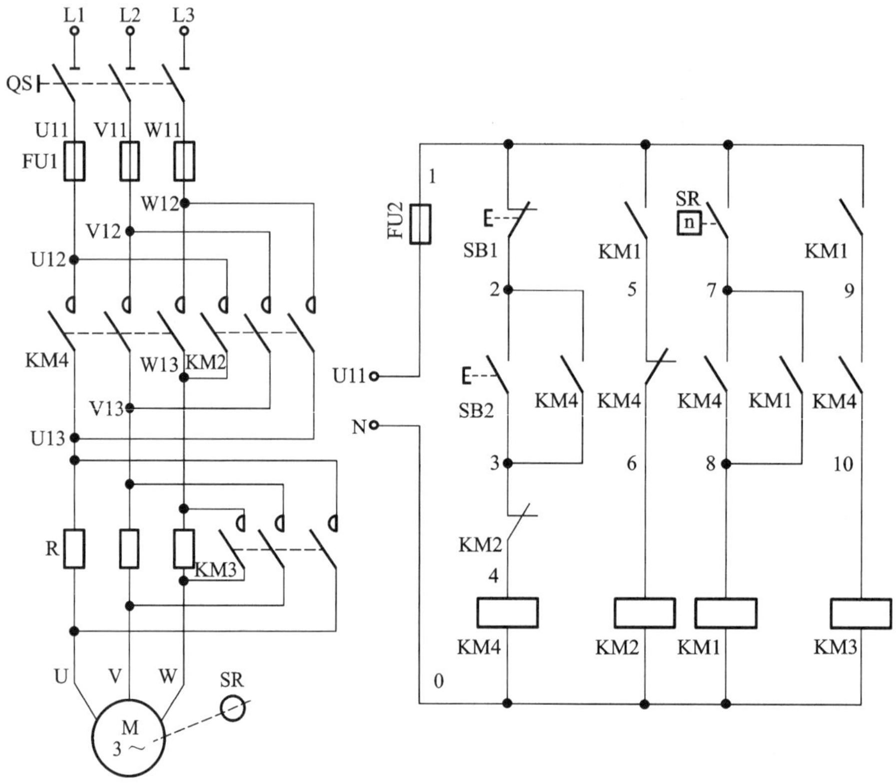

图7-23 三相异步电动机降压起动及反接制动控制原理图

2. 元器件、工具、仪表、设备和材料

根据电动机型号和电气原理图,选择所需元器件的型号和数量,并列出所用的工具、仪表、设备和材料清单,如表7-5所示。

表7-5 元器件、工具、仪表、设备和材料明细表

序号	代号	名称	型号规格	数量	备注
1	QS	低压断路器	DZ47	1	
2	FU1	螺旋式熔断器	RL1-15	3	3 A
3	FU2	直插式熔断器	RT14-20	2	2 A
4	KM1,KM2 KM3,KM4	交流接触器	CJX2-9/380 V	4	

续表

序　　号	代　　号	名　　称	型号规格	数量	备　　注
5	SB1、SB2	按钮	LAY3-11	2	SB1 绿 SB2 红
6	M	三相笼型异步电动机	380 V 0.45 A,120 W	1	
7	SR	速度继电器	JY-1	1	
8	R	电阻	90 Ω,1.3 A	3	

3. 安装与调试

(1) 根据原理图,画出三相异步电动机降压起动及反接制动控制接线图,如图7-24所示。

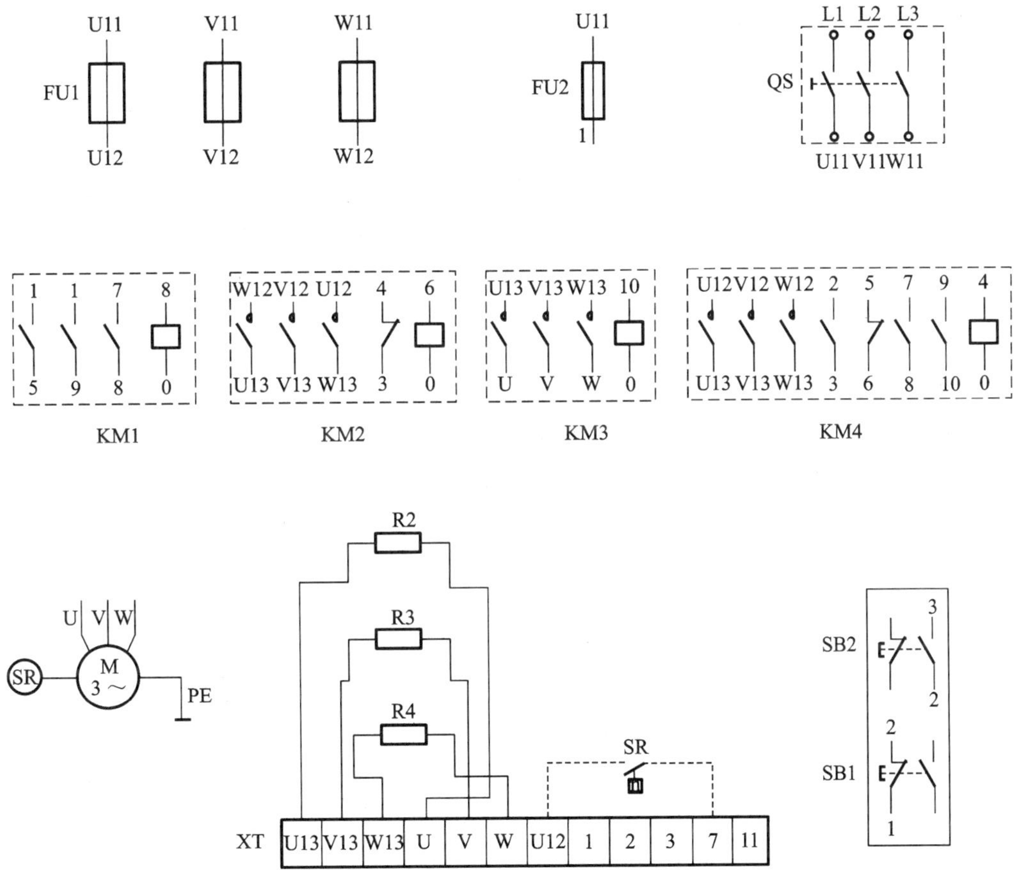

图7-24　三相异步电动机降压起动及反接制动控制接线图

(2) 配齐所用元器件,并进行质量检验。元器件应完好无损,各项技术指标符合技术要求,否则应予以更换。

(3) 根据三相异步电动机降压起动及反接制动控制接线图完成硬件连线。

(4) 通电前对硬件接线进行检查。

(5) 检查无误后经教师同意再通电运行。

(6) 接通电源,观察电路起动时是否为降压起动,停止时是否为反接制动。

【任务检查与评价】

三相异步电动机降压起动及反接制动控制。

1. 考核任务

1）按原理图所示配齐所有元器件并进行检验

(1) 元器件的技术数据(型号、规格、额定电压、额定电流等)应完整并符合要求,外观无损伤。

(2) 检测按钮的功能是否正常。

(3) 检测速度继电器是否正常,是否符合实验要求。

(4) 检测三相电源工作电压是否合格。

(5) 用万用表检测电磁线圈的通断情况以及各触头的分合情况,以确定元器件的电磁机构动作是否灵活,有无衔铁卡阻等。

(6) 检查接触器的线圈电压和电源电压是否一致。

(7) 对电动机的质量进行常规检查(电枢绕组与励磁绕组的通断、相对地绝缘)。

2）理解并熟练掌握三相异步电动机反接制动控制方法

(1) 理解电气原理图中各元器件的特点及表示方法,熟练绘制三相异步电动机降压起动及反接制动控制的电气原理图。

(2) 熟练掌握接线图中各元器件的功能及特点,具备一定的组装及排除系统故障的能力。

(3) 熟练掌握电气原理图中速度继电器的控制原理,并了解该方式相比于其他形式的制动方法有何区别。

3）按接线图的走线方法进行硬件接线

(1) 布线时,严禁损伤线芯、导线绝缘层。

(2) 各元器件接线端子引出导线的走向,以元器件的水平中心线为界,在水平中心线以上的接线端子引出的导线,必须进入元器件上面的走线槽;在水平中心线以下的接线端子引出的导线,必须进入元器件下面的走线槽。任何导线都不允许从水平方向进入走线槽内。

(3) 各元器件接线端子上引出或引入的导线,除间距很小和元件机械强度很低的允许直接架空敷设外,其他导线必须经过走线槽进行连接。

(4) 进入走线槽的导线要完全置于走线槽内,并应尽可能避免交叉,装线不要超过其容量的 70%,以便能盖上线槽盖,便于以后的装配及维修。

(5) 各元器件与走线槽之间的外露导线,应走线合理,并尽可能做到横平竖直,变换走向要垂直。同一个元器件上位置一致的端子和同型号元器件中位置一致的端子上引出或引入的导线,要敷设在同一平面上,并应做到高低一致和前后一致,不得交叉。

(6) 所有接线端子、导线接头上都应套有与线路图上相应接点线号一致的编码套管,并按线号进行连接,连接必须牢靠,不得松动。

(7) 在任何情况下,接线端子必须与导线截面面积和材料性质相适应。当接线端子不适合连接软线或较小截面面积的软线时,可以在导线端头穿上针形或叉形轧头并压紧。

(8) 一般一个接线端子只能连接一根导线,如果采用专门设计的端子,可以连接两根或多根导线,但导线的连接方式,必须是公认的、在工艺上成熟的方式,如夹紧、压接、焊接、绕接等,并应严格按照连接工艺的工序要求进行。

2. 考核要求及评分标准

任务检查与评分标准如表 7-6 所示。

表 7-6　任务检查与评分标准

主要内容	评分标准	配分
小组代表汇报讲解	(1) 讲解不全面，扣 1～10 分； (2) 条理不够清晰，扣 1～10 分	20
原理图控制	(1) 主电路不符合标准，扣 2 分； (2) 控制电路不符合标准，扣 2 分； (3) 信号、照明等不符合标准，扣 2 分	10
布置图、接线图的绘制	(1) 元器件布置不整齐、不匀称、结构不合理，每处扣 1～5 分； (2) 尺寸标注不正确，每处扣 1 分； (3) 线号标注不准确、不齐全，扣 2 分； (4) 走线不合理，扣 2 分	15
元器件选用、检查和安装	(1) 元器件选择不合理，每只扣 1～5 分； (2) 元器件漏检或错检，扣 5 分； (3) 不按图安装，扣 10 分； (4) 元器件安装不牢固，每只扣 5 分； (5) 元器件安装不整齐、不匀称、不合理，每只扣 4 分； (6) 损坏元器件，扣 15 分； (7) 本项目不得负分	15
接线质量	(1) 不按接线图接线，扣 10 分； (2) 布线不美观、不平直、不整齐、不紧贴敷设面，主电路、控制电路每处扣 1 分； (3) 节点松动，露铜过长，压绝缘层，每处扣 1 分	10
通电前检测、通电试验	(1) 主电路测量不正确，扣 5 分； (2) 控制电路测量不正确，扣 5 分； (3) 一次试车不成功，扣 10 分； (4) 两次试车不成功，扣 15 分	20
安全文明生产、团队合作精神	(1) 小组分工不够好，扣 1～5 分； (2) 违反安全文明生产要求，扣 5～10 分	10
备注	各项扣分最高不超过该项配分	

【拓展知识】

三相异步电动机电磁抱闸控制电路。

机械制动是利用机械装置，使电动机迅速停转的方法，经常采用的机械制动设备是电磁抱闸。

1. 电磁抱闸的结构

电磁抱闸的结构如图 7-25 所示。它主要由制动电磁铁和闸瓦制动器两部分构成。制动电磁铁由铁心和线圈组成，线圈有的采用三相电源，有的采用单相电源；闸瓦制动器包括闸瓦、闸轮、杠杆和弹簧等。闸轮与电动机装在同一根转轴上,制动强度可通过调整弹簧力来改变。

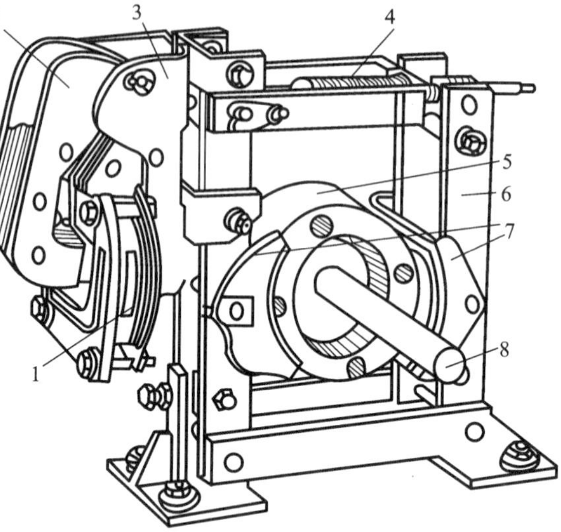

图 7-25　电磁抱闸的结构

1—线圈;2—衔铁;3—铁心;4—弹簧;5—闸轮;6—杠杆;7—闸瓦;8—轴

2. 电磁抱闸制动控制线路

常见的电磁抱闸制动控制线路如图 7-26 所示,其工作原理简述如下。

接通电源开关 QS 后,按下起动按钮 SB2,接触器 KM 线圈得电工作并自锁。电磁抱闸 YB 线圈得电,吸引衔铁(动铁心),使动铁心、静铁心吸合,动铁心克服弹簧拉力,迫使制动杠杆向上移动,从而使制动器的闸瓦与闸轮分开,取消对电动机的制动;与此同时,电动机得电起动至正常运转。当需要停车时,按下停止按钮 SB1,接触器 KM 失电释放,电动机的电源被切断的同时,电磁抱闸的线圈也失电,衔铁被释放,在弹簧拉力的作用下,闸瓦紧紧抱住闸轮,电动机被制动,迅速停止转动。

采用图 7-26 所示的控制线路,有时会因制动电磁铁的延时释放而造成制动失灵。

造成制动电磁铁延时的主要原因是:制动电磁铁线圈并接在电动机引出线上。电动机电源切断后,电动机不会立即停止转动,它会因惯性而继续转动。由于转子剩磁的存在,电动机处于发电运行状态,定子绕组的感应电势加在电磁抱闸 YB 线圈上。所以当电动机主回路电源被切断后,YB 线圈不会立即失电释放,而是在 YB 线圈的供电电流小到不能使动铁心、静铁心维持吸合时,才开始释放。

解决上述问题的简单方法是:在 YB 线圈的供电回路中串入接触器 KM 的常开触头。如果辅助常开触头容量不够,可选用具有五个主触头的接触器,或另外增加一个接触器,将后增加的接触器的线圈与原接触器线圈并联,并将其主触头串入 YB 的线圈回路中。这样可使电磁抱闸 YB 的线圈与电动机主回路同时失电,消除 YB 的延时释放。

防止电磁抱闸延时的制动控制线路如图 7-27 所示。

电磁抱闸制动在起重机械上广泛应用。当重物吊到一定高度时,如果线路突然发生故障或停电,则电动机失电,电磁抱闸线圈也失电,闸瓦立即抱住闸轮使电动机迅速制动停转,从而防止了重物突然落下而发生事故。

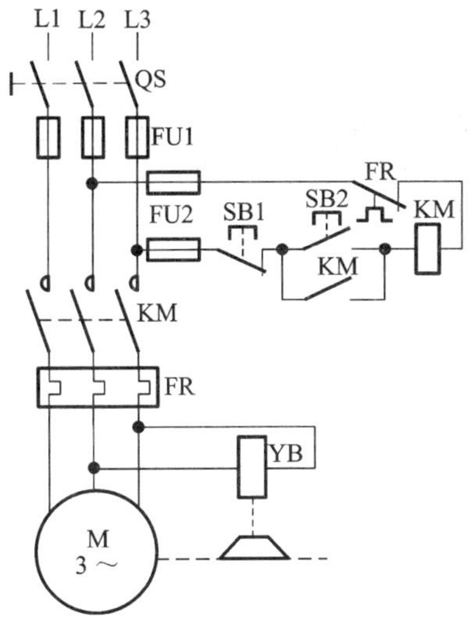

图 7-26　电磁抱闸制动控制线路

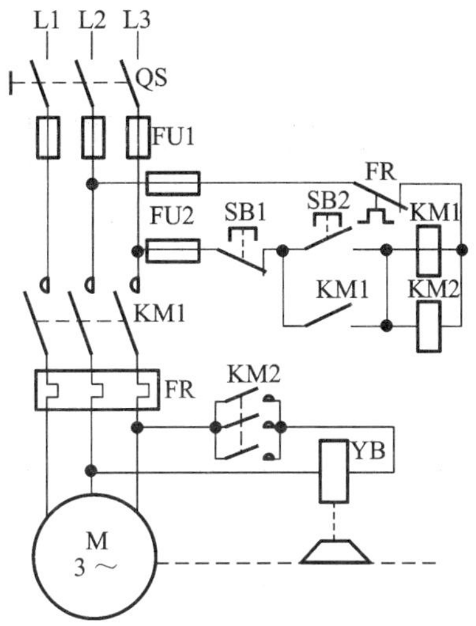

图 7-27　防止电磁抱闸延时的制动控制线路

【思考与练习】

1. 三相异步电动机的制动方式有哪几种？
2. 简述三相异步电动机能耗制动的原理。
3. 三相异步电动机的反接制动有哪两种方法？各有何特点？
4. 图 7-28 所示为电动机反接制动的控制电路，分析其反接制动的工作过程。

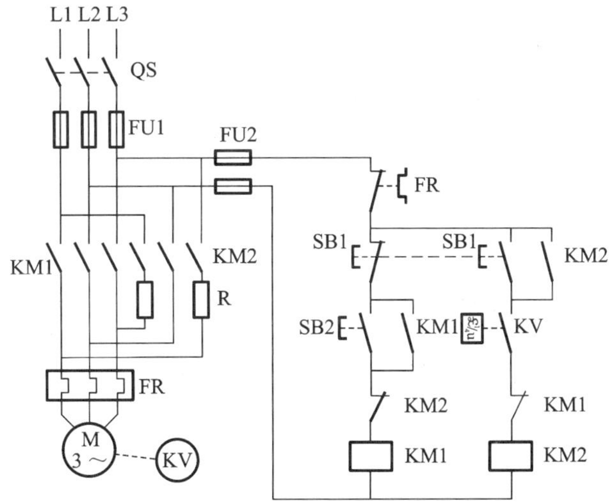

图 7-28　电动机反接制动的控制电路

项目 8　典型机床电气控制电路的分析与故障检修

【项目教学目标】

知识目标	技能目标
了解常用典型机床的结构、运动形式及相关用途； 了解典型机床的正确使用与维护方法； 熟悉机床电气控制线路的工作原理； 掌握机床电气连接检修技能。	会应用电工工具连接安装典型机床电气控制线路； 会识读电气控制线路原理图、安装图； 能认识并应用典型机床加工设备； 能分析典型机床电气控制线路的常见故障； 会使用仪表及工具检修典型的机床电气控制线路。

在各种机械加工设备中，机床是其中的主要装备，其种类繁多，应用广泛。在电气控制系统与设备中都会应用电气控制线路。工矿企业电气设备很多，如自动化生产线设备、机床加工设备、办公自动化设备、造纸和印刷机械设备、电力机车设备等，它们的控制系统各不相同。理解电气控制系统对电气设备安装、调试、使用及维修都是非常重要的，因此，学会分析电气控制原理图能更好地理解电气控制系统。本项目以典型的机床加工设备为例，对其电气控制线路进行分析，学习电气控制线路的组成、工作原理、连接安装、调试维修等，使读者学会分析电气控制系统的方法，提高识图能力，掌握分析和处理一般电气故障的方法。下面对车床、铣床等常用典型设备及其电气控制部分进行分析和介绍。

任务 8.1　C650 型卧式车床的电气控制电路的分析与故障检修

【任务目标】

- 了解各种常用车床的主要结构及运动情况；
- 掌握常用车床电气控制电路的工作原理、常见故障原因；
- 能阅读和分析常用车床的简单电气控制原理图；
- 能处理各种车床控制电路的简单故障；
- 掌握 C650 型卧式车床电气控制线路的原理、调试与检修。

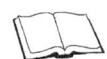

【任务描述】

一台 C650-1 型卧式车床如图 8-1 所示，试用两台交流异步电动机仿真机床的主轴电动机及冷却泵电动机，设计相关低压电气控制电路，模拟卧式车床的工作原理。

图 8-1　C650-1 型卧式车床

【相关知识】

C650 型卧式车床。

车床主要用来车削外圆、内圆、端面和螺纹等，还可安装钻头或铰刀进行钻孔和铰孔等加工。

1. C650 型卧式车床的主要结构与运动方式

1）型号的含义

普通车床的型号的含义如图 8-2 所示。

2）主要结构

C650 型卧式车床主要由床身、主轴箱、进给箱、溜板箱、刀架、丝杠、尾座等部分组成，结构如图 8-3 所示。

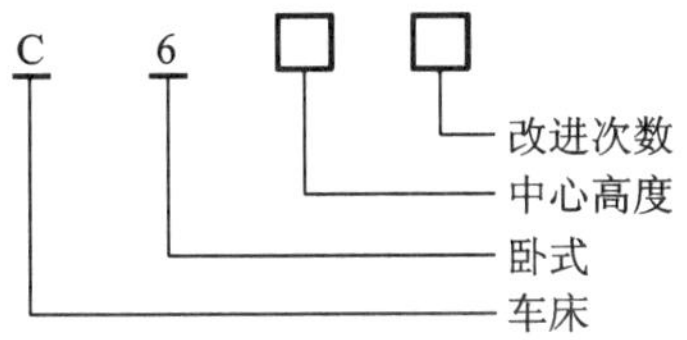

图 8-2　普通车床型号的含义

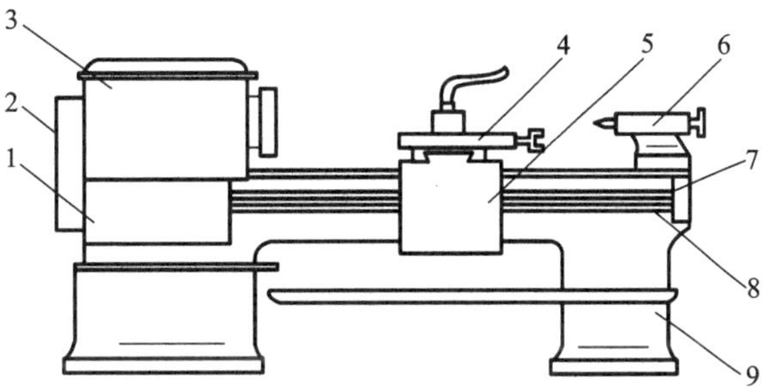

图 8-3　卧式车床的结构示意图

1—进给箱；2—挂轮箱；3—主轴箱；4—溜板与刀架；5—溜板箱；6—尾架；7—丝杠；8—光杠；9—床身

（1）主轴箱。

主轴箱的主要任务是将主电动机传来的旋转运动经过一系列的变速机构使主轴得到所需的正、反两种转向的不同转速，同时主轴箱分出部分动力将运动传给进给箱。

（2）进给箱。

进给箱中装有进给运动的变速机构，调整变速机构，可得到所需的进给量或螺距，然后通过光杠或丝杠将运动传至刀架进行切削。

（3）丝杠。

丝杠用来连接进给箱与溜板箱，并把进给箱的运动和动力传递给溜板箱，使溜板箱获得纵向直线运动。丝杠是专门为车削各种螺纹而设置的。

（4）溜板箱。

溜板箱是车床进给运动的操纵箱，内装有将光杠和丝杠的旋转运动转变成刀架直线运动的机构，通过光杠传动实现刀架的纵向进给运动、横向进给运动和快速移动，通过丝杠带动刀架做纵向直线运动，以便车削螺纹。

3）运动形式

车床在加工各种旋转表面时必须具有切削运动和辅助运动。切削运动包括主运动和进给运动,而切削运动以外的其他运动皆为辅助运动。

车床的主运动为工件的旋转运动,主轴通过卡盘或顶尖带动工件旋转,它承受车削加工时的主要切削功率。车削加工时,应根据被加工零件的材料性质、工件尺寸、加工方式、冷却条件及车刀等来选择切削速度,这就要求主轴能在较大的范围内调速。对于普通车床,调速范围一般大于70%,可通过控制主轴变速箱外的变速手柄来实现。车削加工时一般不要求反转,但在加工螺纹时,为避免乱扣,要求反转退刀,再纵向进刀继续加工,这就要求主轴能够正、反转。主轴旋转是由主轴电动机经传动机构拖动的,因此主轴的正、反转可通过采用机械方法,如操作手柄获得。车床的进给运动是刀架的纵向或横向直线运动,其运动形式有手动和机动两种。加工螺纹时工件的旋转速度与刀具的进给速度应有严格的比例关系,所以车床主轴箱输出轴经挂轮箱传给进给箱,再经光杠传入溜板箱,以获得纵、横两个方向的进给运动。

车床的辅助运动有刀架的快速移动和工件的夹紧与放松。

2. C650-1 型卧式车床的电气控制

C650-1 型卧式车床的电气控制原理如图 8-4 所示。

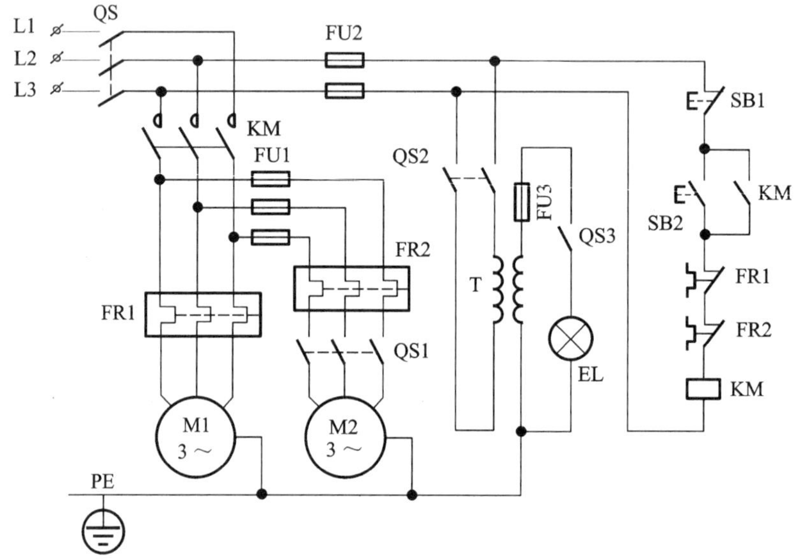

图 8-4 C650-1 型卧式车床的电气控制原理图

1) 电气控制原理图的构成及作用

电气控制原理图可分成主电路、控制电路及照明电路三部分。主电路中,M1 为主轴电动机,拖动主轴旋转,并通过进给机构实现车床的进给运动;M2 为冷却泵电动机,拖动冷却泵供出切削液,它需经过转换开关 QS1、在 M1 起动后才可以起动,具有顺序联锁关系。电动机 M1 和 M2 都为单方向旋转,由于它们容量都小于 10 kW,可采取全压起动。而主轴的正、反转则通过摩擦离合器改变传动链来实现。热继电器 FR1 和 FR2 实现电动机 M1 和 M2 的长期过载保护。熔断器 FU1～FU3 实现冷却泵电动机、控制电路及照明电路的短路保护。控制电路中接触器 KM 控制电动机 M1 和 M2,具有欠压和零压保护作用。照明电路由照明变压器 T 供给 36 V 安全电压,经照明开关 QS2 和灯座开关 QS3 控制照明灯 EL。

2) 电气控制的工作过程

合上电源开关 QS,按下起动按钮 SB2,接触器 KM 的线圈得电,使接触器 KM 的三对主触点闭合，主轴电动机 M1 起动运转。同时，接触器 KM 的一个辅助常开触点闭合，完成自锁，保证主轴电动机 M1 在松开起动按钮后能继续运转。电动机 M2 经转换开关 QS1 控制，确保 M2 与 M1 之间的顺序联锁关系。按下停止按钮 SB1，接触器 KM 线圈失电，KM 主触点断开，主轴电动机 M1 及冷却泵电动机 M2 便停车。

3）常见故障分析

（1）主轴电动机不能起动。

① 配电箱或总开关中的熔断体已熔断。

② 热继电器已动作过，其常闭触点尚未复位。这时应检查热继电器动作的原因。可能的原因有：长期过载、热继电器的规格选配不当、热继电器的整定电流太小。消除产生故障的因素，再将热继电器复位，电动机就可以起动了。

③ 电源开关接通后，按下起动按钮，接触器没有吸合。这种故障常发生在控制电路中，可能是控制电路 FU2 熔断体熔断、起动按钮或停止按钮内的触点接触不良、交流接触器 KM 的线圈烧毁或触点接触不良等。确定并排除故障后重新起动。

（2）按下起动按钮，电动机发出嗡嗡声，不能起动。

这是电动机的三相电源线中有一相断路造成的。可能的原因有：熔断器有一相熔断体熔断，接触器有一对主触点没有接触好，电动机接线有一处断线等。一旦发生此类故障，应立即切断电源，否则会烧坏电动机。排除故障后再重新起动，直到正常工作为止。

（3）主轴电动机起动后不能自锁。

按下起动按钮，电动机能起动；松开按钮，电动机就自行停止。故障的原因是接触器 KM 自锁用的辅助常开触点接触不好或接线松开。

（4）按下停止按钮，主轴电动机不会停止。

出现此类故障的原因主要有两方面：一方面是接触器主触点熔焊、主触点被杂物卡阻或有剩磁，使它不能复位，检修时应先断开电源，再修复或更换接触器；另一方面是停止按钮常闭触点被卡阻，不能断开，应更换停止按钮。

（5）冷却泵电动机不能起动。

出现此类情况可能有这样几方面原因：主轴电动机未起动、熔断器 FU1 的熔断体已熔断、转换开关 QS1 已损坏或者冷却泵电动机已损坏。此时应及时做相应的检查，排除故障，直到正常工作。

（6）照明灯不亮。

这类故障的原因可能有：照明灯泡已坏、照明开关 QS3 已损坏、熔断器 FU3 的熔断体已熔断、变压器原绕组或副绕组已烧毁。此时应根据具体情况逐项检查，直到故障排除。

3. C650-2 型卧式车床的电气控制

C650-2 型卧式车床的电气控制原理如图 8-5 所示。

1）电气控制原理图的组成及作用

C650-2 型卧式车床是一种中型车床，除有主轴电动机 M1 和冷却泵电动机 M2 外，还设置了刀架快速移动电动机 M3。由电气控制原理图可知，接触器 KM1 和 KM2 控制主轴电动机正、反转；KM3 为反接制动接触器，R 为反接制动和低速运转控制电阻；接触器 KM4 和 KM5 分别控制冷却泵电动机 M2 和快速移动电动机 M3 的正常运转；KS 为速度继电器，用其相应的接点分别控制正、反转运行的反接制动，实现迅速停车。

2) 电气控制原理图分析

根据 C650-2 型卧式车床的工作特点,从以下几个方面对其控制原理进行分析。

(1) 主轴的正反转控制。

按下 SB2 或 SB3(SB2、SB3 分别为两地操作按钮),则 KM1 或 KM2 线圈得电,主触点 KM1 或 KM2 动作,辅助触点 KM1 或 KM2 完成自锁。同时 KM3 线圈得电,其主触点将电阻 R 短接,电动机 M1 实现全压下的正转或反转起动。起动结束后进入正常运行状态。

(2) 主轴的点动控制。

SB4 为点动按钮。按下 SB4,则 KM1 线圈得电,主触点 KM1 闭合。此时 M1 主电路串入电阻 R,实现降压起动与运行,获得低速运转,实现对刀操作。

(3) 主轴电动机反接制动停车控制。

主轴停车时,按下停止按钮 SB1,KM1 或 KM2 及 KM3 线圈失电,其相关触点复位,而电动机 M1 由于惯性而继续运行,速度继电器的接点 KS2 或 KS1 仍闭合。按钮 SB1 复位,则 KM2 或 KM1 线圈得电,相应的主触点闭合,M1 主电路串入电阻 R,进行反接制动。当转速低于 KS 的设定值时,KS2 或 KS1 复位,KM2 或 KM1 线圈失电,其相应的主触点复位,电动机 M1 断电,制动过程结束。

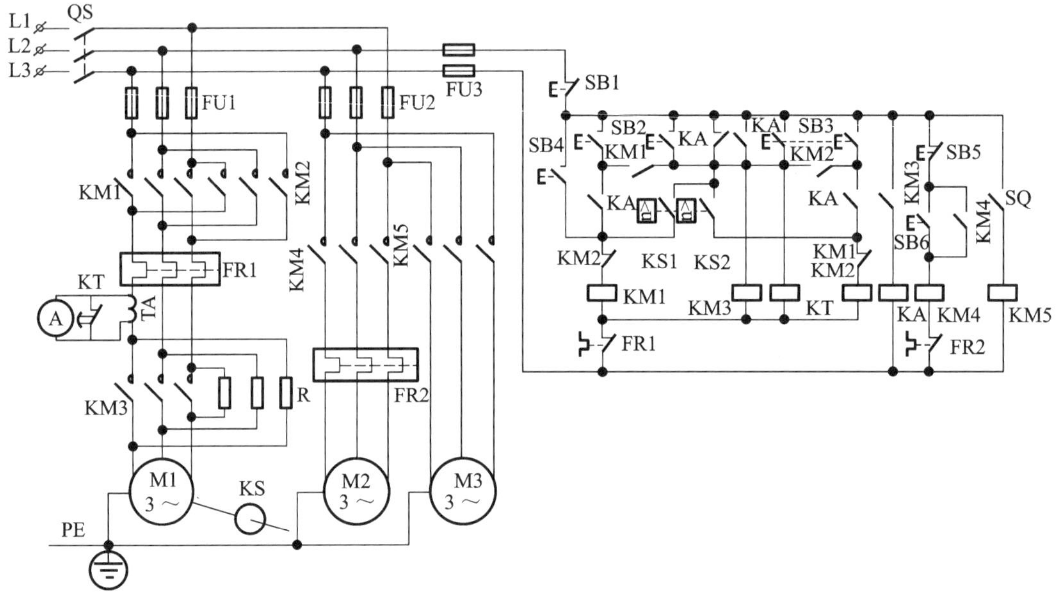

图 8-5　C650-2 型卧式车床的电气控制原理图

(4) 刀架快速移动控制。

刀架快速移动由刀架快速移动电动机 M3 拖动。当刀架快速移动手柄压合行程开关 SQ 时,接触器 KM5 线圈得电,其主触点闭合,电动机 M3 直接起动。当刀架快速移动手柄移开,不再压合 SQ 时,KM5 线圈失电,其主触点复位,M3 停止运转,刀架快速移动结束。

(5) 冷却泵电动机控制。

冷却泵电动机 M2 通过起动按钮 SB6、停止按钮 SB5 及接触器 KM4 组成的电动机单方向运转电路来实现起停控制。

(6) 主轴电动机负载检测及保护环节。

C650-2 型卧式车床采用电流表 A 经电流互感器 TA 来检测 M1 定子电流,监视主轴电动机负载情况。为防止电动机起动时电流的冲击，时间继电器 KT 的常闭通电延时断开触点并接在电流表两端。当 M1 起动时，电流表由 KT 触点短接，起动完成后 KT 触点断开，再将电流表接入。因此 KT 延时应稍长于 M1 的起动时间，一般为 0.5～1.0 s。而当 M1 反接制动停车时，按下 SB1，此时 KM3、KA、KT 相继失电，KT 触点瞬时闭合，将电流表 A 短接，使之不会受到反接制动电流的冲击。

3）常见故障分析

对于 C650-2 型卧式车床在应用中出现的故障，除了和 C650-1 型卧式车床有部分相同之外，根据其自身的特点，常常还出现如下的一些故障。

（1）主轴不能点动控制。

出现此故障应主要检查点动按钮 SB4。检查其常开触点是否损坏或接线是否脱落。

（2）刀架不能快速移动。

出现此故障的原因可能是行程开关损坏或接触器主触点被杂物卡阻、接线脱落，或者快速移动电动机损坏。

（3）主轴电动机不能进行反接制动控制。

出现此故障的主要原因是速度继电器损坏或接线脱落、接线错误，或者是电阻 R 损坏、接线脱落。

（4）不能检测主轴电动机负载。

出现此故障首先检查电流表是否损坏，如损坏，应先检查电流表损坏的原因；其次可能是时间继电器设定的时间较短或损坏、接线脱落，或者是电流互感器损坏。

【任务实施】

1. 设备与仪表

根据 C650-1 型卧式车床的基本工作原理，选择模拟所需元器件的型号和数量，并列出所用的工具、仪表、设备和材料清单，如表 8-1 所示。

表 8-1　元器件明细表

序号	名　称	型号与规格	单位	数量	备　注
1	天煌挂件 DJ16	三相笼型异步电动机(△/220 V)	台	1	表中所列型号与规格仅供参考，读者可根据电气控制原理图实际情况自定
2	天煌挂件 DJ24	三相笼型异步电动机(△/220 V)	台	1	
3	天煌挂件 D61	继电接触控制挂箱(一)	件	1	
4	天煌挂件 D62	继电接触控制挂箱(二)	件	4	

2. 实验方法及步骤

调节三相输出线电压 220 V，按下“关”按钮，按图 8-6 接线。图中 FR1、SB1、SB2、KM1、T、HL1、HL2 选用 D61 挂件，Q1、Q2、Q3、FR2、FU1、FU2、FU3、FU4、EL 选用 D62 挂件，电动机 M1 用 DJ16(△/220 V)，M2 用 DJ24(△/220 V)。接线完毕，检查无误后，按以下步骤操作：

（1）起动控制屏，合上开关 Q1，接通 220 V 交流电源。

（2）按下 SB1 按钮，KM1 得电吸合，主轴电动机 M1 起动运转。

（3）合上开关 Q2，冷却泵电动机 M2 起动运转。

(4) 按下 SB2 按钮,KM1 线圈失电,主轴电动机 M1 断电停止运转,同时冷却泵电动机 M2 也停止运转。

(5) 图中 EL 为机床工作灯,由开关 Q3 控制。

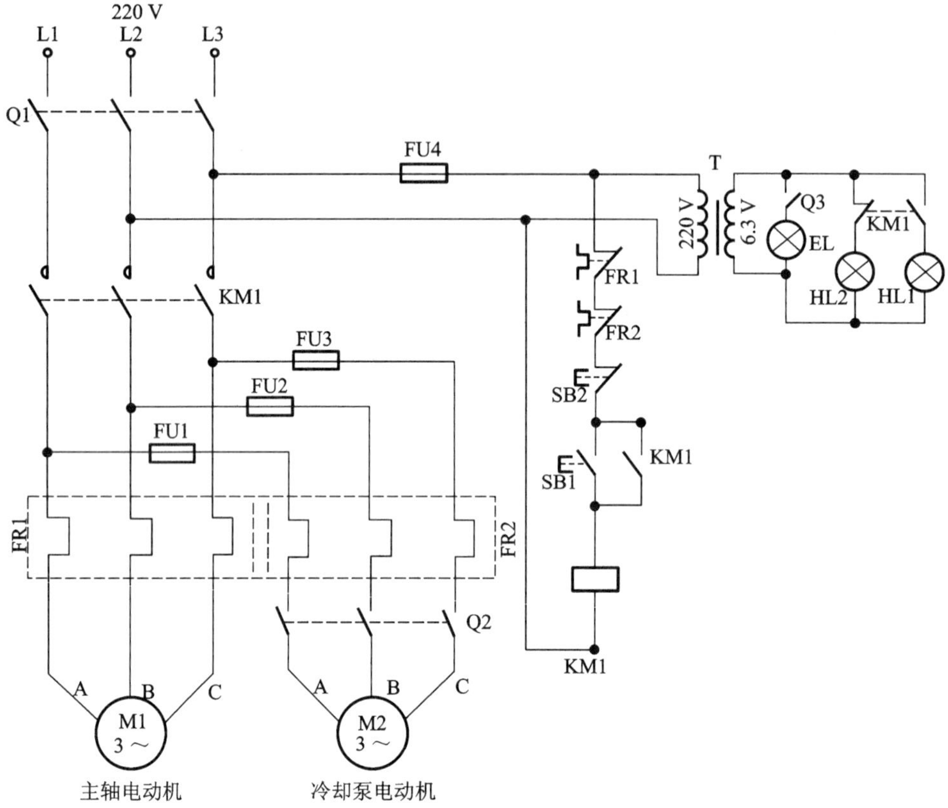

图 8-6 仿真 C650 型车床的电气控制线路

【任务检查与评价】

1. 注意事项

进行 C650 型卧式车床电气控制线路的安装时,在分析其电气控制线路原理的基础上,首先要准备安装工具、仪表、器材及元器件并了解相关型号参数;其次是了解各个元器件在车床中的位置并绘制元器件安装的布线图。在掌握正确的安装步骤的基础上,了解安装的工艺要求及注意事项;安装完成后按安装的顺序对连接的线路和元器件的正确性进行逐个检查。为了确保安装不出错误,自检查完成后,还要进行互相检查,在进行多次检查,没有发现安装错误的条件下,才能进行通电运行。

1) 主要安装工具、仪表、器材及元器件

(1) 工具,主要是指电工常用工具。

(2) 仪表,如万用表、兆欧表、钳形电流表等。

(3) 器材,如控制板、走线槽、各种规格的紧固件、金属软管、编码套管等。

(4) 元器件,若缺少天煌教学挂件,建议读者采用表 8-2 所示型号的元器件代替。

表 8-2　C650 型卧式车床电气控制元器件明细表

符号	元器件名称	型　号	规　格	件数	作　用
M1	主轴电动机	Y132M-4-B3	7.5 kW，1450 r/min	1	工件的旋转和刀具的进给
M2	冷却泵电动机	AOB-25	90 W，3000 r/min	1	供给切削液
KM	交流接触器	CJ0-10A	127 V，10 A	2	控制 M1、M2
QS	低压断路器	DZ5-20	380 V，20 A	1	电源总开关
SB	按钮	LA2 型	500 V，5 A	2	主轴起动、停止
SA	转换开关	HZ2-10/3	10 A，三极	2	控制 M2 及照明灯
SQ	行程开关	LX3-11K		2	打开传动带罩及电气箱时使用
FR1	热继电器	JR16-20/3D	15.4 A	1	M1 过载保护
FR2	热继电器	JR2-1	0.32 A	1	M2 过载保护
TC	变压器	BK-200	380 V/127 V，36 V/6 V	1	控制与照明用变压器
FU	熔断器	RL1	40 A	1	全电路的短路保护
FU1	熔断器	RL1	4 A	1	M2 的短路保护
FU2	熔断器	RL1	2 A	1	控制回路短路保护
FU3	熔断器	RL1	1 A	2	照明回路短路保护
EL	照明灯	K-1，螺口	40 W，36 V	1	机床局部照明
HL	指示灯	DX1-0	白色，6 V，0.15 A	1	电源指示灯

2）车床电气安装步骤及工艺要求

车床电气的安装一般按以下顺序进行：

（1）电源部件的安装和线路的连接。

（2）主电路元器件的安装和线路的连接。

（3）控制电路元器件的安装和线路的连接。

（4）辅助电路元器件的安装和线路的连接。

2. 考核要求及评分标准

任务检查与评分标准如表 8-3 所示。

表 8-3　任务检查与评分标准

主要内容	评分标准	配分
小组代表汇报讲解	（1）讲解不全面，扣 1～10 分； （2）条理不够清晰，扣 1～10 分	15

续表

主要内容	评分标准	配分
元器件安装	(1) 不按布置图安装,扣 15 分; (2) 元器件安装不牢固、不整齐、不合理,扣 2 分; (3) 损坏元器件,扣 15 分	15
接线质量	(1) 不按接线图接线,扣 20 分; (2) 布线不美观、不平直、不整齐、不紧贴敷设面,主电路、控制电路每处扣 1 分; (3) 节点松动,露铜过长,压绝缘层,每处扣 1 分; (4) 损伤导线绝缘层或线芯,每根扣 5 分	30
通电前检测、通电试验	(1) 热继电器未整定或整定不正确,扣 15 分; (2) 熔断体规格选用不正确,扣 10 分; (3) 一次试车不成功,扣 10 分; (4) 两次试车不成功,扣 20 分; (5) 三次试车不成功,扣 30 分	30
安全文明生产、团队合作精神	(1) 小组分工不够好,扣 1～5 分; (2) 违反安全文明生产要求,扣 5～10 分	10
备注	各项扣分最高不超过该项配分	

【拓展知识】

1. 机床电气故障的诊断

(1) 观察故障现象。

当机床电气系统发生故障后,切忌随便动手检修,在检修前,通过问、望、切、听来了解故障前后的操作情况和故障发生后出现的异常现象,以便根据故障现象判断出故障发生的部位,进而准确地排除故障。

①“问”。向操作者了解故障发生前后的情况,一般询问的内容有:故障发生在开车前、开车后,还是发生在进行中;是运行中自行停车,还是发生异常状况后停车;等等。

②“望”。故障发生后,往往会留下一些故障痕迹,查看时可以从以下几个方面入手:检查外观变化,如熔断指示装置动作、绕组表面绝缘脱落、变压器油箱漏油、接线端子松动脱落、各种信号装置发生故障显示等;观察颜色变化,一些电气设备温度升高会带来颜色变化,如变压器绕组发生短路故障后,变压器的油受热由原来的亮黄色变黑变暗。

③“切”。通过以下的方法对电气系统进行检查:用手触摸检查部位感知故障,如电动机一些元器件的线圈发生故障的时候温度明显升高;对电路进行通断检查。

④“听”。电气设备在正常运转和发生故障时所发出的声响不同,通过声音判断故障的性质。电动机正常运转的时候发出的声音均匀、无杂声、没有特殊声响,发生故障时会发出较大声响,如有“嗡嗡”声则表示负载电流过大,如有“嗞嗞”声则表示轴承缺油。

(2) 判断故障范围。

检修简单的电气控制电路时,若采取每个电气元件、每根连接导线逐一检查,是能找到故障点的。但对于复杂电路,采用逐一检查的办法不仅耗时、耗力,而且容易漏查。在这种情况下,根据电气系统工作原理和故障现象,采用逻辑分析确定故障可能发生的范围,提高检修针对性，既准又快。

(3) 查找故障点。

在确定故障范围后，通过选择合适的检修方法查找故障点。常用的检修办法有直观法、电压测量法、电阻测量法、短接法、试灯法等。查找故障必须在确定的故障范围内，顺着检修思路逐点检查，直到找出故障点。

① 电压测量法。用万用表检查电路的工作电压，将测量结果和正常值作比较。电压测量法又分为电压分阶测量法和电压分段测量法。测量时，把万用表转至交流电压500 V挡以上，用万用表的红、黑表笔逐段测量，分别测量线路连接的各元器件的两个触点，电路通电正常的情况下，根据测得的电压情况来判断故障点。

② 电阻测量法。首先要断开电源，将万用表调到欧姆挡，用万用表的红、黑两根表笔逐段测量，分别测量线路连接的各元器件的两个触点，若万用表指针无偏转处于无穷大则该段线路两点间的触点接触不良、线圈或连接导线短路，有偏转则电路连接正常。

③ 短接法。用一根绝缘良好的导线，把所怀疑的短路部位短接。如果短接过程中电路被接通，就说明该处短路。短接法一般用于控制电路，不能在主电路中使用，且绝对不能短接负载，如接触器的两端，否则将发生短路事故。

(4) 排除故障。

找到故障点后，就要进行故障排除，如更换元器件、紧固线头等。更换元器件时应注意新元器件的型号、规格，并进行性能检测。

(5) 通电试车。

故障排除后，应通电试车，直到符合技术规格要求为止。

2. 机床电气控制电路故障检查的常用方法

机床电气控制线路常见故障的类型较多，检查与维修的方法也不相同。下面通过典型故障的检修过程分析，学习机床电气控制线路常见故障的检修方法。

(1) 主轴电动机M1不能起动。

合上电源开关，按下起动按钮，主轴电动机M1不能起动。产生这种故障现象的原因很多，我们就其中的几种常见情况进行分析。

① 若电压指示灯HL亮，看KM1是否吸合。

· 接触器KM1不吸合。检查热继电器是否动作了但未复位，熔断体是否熔断。如无问题，检查接触器KM1线圈回路的110 V电压是否正常，从而判断是110 V变压器的绕组有问题，是接触器线圈烧坏，熔断器插座或某个触点接触不良，还是回路中的连线出了问题。

· 接触器KM1吸合。用万用表测KM1接触器主触点的输出端有无电压；若无电压，观察输入端；若仍无电压，则只能看三相交流电到接触器输入端的接线是否有问题了。若接触器的输入端有电压，则是接触器主触点接触不良。若接触器主触点的输出端有电压，则检查电动机M1有无进线电压：若无电压，说明接触器KM1到M1进线端的接线有问题(包括热继电器和相应的边线)；若电压正常，则只能是电动机M1本身出了故障。

② 若电压指示灯HL不亮，看照明灯是否亮。

· 合上照明开关，照明灯亮，应从变压器、熔断器、低压断路器等分别考虑。

· 合上照明开关，照明灯也不亮，应从电源、低压断路器、变压器，以及其他连线、触点接触等方面分别考虑。

③ 若M1断相、负载过重、机械卡死也可能引发M1不转。

(2) 合上冷却泵开关冷却泵电动机不能起动。

冷却泵必须在主轴运转时才能运转，事先起动主轴电动机，在主轴正常运转的情况下，检查接触器 KM2 是否吸合。

· 如果 KM2 不吸合，应进一步检查接触器 KM2 是否出故障。如果接触器与冷却泵开关、变压器等的接触不好，应检查相关接线是否接好。

· 如果 KM2 吸合，应检查电动机 M2 的进线电压有无断相，电压是否正常。如果正常，说明冷却泵电动机或冷却泵有问题；如果不正常，应进一步检查热继电器是否烧坏，熔断体是否熔断等。

(3) 溜板快速移动电动机不能起动。

按点动按钮，溜板快速移动电动机不能起动，这种故障主要由两个原因产生：一是电源，二是控制线路。电源可以用电压测量方法查找故障点在何处。若电源部分正常且接触器 KM3 未吸合，故障必然在控制线路中，这时可检查点动按钮及接触器线圈是否断路。

(4) 主轴电动机不能停转。

按下停止按钮，主轴电动机不能停转，产生这种故障的原因主要有：

① 停止按钮出现故障。其原因是停止按钮的动断触点短路，应切断电源，清洁铁心面污垢或更换触点，排除故障。

② 接触器 KM1 出现故障。其原因是接触器 KM1 的铁心面上的油污使铁心不能释放或 KM1 的主触点发生熔焊，应切断电源，清洁铁心面污垢或更换触点。

机床电气故障是多样的，同一种故障，发生的部位也是不同的。因此，在检修时，不能生搬硬套而应灵活处理，力求迅速、准确地找出故障点，查明故障原因，及时排除故障。

【思考与练习】

1. 简述 C650-1 型与 C650-2 型卧式车床的主要结构和运动形式。
2. 简述 C650-1 型与 C650-2 型卧式车床电气控制系统线路的工作原理。
3. 简述主轴电动机 M1 的控制特点及时间继电器 KT 的作用。
4. 主轴电动机 M1 控制电路正常，但 M1 不能转动，试分析故障可能产生的原因及检修方法、步骤。
5. 主轴电动机 M1 正、反转均无反接制动，试分析故障的可能原因及检修方法。

任务 8.2　X62W 型铣床电气控制电路的分析与故障检修

【任务目标】

- 了解各种常用铣床的主要结构及运动情况；
- 掌握常用铣床电气控制电路的工作原理、常见故障原因；
- 能阅读和分析常用铣床的简单电气控制原理图；
- 能处理各种铣床控制电路的简单故障；
- 掌握 X62W 型卧式万能铣床电气控制线路的原理、调试与检修。

【任务描述】

一台 X62W 型卧式万能铣床如图 8-7 所示，试用交流异步电动机及低压电气控制电路系统仿真卧式万能铣床的工作过程，设计相关低压电气控制电路，模拟卧式铣床的工作原理。

图 8-7　X62W 型卧式万能铣床

【相关知识】

铣床的电气控制特点。

铣床可以用来加工各种形式的表面，如平面、成形面、沟槽，甚至还可以加工各种回转体，因此铣床在机械行业的机床设备中占有相当大的比重。铣床按结构形式和加工性能的不同，可分为升降台式铣床、无升降台式铣床、龙门铣床、仿形铣床和专用铣床。升降台式铣床又可分为卧式铣床、卧式万能铣床和立式铣床。常用的铣床有 X62W 型卧式万能铣床和 X53K 型立式万能铣床。卧式的主轴是水平的，而立式的主轴是竖直的，它们的电气控制原理及运动情况类似。这里以 X62W 型卧式万能铣床为例进行分析。

1. 卧式万能铣床的主要结构及运动形式

1）型号的含义

卧式万能铣床型号的含义如图 8-8 所示。

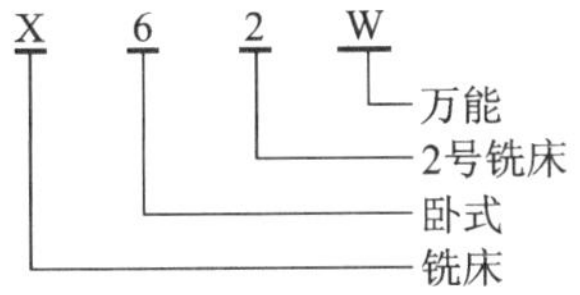

图 8-8　卧式万能铣床型号的含义

2）主要结构及运动形式

图 8-9 为 X62W 型卧式万能铣床结构示意图。它主要由底座、床身、主轴电动机、升降台、溜板、转动部分、工作台、悬梁及刀杆支架等组成。

X62W 型卧式万能铣床的运动形式主要有：

（1）主轴转动。

主轴转动是由主轴电动机通过弹性联轴器来驱动传动机构的，当机构中的一个双联滑动齿轮块啮合时，主轴即可旋转。

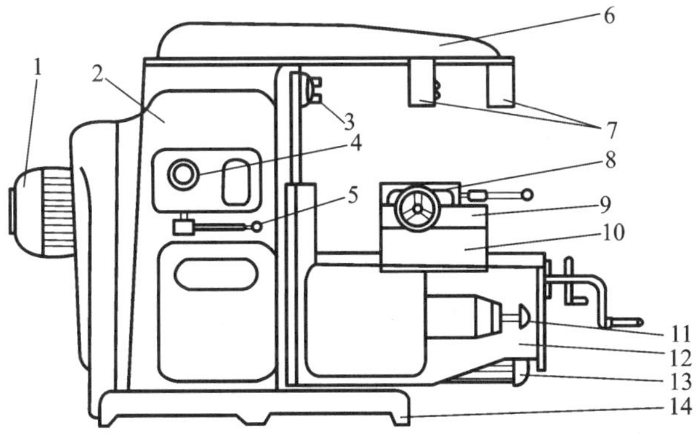

图 8-9　X62W 型卧式万能铣床结构示意图

1—主轴电动机；2—床身；3—主轴；4—主轴变速盘；5—主轴变速手柄；6—悬梁；7—刀架支柱；8—工作台；9—转动部分；10—溜板；11—进给变速手柄及变速盘；12—升降台；13—进给电动机；14—底座

（2）工作台面的移动。

工作台面的移动由进给电动机驱动，它通过机械联动机构使工作台能进行三种形式六个方向的移动:工作台面能直接在横溜板上部可转动部分的导轨上做纵向(左、右)移动;工作台面借助横溜板做横向(前、后)移动;工作台面还能借助升降台做垂直(上、下)移动。

箱形的床身 2 固定在底座 14 上,在床身内装有主轴传动机构及主轴变速操作机构。顶部有水平导轨,导轨上带有一个或两个刀杆支架的悬梁。刀杆支架用来支承安装铣刀心轴的一端,而心轴的另一端则固定在主轴上。在床身的前方有垂直导轨,一端悬挂的升降台可沿轨道上下移动。在升降台上面的水平导轨上,装有可平行于主轴轴线方向移动(横向移动)的溜板 10。工作台 8 可沿溜板上部转动部分 9 的导轨在垂直于主轴轴线的方向移动(纵向移动)。这样,安装在工作台上的工件,可以在三个方向调整位置或完成进给运动。此外,由于转动部分 9 对溜板 10 可绕垂直轴转动一个角度(通常为±45°),这样,工作台在水平面上除能平行或垂直于主轴轴线方向进给外,还能在倾斜方向上进给,从而完成铣螺旋槽的加工。

铣床的主运动为主轴的旋转运动。主轴通过主轴变速箱可获得 18 种转速,调整范围为 50%。进给运动为工作台在三个相互垂直方向上的直线运动(手动或机动);三个方向的进给运动经进给变速箱后可获得 18 种不同转速,分别经过不同的传动路线传递给相应的丝杠后实现。为了使变速前后主轴传动机构、进给运动传动机构的齿与齿之间顺利啮合,要求主轴电动机、进给运动电动机在变速时能够点动。这种变速时电动机的稍微转动称为变速冲动。辅助运动为工作台在三个相互垂直方向上的快速直线移动。

2. X62W 型卧式万能铣床的电气控制

1) 电气控制原理图的构成及作用

X62W 型卧式万能铣床的电气控制原理如图 8-10 所示。它可分为主电路、主轴电动机控制电路、进给电动机控制电路,以及冷却泵电动机控制电路和照明电路。

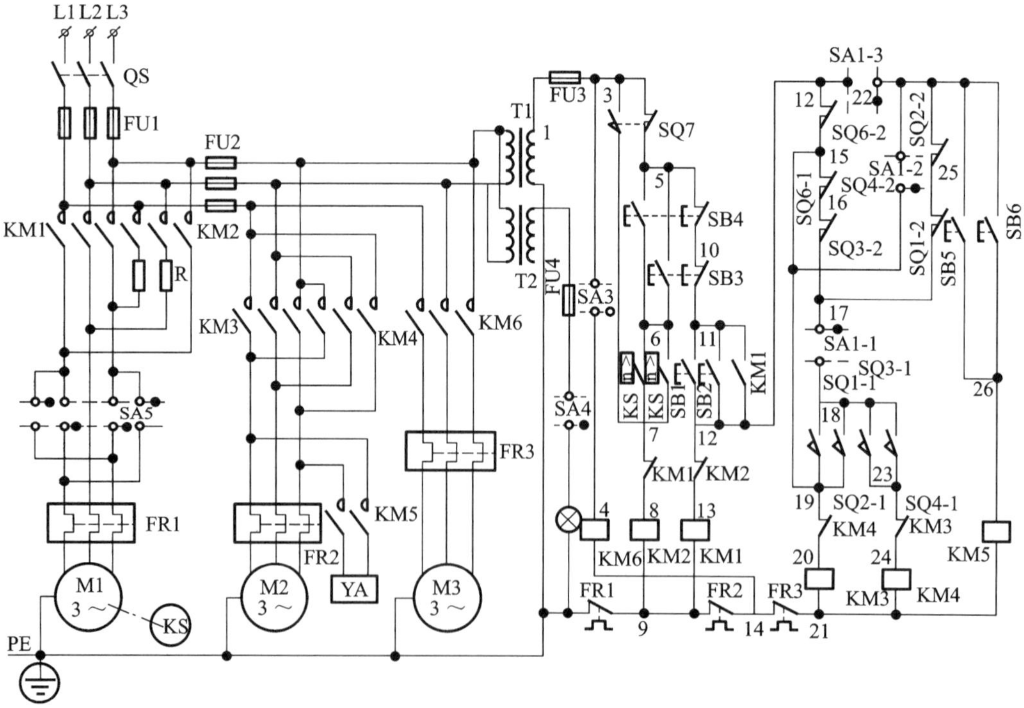

图 8-10　X62W 型卧式万能铣床的电气控制原理图

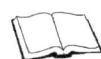

主电路中 M1 为主轴电动机，SA5 为组合开关，用来选择电动机 M1 的旋转方向；R 为反接制动电阻。KS 为速度继电器，利用其相关的触点接在控制电路中，实现主轴电动机的反接制动停车。热继电器 FR1 作 M1 的长期过载保护。M2 为工作台进给电动机，YA 为工作台快速移动电磁铁，由接触器 KM5 及操作按钮 SB5 和 SB6 实现工作台的快速移动。热继电器 FR2 作 M2 的长期过载保护。M3 为冷却泵电动机，热继电器 FR3 用于 M3 的长期过载保护。熔断器 FU2 用于电动机 M2 和 M3 的短路保护。熔断器 FU1 用于主电路总的短路保护。

控制电路的电源由变压器 T1 降压后供给。主轴电动机 M1 由主接触器 KM1、反接制动接触器 KM2、起动按钮 SB1 和 SB2 及停止按钮 SB3 和 SB4 共同组成起动-反接制动-停车的控制电路，并通过主轴变速手柄压合限位开关 SQ7 实现主轴的变速冲动。接触器 KM3 和 KM4 控制进给电动机 M2 的正转、反转，SA1 为矩形工作台和圆形工作台的选择开关。SQ1 和 SQ2 为与纵向机械操作手柄有机械联系的行程开关，SQ3 和 SQ4 为与垂直和横向操作手柄有机械联系的行程开关。当这两个机械手柄处在中间位置时，SQ1～SQ4 都处在未被压下的原始状态；当扳动操作手柄时，将压下相应的行程开关。SQ6 为进给变速冲动的限位开关，当进给变速手柄拉到极限位置时，将压合 SQ6，完成进给运动的变速冲动。

冷却泵电动机 M3 通常在铣削加工时直接由选择开关 SA3 控制；触点 SA3(3-4)接通，接触器 KM6 线圈得电吸合，电动机 M3 起动运转，拖动冷却泵，送出切削液，供铣削加工冷却。

照明电路的电源(36 V)由变压器 T2 降压后供给；照明灯 EL 直接由选择开关 SA4 控制；熔断器 FU4 做短路保护。

2）电气控制原理图分析

（1）主轴电动机控制电路分析。

图 8-11 所示为主轴电动机电气控制电路图。合上电源开关后，选择开关 SA5 扳到正转位置，按下 SB1 或 SB2(两地操作)，接触器 KM1 线圈得电，KM1 主触点闭合，电动机 M1 正向起动运转，速度继电器 KS 动作，触点 KS(6-7)中的一对闭合，为电动机的反接制动做准备。停车时，按下停止按钮 SB3 或 SB4(两地操作)，接触器 KM1 线圈失电而 KM2 线圈得电，相关触点动作后，电动机 M1 串入电阻进行反接制动；当电动机的转速较低时，速度继电器 KS 复位，触点 KS(6-7)断开，使 KM2 线圈失电，电动机反接制动结束。按下停止按钮时，要注意将按钮按到底并保持一定的时间，在速度继电器 KS 触点断开后再将按钮松开。若主轴电动机需要反转，只需将选择开关 SA5 扳到反转位置，其起动-反接制动-停车的控制与正转的控制完全相同。

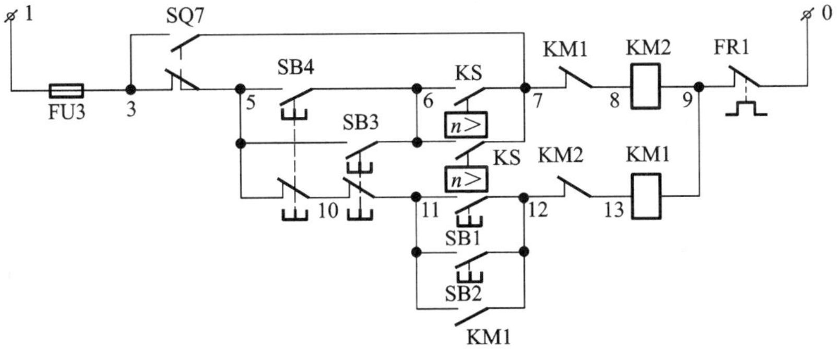

图 8-11　主轴电动机电气控制电路图

主轴在工作过程中,主轴的速度通过相应的机构进行调节。图 8-12 为主轴变速操纵机构示意图。

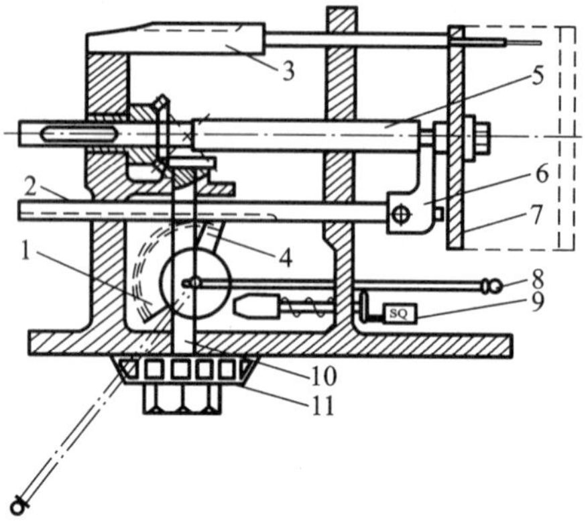

图 8-12　主轴变速操纵机构示意图

1—锥齿轮;2—齿条;3—齿轮;4—凸轮;5、10—轴;6—拨叉;7—变速孔盘;
8—变速手柄;9—冲动开关;11—转速盘

主轴变速采用圆孔盘式结构,其操作过程如下。

① 将主轴变速手柄向下压,使手柄的榫块自槽中滑出,然后将手柄扳向左边,使榫块落在第二道槽内。在手柄扳向左边的过程中,扇形齿轮带动齿条、拨叉,在拨叉推动下将变速孔盘向右移出,并脱离齿杆。

② 旋转变速数字盘,经锥齿轮带动孔盘旋转到对应位置,即选择好速度。

③ 将主轴变速手柄扳回原位,使榫块落进槽内,此时通过传动机构,拨叉将变速孔盘推回,若恰好齿杆正对变速孔盘中的孔,变速手柄就能推回原位,这说明齿轮已啮合好,变速过程结束。若齿杆无法插入盘孔中,则发生了顶齿现象而啮合不上,这时则需再次拉出变速手柄,再推上,直到齿杆能推回原位为止。

由图 8-12 可知,在变速手柄拉出推向左边及把手柄推回原位时,凸轮 4 都要压弹簧杆,进而推动冲动开关 SQ7 并使其动作。触点 SQ7(3-7)每闭合一下,KM2 线圈瞬间得电一次,电动机 M1 拖动主轴变速箱中的齿轮转动一下,使变速齿轮顺利滑入啮合位置,完成变速过程。在推回变速手柄时,动作要迅速,以免压合 SQ7 时间过长,主轴电动机转速升得过高,不利于齿轮啮合甚至打坏齿轮。在变速手柄推回接近原位时,应减慢推动速度,便于齿轮啮合。

主轴变速可在主轴不转时进行,也可在主轴旋转时进行。由图 8-12 可知,操纵变速手柄时,冲动开关 SQ7 受压动作,使得图 8-11 所示电路中的触点 SQ7(3-5)在变速时先断开,则 KM1 线圈先失电复位,触点 SQ7(3-7)后闭合,再使 KM2 线圈得电,对电动机 M1 先进行反接制动,电动机转速迅速下降,然后再进行变速操作。变速完成后需重新起动电动机,主轴将在选定转速下旋转。

(2) 进给电动机控制电路分析。

图 8-13 所示为进给电动机控制电路。主轴电动机 M1 起动后,KM1 线圈通电并自锁,为进给电动机起动做好准备。

当不需要圆形工作台工作时,SA1 置于“断开”位置,触点 SA1-1 和 SA1-3 闭合,SA1-2 断开,即选择了矩形台工作方式,进给电动机电气控制电路的工作情况如下。

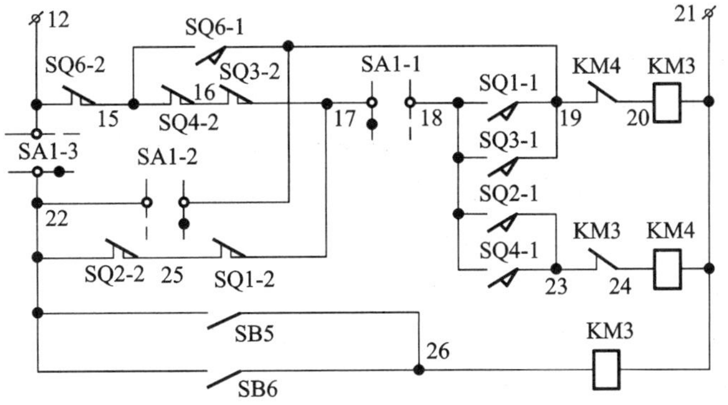

图 8-13　进给电动机控制电路

① 工作台纵向前后运动的控制。

工作台前后运动由工作台纵向操作手柄控制，它有三个位置，即后、中、前。当操作手柄扳在向前位置时，通过其联动机构将纵向进给机械离合器挂上，同时压下向前进给的行程开关 SQ1，触点 SQ1-1(18-19)闭合，接触器 KM3 得电，进给电动机 M2 正向起动旋转，拖动工作台向前运动；当需要停止时，将手柄扳回中间位置，于是纵向进给离合器脱开，同时 SQ1 不再受压，触点 SQ1-1(18-19)断开，KM3 失电，电动机 M2 停止旋转，工作台停止向前运动。

当操作手柄扳在向后位置时，通过其联动机构将纵向进给机械离合器挂上，同时压下向前进给的行程开关 SQ2，触点 SQ2-1(18-23)闭合，接触器 KM4 得电，进给电动机 M2 反向起动旋转，拖动工作台向后运动；当需要停止时，将手柄扳回中间位置，于是纵向进给离合器脱开，同时 SQ2 不再受压，触点 SQ2-1(18-23)断开，KM4 失电，电动机 M2 停止旋转，工作台停止向后运动。

工作台前后运动的行程长短，由安装在工作台前方操作手柄两侧的挡铁来决定。当工作台前后运动到预定位置时，挡铁撞动纵向操作手柄，使它返回中间位置，工作台停止，从而实现终端保护。

② 工作台垂直上下运动和横向左右运动的控制。

工作台垂直上下运动和横向左右运动由工作台升降与横向操作手柄控制，该手柄共有五个位置，即上、下、右、左和中间位置。在扳动操作手柄的同时，将有关机械离合器挂上，同时压合行程开关 SQ3 或 SQ4。其中 SQ4 在操作手柄向上或向左扳动时压下，而 SQ3 在手柄向下或向右扳动时压下。

现以工作台向上运动为例分析电路工作情况。将操作手柄扳到向上位置，垂直运动的离合器挂上，同时压下 SQ4 开关，触点 SQ4-2(15-16)断开，SQ4-1(18-23)闭合，反转接触器 KM4 得电，M2 反转，拖动升降台连同工作台一起向上运动。当需要停止时，将操作手柄扳回中间位置，此时离合器脱开，同时 SQ4 不再受压而复位，触点 SQ4-1(18-23)断开，KM4 失电，电动机 M2 停止旋转，工作台停止。

在铣床床身导轨旁设置了上、下两块挡铁，当升降台上下运动到一定位置时，挡铁撞动操作手柄，使其回到中间位置，从而实现工作台垂直运动的终端保护。

操作手柄如扳在向右位置，则横向运动机械离合器挂上，同时压下 SQ3，触点 SQ3-1(18-19)闭合，SQ3-2(16-17)断开，KM3 得电，电动机 M2 正转，拖动工作台在升降台上向右运动。工作台横向运动的终端保护，由安装在工作台侧面底部的挡铁撞动操作手柄返回中间位置来实现。

③ 工作台的快速移动。

工作台三个方向的快速移动也是由进给电动机拖动的。当工作台已经工作时,如再按下快速移动按钮 SB5 或 SB6,使 KM5 得电,接通快速移动电磁铁 YA,衔铁吸上,经丝杠将进给传动链中的摩擦离合器合上,减少中间传动装置,工作台按原运动方向实现快速移动。SB5 或 SB6 松开时,KM5 和 YA 相继失电,衔铁释放,摩擦离合器脱开,快速移动结束,工作台仍按原进给速度、原方向继续运动,所以快速移动是点动控制。

工作台也可在主轴电动机不转的情况下进行快速移动,这时就将主轴换向开关 SA5 扳在“停止”位置,然后按下 SB1 或 SB2,使 KM1 得电并自锁,操纵工作台手柄,使进给电动机 M2 起动旋转,再按下快速移动按钮 SB5 或 SB6,工作台便可获得主轴不转下的快速移动。

④ 进给变速时的“冲动”控制。

在进给变速时,为使齿轮易于啮合,电路中设有变速“冲动”控制环节。进给变速冲动是由进给变速手柄配合进给变速冲动开关 SQ6 实现的。操作顺序是:将蘑菇形进给变速手柄向外拉出,转动蘑菇手柄,速度转盘随之转动,将所需进给速度对准箭头,然后再把变速手柄继续向外拉至极限位置,随即推回原位,若能推回原位则变速完成。就在将蘑菇手柄拉到极限位置的瞬间,其联动杠杆压合行程开关 SQ6,使触点 SQ6-2(12-15)先断开,而触点 SQ6-1(15-19)后闭合,电源经点 12—22—17—15—19,使 KM3 得电,M2 正转起动。由于在操作时只使 SQ6 瞬时压合,所以电动机只瞬动一下,拖动进给变速机构瞬动,利于变速齿轮啮合。

当加工螺旋槽、弧形槽时,可选择圆形工作台工作方式,将选择开关 SA1 扳到“接通”位置,触点 SA1-1 和 SA1-3 断开,SA1-2 接通,并将工作台两个进给操作手柄置于中间位置,即 SQ1～SQ4 全不受压。由图 8-11 可知,按下主轴起动按钮 SB1 或 SB2,主轴电动机 M1 起动旋转,同时 KM3 因 KM1 得电自锁而得电,于是 M2 起动旋转。另外,圆形工作台控制电路是经过行程开关 SQ1～SQ4 的四对常闭触点形成闭合回路的,所以操作任一矩形工作台进给手柄,都将切断圆形工作台控制电路,实现了圆形工作台和矩形工作台的联锁关系。要使圆形工作台停止工作,可按下主轴停止按钮 SB3 或 SB4,KM1 和 KM3 相继失电,圆形工作台停止回转。

【任务实施】

1. 设备与仪表

根据 X62W 型卧式万能铣床的基本工作原理,选择铣床模拟控制线路所需元器件的型号和数量,并列出所用的工具、仪表、设备和材料清单,如表 8-4 所示。

表 8-4　X62W 型卧式万能铣床模拟控制线路元器件明细表

序号	名　称	型号与规格	单位	数量	备　注
1	天煌挂件 D51	波形测试及开关板	件	1	表中所列型号与规格仅供参考,读者可根据电气控制原理图实际情况自定
2	天煌挂件 D61	继电接触控制挂箱(一)	件	1	
3	天煌挂件 D62	继电接触控制挂箱(二)	件	1	
4	天煌挂件 D63	继电接触控制挂箱(三)	件	1	
5	天煌挂件 DJ16	三相笼型异步电动机(△/220 V)	台	1	
6	天煌挂件 DJ24	三相笼型异步电动机(△/220 V)	台	1	

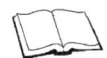

2. 实验方法及步骤

按图 8-14 接线，其中 M1 选用 DJ24 三相笼型电动机，M2 选用 DJ16 三相笼型异步电动机，KM1、KM2、KM3、FR1、SB1、SB2、SB3、T、B、R 选用 D61 组件，Q1、Q2、Q3、SB4、FU1、FU2、FU3、FU4、ST1、ST2、ST3、ST4、KA1、KA2 选用 D62 组件，KA3 选用 D63 组件，S1、S2 选用 D51 组件。

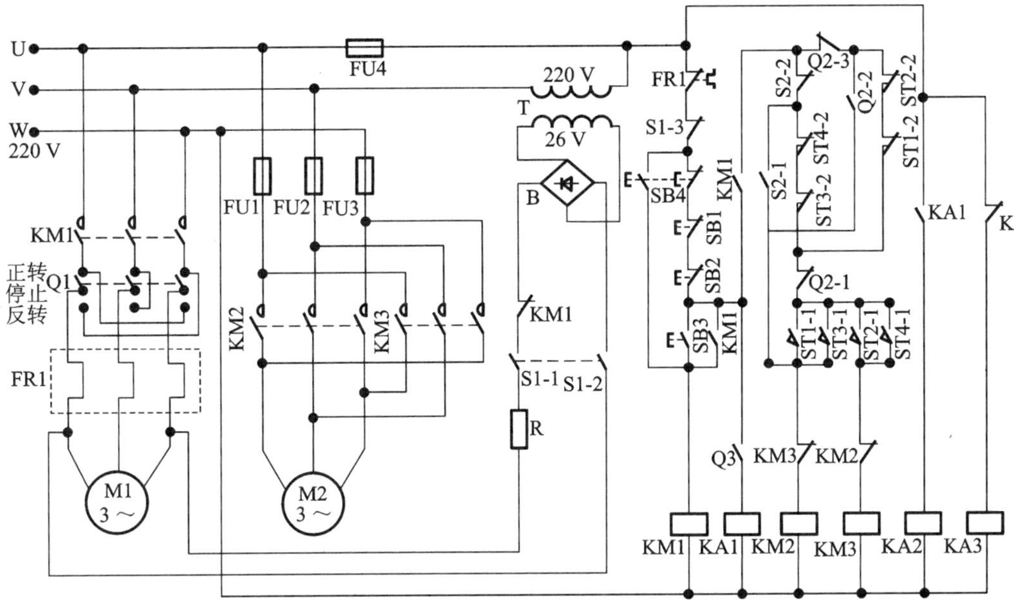

图 8-14　X62W 型卧式万能铣床模拟控制电路图

接好线后，仔细查对有无错接、漏接，各开关位置是否符合要求，检查无误后先对主轴电动机及进给电动机进行操作控制。

1）主轴电动机控制

（1）按下交流电源接通按钮 SB3，操作 Q1 开关，对主轴的正转（假定为逆时针）、反转（假定为顺时针）进行预选，按下 SB1 或 SB2 电动机停止运转。

（2）按下起动按钮 SB3，主轴电动机应起动运转，并符合假定的正、反转要求。

（3）变速冲动，即在停机情况下，按下 SB4 实现主轴电动机的冲动，便于齿轮的啮合。

2）进给电动机控制

（1）圆形工作台工作。Q2 开关置于圆形工作台接通位置（即 Q2-1、Q2-3 断开，Q2-2 闭合），在主轴电动机起动情况下，进给电动机正转；Q2 开关置于圆形工作台断开位置时（即 Q2-2 断开、Q2-1 闭合、Q2-3 闭合），进给电动机停止运转。

（2）工作台纵向进给。Q2 开关置于圆形工作台断开位置（Q2-1、Q2-3 闭合，Q2-2 断开），操作 ST1 或 ST2（使 ST1-1 闭合或 ST2-1 闭合），进给电动机应正转或反转运行。

（3）工作台横向及垂直进给。Q2 开关置于圆形工作台断开位置（Q2-2 断开，Q2-1、Q2-3 闭合），操作 ST3 或 ST4（使 ST3-1 闭合或 ST4-1 闭合），进给电动机应正转或反转运行，实现工作台横向或垂直进给。

（4）工作台快速移动。在主轴电动机正常运转、工作台有进给运动的情况下，若合上开关 Q3，则 KA2 吸合（模拟电磁铁动作），工作台快速移动。

3)验证工作台各运动方向间的机电互锁

(1)当铣床的圆形工作台旋转运动,即Q2-1、Q2-3断开,Q2-2闭合时,如误操作进给手柄,使ST1(或ST2,或ST3,或ST4)动作,则进给电动机停止运转。

(2)工作台向左或向右进给时,如果误操作向下(或向上,或向前,或向后)手柄,使ST3(或ST4)动作,则进给电动机停转。

(3)工作台向上(或向下,或向前,或向后)进给时,如果误操作向左(或向右)手柄使ST1(或ST2)动作,进给电动机也停止运转。

(4)工作台不做任何方向进给时,方可进行变速冲动。

(5)拨动S1开关(即S1-1、S1-2闭合,S1-3断开),KM1主触头马上断开,主轴电动机应制动。

4)查找与排除故障

(1)关断交流电源,由指导教师有意设置人为故障1～2处。

(2)重新检查接线,尝试在接通交流电源前排除故障,或接通电源,按正常状态下操作各主令电器,观察不正常故障现象并记录下来,再进行检查、排除。

(3)排除故障后,再次接通电源,按正常运行要求再操作一遍,经指导教师检查动作正常后,断开电源,拆掉所有连接线,做好结束整理工作。

【任务检查与评价】

1. 注意事项

进行铣床电气控制线路的安装时,在分析其电气控制线路原理的基础上,首先要准备安装工具、仪表、器材及元器件并了解相关型号参数,其次是了解各个元器件在铣床中的位置并绘制元器件安装的布线图。在掌握正确的安装步骤的基础上,了解安装的工艺要求及注意事项;安装完成后按安装的顺序对连接的线路和元器件的正确性进行逐个检查。为了确保安装不出错误,自检查完成后,还要进行互相检查,在进行多次检查,没有发现安装错误的条件下,才能进行通电运行。

2. 考核要求及评分标准

任务检查与评分标准如表8-5所示。

表8-5　任务检查与评分标准

主要内容	评分标准	配分
小组代表汇报讲解	(1)讲解不全面,扣1～10分; (2)条理不够清晰,扣1～10分	15
元器件安装	(1)不按布置图安装,扣15分; (2)元器件安装不牢固、不整齐、不合理,扣2分; (3)损坏元器件,扣15分	15
接线质量	(1)不按接线图接线,扣20分; (2)布线不美观、不平直、不整齐、不紧贴敷设面,主电路、控制电路每处扣1分; (3)节点松动,露铜过长,压绝缘层,每处扣1分; (4)损伤导线绝缘层或线芯,每根扣5分	30

续表

主要内容	评分标准	配分
通电前检测、通电试验	(1) 热继电器未整定或整定不正确,扣 15 分; (2) 熔断体规格选用不正确,扣 10 分; (3) 一次试车不成功,扣 10 分; (4) 两次试车不成功,扣 20 分; (5) 三次试车不成功,扣 30 分	30
安全文明生产、团队合作精神	(1) 小组分工不够好,扣 1～5 分; (2) 违反安全文明生产要求,扣 5～10 分	10
备注	各项扣分最高不超过该项配分	

【拓展知识】

铣床常见故障的诊断。

(1) 主轴电动机不能起动。故障的主要原因有:主轴换向开关打在停止位置;控制电路熔断器 FU3 的熔断体熔断;按钮 SB1、SB2、SB3 或 SB4 的触点接触不良或接线脱落;热继电器 FR1 已动作过,未能复位;主轴变速冲动行程开关 SQ7 的常闭触点不通;接触器 KM1 线圈及主触点损坏或接线脱落。根据具体情况,逐项排除故障。

(2) 主轴不能变速冲动。故障的原因是主轴变速冲动行程开关 SQ7 位置移动、撞坏或断线。

(3) 主轴不能反接制动。故障的主要原因有:按钮 SB3 或 SB4 触点损坏;速度继电器 KS 损坏;接触器 KM2 线圈及主触点损坏或接线脱落;反接制动电阻 R 损坏或接线脱落。

(4) 按下停止按钮后主轴不停。故障的原因一般是接触器 KM1 的主触点熔焊,不能断开。

(5) 工作台不能进给。故障的主要原因有:接触器 KM3、KM4 线圈及主触点损坏或接线脱落;行程开关 SQ1、SQ2、SQ3 或 SQ4 的常闭触点接触不良或接线脱落;热继电器 FR2 已动作过,未能复位;进给变速冲动行程开关 SQ6 常闭触点断开;两个操作手柄都不在零位;电动机 M2 已损坏;选择开关 SA1 损坏或接线脱落。

(6) 工作台不能快速移动。故障的主要原因有:快速移动按钮 SB5 或 SB6 的触点接触不良或接线脱落;接触器 KM5 线圈及主触点损坏或接线脱落;快速移动电磁铁 YA 损坏。

【思考与练习】

1. X62W 型卧式万能铣床进给变速能否在运行中进行?为什么?
2. X62W 型卧式万能铣床的主轴采用何种方法制动?
3. 铣床在铣削加工过程中是否需要主轴反转?为什么?
4. X62W 型卧式万能铣床如果出现故障,可能的原因有哪些?应该如何处理?
5. 画出 X62W 型卧式万能铣床工作台进给的控制电路。

参 考 文 献

[1] 徐建俊.电机与电气控制[M].北京:清华大学出版社,2004.
[2] 赵明,许翏.工厂电气控制设备[M].2版.北京:机械工业出版社,2004.
[3] 王永华.现代电气控制及PLC应用技术[M].北京:北京航空航天大学出版社,2008.
[4] 宋健雄.低压电气设备运行与维修[M].北京:高等教育出版社,2007.
[5] 胡幸鸣.电机及拖动基础[M].北京:机械工业出版社,2010.
[6] 许晓峰.电机及拖动[M].2版.北京:高等教育出版社,2001.
[7] 田淑珍.电机与电气控制技术[M].北京:机械工业出版社,2010.
[8] 程周.电机与电气控制技术[M].北京:电子工业出版社,2009.
[9] 朱相磊,冯泽虎.电机与电气控制技术[M].北京:高等教育出版社,2013.
[10] 姜玉柱.电机与电力拖动[M].北京:北京理工大学出版社,2006.
[11] 白雪.电机与电气控制技术[M].西安:西安工业大学出版社,2008.
[12] 付家才,卢文生,吴延华.电气控制工程实践技术[M].北京:化学工业出版社,2004.
[13] 张万奎,神会存.机电传动控制[M].武汉:华中科技大学出版社,2013.
[14] 冯清秀,邓星钟.机电传动控制[M].武汉:华中科技大学出版社,2011.
[15] 刘治平,章青.机电传动控制[M].天津:天津大学出版社,2007.